フクシマの教訓
東アジアにおける原子力の行方

ピーター・ヴァン・ネス　メル・ガートフ［編著］　生田目学文［訳］

WITH CONTRIBUTIONS FROM ANDREW BLAKERS, MELY CABALLERO-ANTHONY, GRORIA KUANG-JUNG HSU, AMY KING, DOUG KOPLOW, ANDERS P. MØLLER, TIMOTHY A. MOUSSEAU, M. V. RAMANA, LAUREN RICHARDSON, KALMAN A. ROBERTSON, TILMAN A. RUFF, CHRISTINA STUART, TATSUJIRO SUZUKI, AND JULIUS CESAR I. TRAJANO

論創社

Learning from Fukushima: nuclear power in East Asia
edited by Peter Van Ness and Mel Gurtov
First edition © 2017 ANU Press
Japanese edition © 2019 ANU Press

All rights reserved. No part of this publication may be reproduced, stored in a retrieval system or transmitted in any form or by any means, electronic, mechanical, photocopying or otherwise, without the prior permission of the publisher.

Cover image: 'Fukushima apple tree' by Kristian Laemmle-Ruff. Near Fukushima City, 60 km from the Fukushima Daiichi Nuclear Power Plant, February 2014.

The number in the artwork is the radioactivity level measured in the orchard—2.166 microsieverts per hour, around 20 times normal background radiation.

序　文

　本書の刊行に向けた作業は2011年3月に発生した大地震とそれによる津波、そして福島で起きた炉心溶融（メルトダウン）という重大な原発事故の直後に開始された。その時我々は東北地方に住む日本の友人や研究者に連絡をとり、被災者を支援するため何ができるか尋ねた。すると多くの人たちが、政府や企業（東京電力：TEPCO）、大半のマスコミ、そして専門家の一部が伝える、震災の影響についての情報は信頼できないと述べたのである。

　そこで我々は2012年5月に「原子力災害への対応：知ることの必要性」と題する国際ワークショップを仙台の東北福祉大学（TFU）と共同で開催し、提起された疑問に対する答えを見出すべく、日本内外で活躍する最も知識ある人材を探し求めた。ワークショップの開催にあたっては萩野浩基学長（訳注：当時）から寛大な支援を受けるとともに、2日間にわたる専門家による討論、そしてその後およそ400人に対して行なわれた討論結果の公開シンポジウムを、生田目学文教授とともに組織した。我々の同僚であるリチャード・タンターとリッキー・カーステンが日本語で発表を行なう一方、他のワークショップ参加者は字幕つきインタビューの形で発表した。そして最後に、*Asian Perspective* 2013年第37巻4号の特別号において、上記討論に基づく論文集を生田目教授が編集し、刊行した。

　しかし原子力を巡る国際的議論に立ち入れば立ち入るほど、議論の質に関する懸念が高まっていった。誤った情報が数多く流布しているだけでなく、時には偽の情報も流され、それによって原子力に関する議論の行方が左右されることもあるという事実に、我々は驚かされた。きちんと整えられた議論の場でさえも、原発賛成派と反対派が互いに過去について滔々と語り、一方がある論点を力説したかと思うと、もう一方は全く別の論点を強調する、というのが関の山だったのである。その上、オーストラリア、そして我々にとって最も近い隣人である東南アジア諸国連合（ASEAN）10ヵ国のうち、原子力発電所を建設した国は一つもない一方で、数ヵ国が強い関心を抱いており、またすでに計画段階に入った国もあ

る。

　こうした理由から、我々は2014年に、今度はオーストラリア国立大学（ANU）において「東アジアにおける原子力発電：費用と効用」と題した国際ワークショップを開催した。そこでは原発建設の決定にまつわる9つの主要な論点（建設費用、規制、事故発生時の責任、廃炉、核廃棄物の処理、原子力発電と気候変動との関係など）が打ち出されるとともに、これまでに原子力発電への賛成ないし反対を表明したか否かにかかわらず、これら各論点に関する専門家が招聘された。

　このワークショップにはアメリカ、日本、シンガポール、台湾、そしてオーストラリアから専門家が参加した。我々はANUの「世界における中国」という建物で2日間にわたって討論し、3日目にその結果の公開シンポジウムを開催した。そして、*Asian Perspective* 2015年第39巻4号の特別号において、今度はティルマン・ラフの編集による論文集を刊行した。

　本書は福島原発事故後における我々の研究結果、ワークショップでの結論、そして当プロジェクトに参加した寄稿者の見解を示すものである。我々は東アジアにおける原子力の役割を評価すべく最善を尽くした。

　まずは本書の11の章を執筆した各寄稿者と、その文章を入念に編集してくれたメアリー＝ルイーズ・ヒッキーに大きな感謝の気持ちを贈りたい。また二度のワークショップに参加し、その実施を手助けしてくれたその他の研究者や学生たちにも感謝の意を表する。東北福祉大学の萩野浩基、生田目学文両氏は素晴らしい主催者であり、またANUにおいては国際関係学部、日本研究所、ANU-IU（インディアナ大学）合同汎アジア研究所、そして素晴らしい施設を提供してくれた「世界における中国」に感謝申し上げる。*The World Nuclear Industry Status Report* および *Bulletin of the Atomic Scientists* に収載された世界原子力発電データベース（The Global Nuclear Power Database）は我々の研究を支える包括的かつ実証的な基礎となる情報を提供してくれた。また、我々の作業に大きく貢献してくれたジュリー・ヘイズマンとマイクル・シュナイダーの両氏にも深く感謝するものである。

　全ての人にありがとう。
　キャンベラにて
　2017年9月

目 次

序 文 ……………………………………………………………………… iii

序 章　アジアにおける原子力エネルギー ……………… メル・ガートフ　1
　　原子力発電の魅力を低下させている諸要素 ………………………… 3
　　持続可能な将来？ ……………………………………………………… 4

第1部　原子力産業の現状　　　　　　　　　　　　　　　　　　　7

第1章　福島原発事故以降における日本の原子力政策の諸問題
　　………………………………………………………… 鈴木達治郎　9
　　序　論 ………………………………………………………………… 10
　　福島第1原子力発電所およびその周辺の現状と将来 ……………… 10
　　避難区域の除染と再建 ……………………………………………… 12
　　失われた国民の信頼 ………………………………………………… 12
　　日本のエネルギー政策に与える影響 ……………………………… 14
　　原子力の将来的な方向性とは無関係に日本が直面している政策および
　　　その課題 …………………………………………………………… 15
　　結　論 ………………………………………………………………… 22

第2章　フランスという例外──フランスの原子力産業、およびそれが新たな
　　　　　エネルギーシステムへの移行を目指す政治的計画に与える影響
　　………………………………………………… クリスティーナ・スチュアート　27
　　序　論 ………………………………………………………………… 28
　　フランス原子力産業の発展 ………………………………………… 30
　　新たなエネルギーの枠組み ………………………………………… 37
　　原子力の安全性 ……………………………………………………… 44
　　フランスにおける原子力エネルギーの経済学 …………………… 51
　　結　論　58

第3章　エネルギー助成──世界的な推計、変動の原因、および核燃料サイクルに
　　　　　関するデータの欠落 ……………………………… ダグ・コプロウ　65
　　はじめに ……………………………………………………………… 66
　　エネルギー助成とは何か …………………………………………… 67
　　「投資」としてのエネルギー助成──現在の支援様式における機会費用 ……… 72
　　公的助成の政治経済──不透明性が受給者を助ける ……………… 74
　　世界における公的助成──測定の方法と規模 ……………………… 79

核燃料サイクルに対する世界的な公的助成の概観 …………………………… 81
　　まとめ ……………………………………………………………………………… 96

第2部　国別研究　　　　　　　　　　　　　　　　　　　　　　　103

第4章　新標準？　中国における核エネルギーの将来性の変化
　　　　　　　　　　　………………………………M・V・ラマナ、エイミー・キング　105
　　序　論 …………………………………………………………………………… 106
　　中国におけるエネルギー需要の本質的変化 ………………………………… 108
　　内陸部における原子力発電所の建設禁止と、結果として生じた用地不足 … 111
　　新型原子炉の設計に関する問題点 …………………………………………… 115
　　原子力政策を形作る世論 ……………………………………………………… 120
　　結　論 …………………………………………………………………………… 123

第5章　韓国原子力産業の政策と慣行への反対運動
　　　　　　　　　　　………………………………………ローレン・リチャードソン　133
　　序　論 …………………………………………………………………………… 134
　　韓国における原子力エネルギー政策の発展 ………………………………… 135
　　原子力に反対する草の根運動 ………………………………………………… 137
　　限定的な政策転換 ……………………………………………………………… 142
　　韓国の原子力業界が直面する新たな課題 …………………………………… 146
　　結論──韓国の反原発運動が福島原発事故以降にもたらしたもの ……… 150

第6章　統制か操作か？　台湾における原子力発電
　　　　　　　　　　　………………………………グロリア・クアン=ジュン・スー　155
　　序　論 …………………………………………………………………………… 156
　　台湾における初期の核兵器開発プログラム ………………………………… 157
　　民間利用 ………………………………………………………………………… 162
　　問題に満ちた龍門原子力発電所の歴史 ……………………………………… 165
　　建物の放射能汚染 ……………………………………………………………… 170
　　蘭嶼の低レベル放射性廃棄物 ………………………………………………… 173
　　高レベル放射性廃棄物──利益相反 ………………………………………… 175
　　結　論 …………………………………………………………………………… 178

第7章　ASEANにおける原子力協力関係の拡大──地域的な規範および課題
　　　　　　………メリー・カバレロ=アンソニー、ジュリウス・セザール・I・トラヤーノ　187
　　はじめに ………………………………………………………………………… 188

ASEANにおける原子力エネルギー計画 ……………………………… 189
　　核エネルギーの安全かつ平和的な利用に関するASEANの枠組みの拡大 … 192
　　地域的協力関係の強化におけるASEANTOMの新たな役割 …………… 193
　　法制面および規制面の枠組み ………………………………………… 196
　　原子力の安全・保安対策 ……………………………………………… 199
　　人材育成 ………………………………………………………………… 202
　　核廃棄物管理政策 ……………………………………………………… 206
　　原子力の安全および保安を向上させるASEAN諸国の政策方針………… 207

第3部　原発推進の真のコスト　　　　　　　　　　　　　　　　217

第8章　電離放射線が健康に与える影響 ………… ティルマン・A・ラフ 219
　　電離放射線の性質、発生源、および影響 …………………………… 220
　　放射線と健康に関する歴史の概説 …………………………………… 239
　　将来における大規模放射線被曝の可能性 …………………………… 247

第9章　原子力とその生態学的副産物——チェルノブイリとフクシマの教訓
　　　　　　 ……………… ティモシー・A・ムソー、アンダース・P・モラー 259
　　序　論 …………………………………………………………………… 260
　　過酷事故をはるかに超える核エネルギーの危険性 ………………… 260
　　原発事故による生態学的影響を評価するための研究プログラム … 262
　　人間以外の生物に放射能が及ぼす遺伝子的影響 …………………… 263
　　発達への影響——色素欠乏症、非対称、脳の大きさ、白内障、精子、
　　　および腫瘍 …………………………………………………………… 266
　　高線量地域における個体群の数と生物多様性 ……………………… 269
　　鳥類、蝶類、およびその他無脊椎動物の個体数と多様性 ………… 270
　　大型哺乳類——特殊なケースか？ …………………………………… 274
　　放射線への適応？ ……………………………………………………… 275
　　原発事故の生態系への影響 …………………………………………… 276
　　結　論 …………………………………………………………………… 277

第4部　ポスト原子力の未来　　　　　　　　　　　　　　　　　283

第10章　原子炉の廃炉 …………………… カルマン・A・ロバートソン 285
　　はじめに ………………………………………………………………… 286
　　「廃炉」の定義 ………………………………………………………… 287

廃炉に関する世界的状況と現在の見通し ………………………………… 289
廃炉の終結点 ……………………………………………………………… 290
廃炉費用の調達 …………………………………………………………… 295
廃炉工程の諸段階 ………………………………………………………… 300
現在と将来における廃炉の課題 ………………………………………… 305

第11章　持続可能エネルギーという選択肢
……………………………… アンドリュー・ブレイカーズ　313
エネルギーの選択肢 ……………………………………………………… 314
太陽光エネルギーの供給 ………………………………………………… 319
太陽光発電 ………………………………………………………………… 323
風力発電 …………………………………………………………………… 328
その他の太陽光エネルギー技術 ………………………………………… 330
再生可能エネルギーの大規模な普及 …………………………………… 332

第12章　フクシマの教訓──9つの「なぜ」……… ピーター・ヴァン・ネス　343
序　論 ……………………………………………………………………… 344
1. 建設の初期費用 ………………………………………………………… 345
2. 原子炉の運転および維持における専門的スタッフの必要性 ……… 346
3. 独立性と透明性を兼ね備えた規制機関の確立 ……………………… 347
4. 事故発生時の責任 ……………………………………………………… 348
5. 通常の状況と異常な状況（チェルノブイリやフクシマなど）
　 それぞれにおける廃炉の費用および作業工程 ……………………… 348
6. 原子力発電と核兵器の関係 …………………………………………… 349
7. 核廃棄物の処分問題 …………………………………………………… 351
8. 放射線被曝による健康への影響 ……………………………………… 352
9. 原子力と気候変動 ……………………………………………………… 352
結　論 ……………………………………………………………………… 353

執筆者一覧 …………………………………………………………………… 356
訳者あとがき ………………………………………………………………… 363

序章

アジアにおける原子力エネルギー

メル・ガートフ

　2011年3月に発生したフクシマの核惨事は原子力に関する深刻な疑問を提起した。我々はこの後に行なった調査研究を通じて二つの問題に答えを出そうと試みた。すなわち、アジアにおける原子力の現状はどのようなものか、そして東アジアにおいて原子力に未来はあるか、の2点である。我々はこれらの疑問に解答を出すことで、原子力エネルギーを巡る国際的な議論に貢献することを望んでいる。当然ながら、こうした重大な問題が単に「イエス」「ノー」で答えられることは稀である。エネルギーに関する決定は、費用対効果や国益といった客観的要素、および原発事業者の影響力、汚職、そして官僚的な縄張り争いといった客観性の薄い要素を土台として、国家レベルでなされるものである。にもかかわらず、本書の執筆者たちは特定の国々における原子力発電の現状と将来性を綿密に調査することで、大半は否定的なものながら、一定の解答を見出した。

　2017年初頭の時点で、30ヵ国計450基の原子炉が稼働しており、さらに15ヵ国で60基が建設中である（Nuclear Energy Institute 2016）。またアジアで建設中の原子炉は34基、うち21基が中国となっている（Bulletin of the Atomic Scientists 2017; 図0-1参照）。しかし、「フクシマ効果」がアジアに影響を及ぼしたのは間違いない。中国では福島原発事故後も稼働認可が緩慢なペースながら伸びているにもかかわらず、2011年から2014年まで新規建設が行なわれていない（Bulletin of the Atomic

---

[1] Bulletin of the Atomic Scientists（2017）によると、2017年1月1日時点で、13ヵ国において55基の原子炉が建設中であるという。

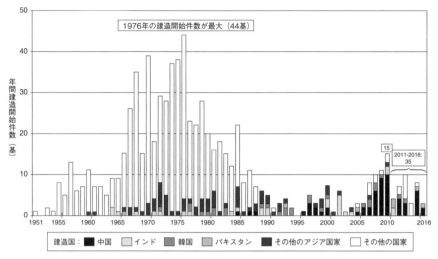

図0-1　全世界における原子炉の年間建造開始件数 (1951-2016)
出典：Schineider et al. (2017) 著者の許可を得て転載。

Scientists 2017)。その一方、M・V・ラマナとエイミー・キングが本書で論じる通り、中国における原子力発電の現状は、経済成長率目標における「新標準」の適用と経済面での構造的変化が電力需要の低下につながり、原子力発電に対する関心が以前の予想を下回りそうだ、というのが真相である。他方、総発電の31パーセントを原子力に依存している韓国では、福島原発事故と世論の強い反対にもかかわらず、原子力に対する公的な支援が発電だけでなく輸出に関しても引き続き行なわれていると、ローレン・リチャードソンが本書で指摘している。

その一方で、東南アジア諸国連合（ASEAN）を構成する10ヵ国は、原子力エネルギーの推進を巡って分裂している。ベトナムは2016年に手を引くことを決め、カンボジア、インドネシア、マレーシア、そしてフィリピンは、様々な段階で導入を検討中である。しかしメリー・カバレロ＝アンソニーとジュリウス・セザール・I・トラヤーノが本書で指摘する通り、2035年におけるASEAN諸国の総発電量のうち、原子力による電力はわずか1パーセントで、再生可能エネルギーが22パーセントを占めると予測されている。

原子力発電の魅力を低下させている諸要素

　原子力発電の存続可能性が最終的にどう判定されるかは主として政府の決定次第だが、世論の影響力も大きくなりつつある。ASEANは安全性、廃棄物処理、そして不拡散を重視した規範の枠組みを策定しており、また各国の世論も、顕在化しているか否かを問わず、原子力発電の危険性とコストにますます敏感になっている。たとえばダグ・コプロウが本書で論じるように、原子力産業は化石燃料産業と同様、政府の様々な助成による恩恵を受けており、それがエネルギー市場を歪め、再生可能エネルギーを不利な立場に置いている。コストは環境面だけでなく政治面にも影響を及ぼすものであり、原子力発電所が着工に至っても、全体の12パーセントが途中で建設中止となる。さらに、1951年以降に建設が開始された原子炉754基のうち90基が建設中止となり、143基もの発電所が廃止されたのは特筆すべき事実である。また建設が進められたとしても、完成までに平均5年から10年を要しており（609基中338基）、およそ15パーセントの事例では10年以上かかっている（*Bulletin of the Atomic Scientists* 2017）。そしてカルマン・A・ロバートソンが論じるように、老朽化した原子炉は最終的に廃止しなければならず、続く15ないし20年にわたってコストを倍増させる。またロバートソンが指摘する通り、放射性廃棄物の安全な処分という問題も、廃炉の際に放出される放射線による健康リスクも、解体作業員と納税者が支払う最終価格に組み込まれなければならない。そして何より、廃炉そのものの経験が世界全体で不足している。

　次に政策決定者への信頼という問題がある。福島原発事故が日本にもたらした最大の影響は、政策決定者と原子力産業そのものに対して国民の信頼が失われたことにあると、鈴木達治郎は本書で論じている。事故後の数年間でコストは増加の一途を辿っているが、アジア各国の原発賛成論者はこの事実を考慮する必要がある[2]。また透明性の問題も考慮せねばならない。鈴木が示すように、コスト、

　2────福島第1原発事故から6年後、廃炉作業中の原子炉3基のうち1基から放出されている放射線量が最高レベルに達した。廃炉、除染、被害者への補償、および

原子力エネルギーの将来、そして国民との意思疎通に関し、福島原発事故は様々な教訓を明白に示したが、原子力産業は一貫してこれを無視し続けている。台湾でも同様に、安全性の問題における透明性が危険なまでに欠けており、また核兵器保有国になる野望を長年にわたって曖昧にし続けた結果、その原子力規制機関に対する継続的監視が必要であることを、グロリア・クァン゠ジュン・スーの研究結果は明らかにしている。当然ながら、世論が重視されない国家——たとえば中国やベトナム——では、信頼に関する問題が重要性を帯びることはない。しかしそうした国家においてさえ、自宅の裏に原子力発電所があることを国民が不安に感じているのは確かである。

　隠れたコストと国民の信頼に関する問題は、原子力が引き起こす生物学的脅威と健康被害にも内在している。放射線が健康に及ぼす影響を長年にわたり研究してきたティルマン・A・ラフは、これらの影響がいかに過小評価されてきたかを示している。またラフは、福島原発事故において、被曝した放射線量ががん発症率とどのような相関関係にあるか、およびDNAにどれほどの影響を与えるかについて、詳細な説明を行なっている。チェルノブイリ原発事故が遺伝子に与える影響について長年にわたって実地調査を行なったティモシー・A・ムソーとアンダース・P・モラーは、原発事故が人間をはじめとする生物の健康にどのような影響を及ぼすかに着目する。かくしてこれら二つの章では、これまでしばしば見逃されてきた、原子力への依存に対する有力な反証が提示されている。

持続可能な将来？

　以下の各章は、原子力のコストと投資リスクにまつわる様々な誤解を解消している。実のところ、エネルギー関係の経済学は原子力発電の将来性が失われつつあることを示している。総発電量の77パーセントを原子力が占める世界一の原子力大国であるフランスでさえも、「フランスという例外」なる概念の見直しを

　放射性廃棄物の保管にかかる推定費用は現在1,800億ドルを上回っている。McCurry 2017を参照のこと。

余儀なくされている（この事実はクリスティーナ・スチュアートの章で指摘されている）。原子力発電は安価で効率に優れ、また地球温暖化に対する唯一の解決策であるというこれまでの主張は、コスト面での要因によって最終的に無効となるかもしれない。アンドリュー・ブレイカーズは、風力、太陽光、および水力といった持続可能エネルギーを綿密に検証することで、そうした見解を強調している。ブレイカーズによると、風力発電と太陽光発電はすでに価格面で化石燃料と競争関係にあり、導入率ではますます引き離しているという。[3]

2016年の世界経済フォーラムでは次のように宣言されている。「再生可能エネルギーのインフラは、健全な投資環境と、地球温暖化を解消する最高の機会を提供できる水準に達した」（World Economic Forum 2016: 4）。しかし残念ながら、再生可能エネルギーに対する世界全体の投資は、地球温暖化を止めるのに必要な水準をはるかに下回っている。

2015年12月に開催された国連気候変動枠組条約第21回締約国会議（COP21）では、摂氏2度までに制限するという温暖化の上限目標を達成するには、2030年までの間、再生可能エネルギーのインフラ整備に年間1兆ドルの追加投資が必要であることが強調された。なお現在の平均年間投資額はおよそ2000億ドルである。さらに、財団、年金基金、寄付団体を含めた世界の資産保有者トップ500を見ると、低炭素に対する投資は運用資産（AUM）総額の0.4パーセント（AUM総額38兆ドルに対し1,380億ドル）に過ぎないことが確認されている。

エネルギー問題に関し、アジアはじめ世界各地において最も重要な課題は、政策決定者に原子力と化石燃料への依存をやめさせ、風力、太陽光、および水力に

---

[3] 次に挙げる世界経済フォーラムによる報告（World Economic Forum 2016: 6）もブレイカーズの見解を支持している。「非水力の二大再生可能エネルギー源は、多数の国でグリッドパリティ（訳注：再生可能エネルギーによる発電コストが既存のコストと同等もしくはより安価になる点）を達成している。また、さらに増加を続けるより多数の国々で、太陽光発電および風力発電施設の建設が、石炭燃料発電所の建設に比べより経済的になっている。30ヵ国以上で公的助成によらないグリッドパリティが達成されたと推測され、今後数年のうちに全世界の3分の2がグリッドパリティに到達する見込みである」。

より多くの投資をさせることにあり、その解決は科学や経済学ではなく、まず何より政治にかかっている。そうでなければ、地球的観点から見て短期的にも長期的にもコスト過大な原子力、石油、そして天然ガスを全廃することが合理的選択のはずだからだ。しかし、世界各国が高成長のためにより多くのエネルギーを必要としている今、エネルギー問題の全体像を把握するにあたってこのような劇的転換が可能か否かは疑問である。

〔参考文献〕

Bulletin of the Atomic Scientists, 2017. Global nuclear power database: World nuclear power reactor construction, 1951–2017. thebulletin.org/global-nuclear-power-database (accessed 9 February 2017).

McCurry, Justin, 2017. Fukushima nuclear reactor radiation at highest level since 2011 meltdown. *Guardian*, 3 February.

Nuclear Energy Institute, 2016. World statistics: Nuclear energy around the world. www.nei.org/Knowledge-Center/Nuclear-Statistics/World-Statistics (accessed 9 February 2017).

Schneider, Mycle, and Antony Froggatt, with Julie Hazemann, Tadahiro Katsuta, M. V. Ramana, Juan C. Rodriguez, and Andreas Rüdinger, 2017. *The World Nuclear Industry Status Report 2017*. Paris: Mycle Schneider Consulting Project.

World Economic Forum, 2016. Renewable infrastructure investment handbook: A guide for institutional investors. Geneva: World Economic Forum, December. www3.weforum.org/docs/WEF_Renewable_Infrastructure_Investment_Handbook.pdf (accessed 9 February 2017).

第1部

原子力産業の現状

第1章

福島原発事故以降における日本の原子力政策の諸問題

鈴木達治郎

> **要 旨**
>
> 2011年3月11日に発生した福島原発事故は、日本の原子力エネルギーにとどまらず、エネルギー政策全般の転換点となった。その最も大きな影響は、原子力の安全性だけでなくエネルギー政策全体に対する国民の信頼が失われたことである。事故から5年以上が経過した今もその状況は変わらず、国民の80パーセント以上が原子力発電所の段階的全廃を望んでいる。つまり事故の影響はいまだ消え去っていないのだ。2014年4月11日、日本政府は新たなエネルギー基本計画を閣議決定し、原子力への依存度を下げると宣言しつつも、重要なベースロード電源の一つと考えている。日本は現在、原子力の将来的な方向性とは無関係に、5つの重要な政策課題に直面している。つまり、使用済み燃料の管理、プルトニウムの備蓄管理、放射性廃棄物の処分、人的資源の問題、そして国民の信頼回復である。本章ではこれら5つの主要問題と、日本が検討すべき代替政策を論じる。

序 論

2011年3月11日14時46分に発生し、東北地方および福島第1・第2原子力発電所を直撃した太平洋の大地震とその後の大津波は、規模においても時間的枠組みにおいても前例のない原子力災害をもたらした。以降、「3.11」は日本だけでなく全世界の原子力専門家にとって忘れ得ない歴史的1日となった。地震が起きたのは2011年だが、原発事故の余波は今なお続いている。およそ10万人に上る福島の被災者が現在も仮設住宅で暮らし、故郷に戻れる日がいつになるかわからない状態でいる。福島原発を巡る状況は改善したものの、溶解した燃料デブリを現場から取り除き、発電所を解体するには40年以上を要するものと見られている。現存する原子力発電施設の安全性を可能な限り維持し、将来の原子力政策に対する潜在的影響を理解するため、我々は利用可能な知識と情報から教訓を引き出さねばならない。

本章では現場となった福島第1原発内外の現状を要約し、日本のエネルギー政策と全世界の原子力開発に与えることが予想される影響を考察する。また日本における原子力の方向性とは別に、重要な主たる政策的課題を明らかにする。

福島第1原子力発電所およびその周辺の現状と将来

2015年6月12日、廃炉・汚染水対策関係閣僚等会議は「東京電力（株）福島第1原子力発電所の廃止措置等に向けた中長期ロードマップ」の改定案を発表した。この改定案は「リスク低減」を強調しているが、それは廃炉工程によって作業員や住民がいまだ大きなリスクに晒されていることを暗に意味している。また廃炉工程の第1段階（1〜3号機の使用済み燃料プールからの燃料取り出し）も3年以上遅れることとなった。

福島原子力発電所を保有・運営する東京電力株式会社（TEPCO）は廃炉の責任を負っているが、それは増え続ける大量の汚染水（1日あたりおよそ400トン）との闘いであり、汚染水の一部は海に漏れ出たものと疑われている。汚染水の漏

洩を抑えるべく、東京電力と経済産業省（METI）はいわゆる「凍土壁」を設置し、現場への水の流れを遮断することにした。この壁はほぼ完成したが、原子力規制委員会はその効果を限定的なものと判断し、従来の方法（地下水および汚染水の汲み上げ）を継続する必要があると結論づけた。

　汚染水は東京電力と経済産業省が直面している前例のない困難の一つに過ぎない。福島第1原発の廃炉に向けたロードマップでは、廃炉完了まで少なくとも30ないし40年を要するものと見積もられている。すなわち、原子炉4基の使用済み燃料プールから燃料を取り出すのが第1段階（2ないし3年）、1〜3号機から溶解した燃料デブリを除去するのが第2段階（最短で10年）、そして発電所全体の除染が第3段階（30ないし40年）である。4号機の使用済み燃料プールからの燃料取り出し（使用済み燃料集合体1,331体、放射線未照射燃料集合体202体）は2014年12月22日に完了しており、1〜3号機の燃料取り出しは現在も続いている。だが溶解した炉心を除去するにあたって、燃料デブリに関する情報が非常に不足しており、それらがどこにあって現在どのような形をしているかは全く不明である。また放射線量が高いために1〜3号機の原子炉建屋に近づくことができず、遠隔操作が可能な装置、あるいは放射能に耐え得る高性能のロボットを開発する必要に迫られている。

　2014年4月1日、東京電力はこの複雑かつ困難な一大事業を専門に取り扱うべく、福島第1廃炉推進カンパニーなる新会社を設立した。また2013年8月には経済産業省と東京電力、および原発関連企業や日本原子力研究開発機構（JAEA）などその他関係機関によって、国際廃炉研究開発機構が開設された。この研究機関の目的は廃炉に必要な研究開発を促進することだが、とりわけ福島第1原発の廃炉がその対象となっている。その一方、廃炉工程全体における透明性、および独立した監督体制の欠如が今なお懸念されている。原子力委員会（JAEC）は、透明性を最大限確保すべく海外の専門家を加えた独立機関（第三者機関）を設け、政策全般の評価・監督にあたらせるべきと政府に勧告している（JAEC 2012b）ものの、日本政府は現時点でこうした独立機関を設けていない。

避難区域の除染と再建

観測された放射線量の水準に従い、政府は3段階の避難区域を設定した。すなわち、"帰還困難区域"（年間積算線量50ミリシーベルト〔mSv〕超）、"居住制限区域"（同50ミリ以下20ミリ超）、そして"避難指示解除準備区域"（同20ミリ以下）である。放射線の自然減衰と除染の取り組みにより、避難指示解除準備区域に指定される地域は増えている。2016年8月31日、政府は一部帰還困難区域に「復興拠点」を設定し、住民の早期帰還を目指した生活インフラの再建を発表した（原子力災害対策本部復興推進会議2016）。しかし年間積算線量20ミリシーベルトという基準は、チェルノブイリ原発事故の5年後に定められた5ミリシーベルトという避難基準をはるかに上回ることから議論の対象となった。

住民の帰還問題は補償問題と直結している。現行の法令によれば、避難区域の指定を解除された自治体の住民は補償の対象とならない。さらに重要な問題として、政策決定プロセスに国民が十分参加できていないというものがあり、それがこれより論じる国民の信頼喪失に結びついている。

失われた国民の信頼

2015年2月24日、東京電力はプレスリリースの中で、排水管の1本で高い放射線量が観測された原因は、2号機の原子炉建屋の屋根に溜まった雨水だと述べた。この排水管は海につながっており、汚染水が海に流出したのではないかと疑われたが、東京電力はこの地域の海水で「放射能の増加」は確認されていないとしている。

この一件は、過去4年間にわたって報告された日本の原子力産業にまつわる不都合な出来事の数々を物語るエピソードの一つに過ぎない。とはいえ、排水管内の放射能が高まっていることを認識しながら、原子力規制委員会と福島県に報告するのを東京電力が怠ったため、より大きな悪影響が生じてしまった。またタイミングも最悪だった。地元漁業組合との長期にわたる交渉の末、東京電力は地下

に溜まった放射能汚染水の一部を、処理工程を経て浄化した後、太平洋に流す直前だった。2015年2月25日、地元の漁業者は相馬双葉漁業組合の佐藤弘行組合長と連名で東京電力を非難、「信頼は失われた」と述べた。

　原発事故以降、信頼の欠如は、日本の原子力産業が直面している様々な困難の根底にある、根本的な問題である。国民は原子力の安全規制に対する信頼を失った。2012年に新たな独立機関として原子力規制委員会が設けられ、規制基準がはるかに強化された後も、国民の信頼が回復することはなかった。世論調査によれば、全原発の即時停止を求める国民の割合は、2011年6月の13.3パーセントから2013年3月には30.7パーセントにまで増加している。また同じ世論調査では、日本で再び深刻な原発事故が起きると信じている国民の割合がおよそ80パーセントに上ることも示されている（広瀬2013）。

　2014年8月に行なわれた世論調査によれば、現存する原子炉の再稼働に反対する国民の割合が56パーセントに上り、前回調査時から4パーセント増加した。なお同じ世論調査では、既存の原子力発電所が運転中止を継続するなら電気料金の値上げを受け入れると回答した国民の割合が61パーセントに上っている（日本経済新聞2014）。さらに広瀬による世論調査は、項目に挙げられた諸機関の中で、政府機関が「最も信頼できない」と考えられていることを示している。こうした信頼の欠如は、日本の原子力政策決定者と原子力産業が現在抱える最も深刻な課題である。しかし事故から6年、十分な取り組みがなされたとは言えない。

　最近になっても、国民の信頼をさらに失わせる重要な政治的出来事が2件発生している。2016年12月20日、東京電力改革・1F問題委員会は同社の再建計画に関する新たな報告書（2016）を発表し、事故関連費用および資金計画の新たな見積もりの概要を示した。それによると、関連費用の総額は22兆円（200億ドル）に上昇すると見積もられたが、これは以前の推定の2倍である。なお各項目の推定費用は以下の通り。福島第1原発の廃炉費用8兆円、補償費用8兆円、放射能汚染地域の閉鎖にかかる費用6兆円。またこの報告書では、東京電力が約16兆円を負担する一方、残った6兆円のうち4兆円を他の電力会社──従来の電力会社および新電力会社──が、2兆円を政府が拠出すべきとしている。

　そして2016年12月21日、「高速炉開発の方針」および「『もんじゅ』の取扱い

に関する政府方針」という2点の政策資料が原子力関係閣僚会議によって公開された（原子力関係閣僚会議 2016a, 2016b）。これらの資料は、原子力規制委員会が2015年11月に行なった「高速増殖原型炉もんじゅに関する勧告」を受けて作成されたものであり、その勧告文の中で規制委員会は、日本原子力研究開発機構（JAEA）にもんじゅの運営主体となる資質はないと判断されるため、それに代わる運営・管理機関を政府は指定すべきだとしている（原子力規制委員会（NRA）2015）。また原子力関係閣僚会議による資料には、政府が2017年よりもんじゅの廃炉を行なうと決定した一方、高速増殖炉の開発はもんじゅ廃炉以降も続けると記されている。また政府も、「実証炉」の建設を行ない、「将来における高速炉の商業化」を達成すべく、改めて関与していくと述べている。しかしこの政策決定は、JAEA、経済産業省、文部科学省、電気事業連合会（FEPC）、そして三菱重工業を構成員とする一連の非公開会議、「高速炉開発会議」で作成された検討結果を基にしている。公の議論が行なわれず、またもんじゅプロジェクトの総括もなされていない状況で、高速炉開発計画の信頼性と実現可能性は大きく揺らいでいる。

日本のエネルギー政策に与える影響

　原子力発電所の運転中止が経済にもたらす影響も大きい。日本エネルギー経済研究所が行なった調査研究（2013）によると、原子力発電所の運転中止により2011年度から2012年度にかけておよそ3兆6,000億円（360億ドル）の追加支出が発生したという（日本の年度は4月から始まる）。一方、エネルギー需要の減少により、同じ期間内に1兆2,000億円（120億ドル）の支出が抑えられた。加えて、2012年の二酸化炭素排出量は前年に比べ約7,000万トン（およそ5.8パーセント）増加しており、これは2012年の中東地域、もしくはインド単体における増加量とほぼ同じである（IEA 2013）。

　2014年4月11日、日本政府は新たなエネルギー基本計画を閣議決定した（METI 2014a）。この基本計画によると、政府は原子力への依存度を可能な限り減らす一方、原子力発電を重要なベースロード電源として活用し、原子力エネ

ギーの必要水準を維持すべきとしている。

　経済産業省の諮問委員会は作業部会を設け、2030年度を目標とする将来的なエネルギー構成を策定させるとともに、もう一つの作業部会に他の電力源と比較した原子力発電のコストを再検討させた。そして2015年4月5日、諮問委員会は報告書を公表し、原子力発電所を新規に建設した場合、1キロワット時（kWh）あたりの費用が、2012年に政府が見積もった8.9円よりおよそ1円高くなると推計されるものの、それでも化石燃料による発電所を新規に建設した場合の費用よりは低くなる可能性が高いとした（日本経済新聞 2015）。また経済産業省は2015年4月7日に発表を行ない、原子力、石炭、および地熱発電などから成るいわゆる「ベースロード」電源が総発電量のおよそ60パーセントを担うべきと述べた。そして同年7月には、2014年に策定されたエネルギー基本計画に基づき、エネルギーに関する新たな長期見通しを公表している（経済産業省 2015b）。それによると、総発電量のうち原子力発電所が担うのは将来的に20〜22パーセントとされ、これは2010年度の数値（26パーセント）からわずかに減少しているとともに、再生可能エネルギーの割合が22〜24パーセントとなっている。しかし20〜22パーセントという割合を今後も維持するには、40年という現在の原子力発電所の寿命を延長するか、新たな原発の建設が必要になるものと思われる。この政策は、「原子力への依存度を可能な限り減らす」という目標に合致しないとして批判の対象になった（*Asahi Shimbun* 2015a）。環境省も将来のエネルギー構成計画を作成し、再生可能エネルギーの占める割合は2030年の時点で24〜35パーセントに増加する余地があるとしている（*Asahi Shimbun* 2015b）。

原子力の将来的な方向性とは無関係に
日本が直面している政策およびその課題

　日本の将来的なエネルギー政策は現在議論が進められているものの、乗り越えなければならない重要な問題がいくつか存在する。すなわち、使用済み燃料の管理、プルトニウムの貯蔵管理、高レベル放射性廃棄物の処理、人材の確保、そして国民の信頼回復である。

使用済み燃料の管理

　福島原発事故以前から、発電所で蓄積される使用済み燃料の管理という問題は、原子力関連団体と政府にとって大きな問題だった。2011年末の時点でおよそ1万7,000トンの使用済み燃料があり、うち1万4,000トンが原発敷地内で、2,900トンが六ヶ所再処理工場で保管されていた。原子力発電所にある使用済み燃料プールの保管能力は2万630トンであり、およそ70パーセントがすでに使われていたことになる（Takubo and von Hippel 2013）。また再稼働が始まれば数年以内に満杯になるところもある。六ヶ所再処理工場は1年あたり800トンの再処理能力を有する計画だが、貯蔵プールの容量は3,000トンに過ぎない。ホット試験およびガラス化設備の修理以降、工場は現在稼働を停止しており、また新たな規制が導入されたため、商業運転の目処も立っていない。貯蔵プールもほぼ満杯であることから、商業運転が始まらない限り、使用済み燃料をさらに受け入れることはできないと思われる。

　もう一つの選択肢として、むつ市に建設が進められているリサイクル燃料備蓄センターがある。当センターの容量は5,000トンであるが、まだ本格稼働しておらず、東京電力および日本原子力発電の使用済み燃料のみを受け入れる見通しである。乾式キャスクを用いた安全な保管は技術的に可能であり、そのことは福島第1原発および東海第2原発において立証されている。福島第1原発では、使用済み燃料を貯蔵する乾式キャスクが地震と津波に襲われたものの、大きな損傷はなかった。しかし原子力発電所が立地する地元の住民は、敷地内におけるこれ以上の使用済み燃料貯蔵に反対している。

　要約すれば、核燃料再処理事業の不確実性が残る中、使用済み燃料管理の柔軟性を増すためにも、さらなる貯蔵能力（おそらく乾式キャスクによる貯蔵）を確保することが、原子力関連事業体および政府の最優先課題と言えよう。

プルトニウムの貯蔵管理

　日本における使用済み燃料管理の基本方針は「プルトニウムの再処理およびリサイクル」を通じたエネルギー源としての活用だった（現在もそうである）。プル

トニウムは核兵器に転用可能であることから、原子力委員会（JAEC）は1991年に「プルトニウムの余剰を発生させない」方針を導入しており、また2003年には六ヶ所再処理工場の本格稼働開始の見通しを受けてさらに透明性を高めるべく、新たなガイドラインを導入してその方針を強化した。それによると、再処理およびプルトニウムの抽出に先立ち、各事業体は毎年「プルトニウム利用計画」を提出することになっている。つまり、日本が利用計画のないプルトニウムを持たないことを保証するのが目的である。だが現実には、プルトニウム利用計画（既存の原子炉および将来の高速炉で用いる混合酸化物燃料（MOX）へのリサイクル）は大幅に遅れている。結果として、日本は2015年末の時点でおよそ48トンの分離済みプルトニウムを保有することとなった（うち10.8トンは日本国内で保管されており、残る37.1トンは日本が再処理契約を結んでいるフランスおよびイギリスに存在する。表1-1参照）（JAEC 2016）。これは非核兵器保有国の中で最大の保有量であり、六ヶ所再処理工場が稼働を開始し、原子炉15ないし18基へのリサイクルが計画通り順調に進まなければ、さらに増加する可能性がある。結果として、六ヶ所再処理工場が稼働を開始した場合、日本のプルトニウム貯蔵量は増える見通しである（Takubo and von Hippel 2013）。

表1-1　日本における分離済みプルトニウムの貯蔵状況

	2014年末における貯蔵量（kg）	2015年末における貯蔵（kg）
日本における総プルトニウム貯蔵量		
再処理工場	4,322	4,126
MOX工場	3,404	3,596
原発敷地内での一時保管	3,109	3,109
小計（うち核分裂性プルトニウム）	10,835（7,310）	10,832（7,307）
欧州における総プルトニウム貯蔵量		
イギリス	20,696	20,868
フランス	16,278	16,248
小計（うち核分裂性プルトニウム）	36,974（24,511）	37,115（24,574）
総計（うち核分裂性プルトニウム）	47,809（31,821）	47,947（31,881）

注：核分裂性プルトニウム（Pu239およびPu241）は全プルトニウムのおよそ60％を占めており、他に非核分裂性の同位体（Pu240およびPu242）がある。
出典：JAEC（2016）。

一方、核の拡散と安全性に対する懸念の高まりを受け、日本のプルトニウム貯蔵への注目も国際的に高まっている。例を挙げれば、モーリン・アンド・マイク・マンスフィールド財団の日米原子力ワーキンググループは、次の内容を含む日本の原子力エネルギー政策に対する勧告文書を公表した。

> 日本による相当量の貯蔵プルトニウムの処分は、日本が原子力発電を推進するか否かにかかわらず取り組まなければならない、極めて大きな問題である……日本のプルトニウム貯蔵量を減らす有効な戦略が存在しない今、核不拡散と安全性を巡る懸念は時を経るごとに大きくなり、核不拡散における日本の国際的指導力を損なうだろう。（US-JAPAN Nuclear Working Group 2014: 4）

こうした懸念を解消し、他国への拡散と安全にまつわるリスクを最小化させるため、日本は新たなプルトニウム管理計画を策定する必要がある。ここに、日本のプルトニウム管理の新3原則を提示したい。

1. 需要を優先させる——プルトニウムの需要（活用）が特定された場合にのみ、再処理は行なわれるべきである。
2. 貯蔵量の削減——需要と供給のバランスをとるだけでは不十分だ。さらなる再処理に先立ち、現在のプルトニウム貯蔵量をまず削減すべきである。
3. 柔軟性のある計画——現在のプルトニウム利用計画（原子炉16〜18基で用いるMOXへのリサイクル）はもはや確実なものでなく、他の選択肢（プルトニウムの所有権移転、廃棄物としての処分など）を検討しなくてはならない。そうした選択肢は、処分にかかる費用、輸送、そして時間を最小化することが必須である（鈴木2013）。

加えて、核燃料サイクル施設の多国間管理アプローチも、日本の核燃料サイクルプログラムに対する国際的信頼度を改善する上で有効と思われる。こうしたアイデアの一つとして、濃縮および再処理施設を国際的な管理下に置くというものがある（Diesendorf 2014）。このアプローチは将来的に、中国と北朝鮮を含めたこ

高レベル放射性廃棄物の処分

　他の諸国同様、日本も高レベル放射性廃棄物（HLW）の最終処分地をまだ確保していない。特定放射性廃棄物（すなわちガラス化されたHLW）の最終処分に関する法律が制定され、最終処分を行なう主たる事業体として原子力発電環境整備機構（NUMO）が設立された2000年以降、最終処分地を決定すべくあらゆる努力が行なわれたものの、成功には至っていない。日本のアプローチは、地元が処分地候補として名乗りを上げるのを待つことだったが、実際にそうした自治体は一つだけ（東洋町）であり、それも町民の強い反対に遭い、後に取り下げた。2010年、JAECは日本学術会議に対し、HLWに関する国民との意思疎通を改善すべく助言を求めた。学術会議はそれを受けて2012年に報告書を公表し（日本学術会議2012）、高レベル放射性廃棄物の処分について政策面での抜本的見直しを勧告した。その中で特に強調されているのが「地層処分」に代わって「（長期の）暫定保管」を採用することであり、日本で地層処分を行なうための科学的知識はいまだ確立されていないと論じている。

　JAECも2012年12月に独自の政策を公表してそれに対応した（JAEC 2012d）。現行の高レベル放射性廃棄物処分プログラムを見直す必要性について、JAECと学術会議の意見は一致しているが、JAECのほうは、その諮問委員会が1998年に作成した報告書の基本的結論、つまり現状では「地層処分」が最もふさわしい選択肢であるという立場を維持している。その一方で、プログラムの継続的見直しの必要性を認め、「回収可能性」と「可逆性」を処分プログラムに明確な形で組み込むべきだとする点で、学術会議と同じ見解を有している。さらにJAECは、政府は「政府および関連団体に適宜適切な助言を行なう、機能的で独立した第三者機関を設立すべきである」とも勧告している。

　経済産業省は高レベル放射性廃棄物処分プログラムを見直すべく、二つのワーキンググループを設けた。一つは国民参加を含めたプロセスおよびプログラム全体を検討するグループであり、もう一つは特に3.11以降の日本における高レベル放射性廃棄物の処分に関し、その科学的知識を検討するグループである。そし

てその所見（経済産業省 2014b）を基に、「特定放射性廃棄物の最終処分に関する基本方針」が2015年5月22日に閣議決定された（METI 2015a）。この新たな基本計画は政府により大きな責任を負わせ、「回収可能性」と「可逆性」のコンセプトを含む柔軟性を取り入れている。それでもなお、高レベル放射性廃棄物の最終処分に関する将来は、非常に不確かなままである。

日本学術会議は2012年の報告書を補完する形で新たに報告を行ない、高レベル放射性廃棄物の処分における「同意形成プロセス」の重要性を再び強調するとともに、「核のごみ問題国民会議」の創設を提案した（日本学術会議 2015）。また、「暫定保管（処分に関する最終決定がなされたことを前提とする「中間貯蔵」ではない）」によって生じる時間を活用し、その間に国民的合意を形成することも提案している。しかしこうした提案が政府に受け入れられるか否かは、いまだ不明である。

人材の確保と研究開発

原子力発電の将来的な見通しが不確実なものとなった今、原子力エネルギーの分野が若い有能な人材を惹きつけるのは難しいかもしれない。それに加え、福島原発の廃炉といった新たな業務に携わる人材の需要も発生している。ゆえにこれからの数十年、こうした困難な業務を遂行するためにも、人材の確保が重要性を帯びている。また新たな課題に対処し、かつ将来の人材を育てるべく、研究開発プログラムも再検討しなければならない。こうした問題に取り組むため、JAECは2012年に人材育成と研究開発に関する政策声明を発表した（JAEC 2012c, 2012e）。

人材育成の分野では、まず「人材需給マップ」の策定を勧告している――「関係する政府機関と、原子力業界を含めた需要側は、運転計画に基づき、いつどの分野にどれだけの人材が必要となるかを明確にすべきである」（JAEC 2012c）。これは政府機関には不可能であり、より優れた知識とデータを持つ原子力関連団体が行なうべきである。他の重要な勧告には、福島原発事故の教訓を基にした教育、中堅専門家に対する新たな教育機会の提供、原子力発電の保安、安全、警備に関する人材育成の拡充、人材確保を目的とした原子力産業へのインセンティブ賦与、

国内原子力発電所の運転を維持するための人材確保、そして原子力エネルギーおよび関連技術の海外展開を目的とした人材育成がある。

国民の信頼回復

　最後に重要な課題として、国民の信頼回復が挙げられる。前述の通り、政府の原子力政策に対して国民の信頼が失われたことは、福島原発事故がもたらした最も大きな影響の一つである。2012年、JAECはこの問題に関する政策声明を公表し（JAEC 2012a）、その中で国民の信頼回復に向けた4つの基本原則を提示している。

説明責任

　まず何より、こうした課題に取り組んでいる個人ないし組織が自分たちの任務——何を、なぜ、どのように行なっているのか——を国民に説明することが重要である。これら個人ないし組織は、国民の利益にまつわる課題を解決し、そのリスクを管理することが最大の責務であると認識し、自分たちの計画と、自分たちの行動による結果を説明しなければならない。つまり、国民の福祉と安全に対する自らの責任と義務をどのように果たしたか、国民に絶えず説明しなければならないのである。

正確な情報開示

　第2に、こうした説明は十分かつ正確な情報を土台として、適切な時期に国民になされなければならないと肝に銘じることが大切である。たとえば、原子力発電の安全性に関わる原発運転員の行動を議論するにあたっては、施設が直面している脅威と、そうした脅威がどのようにして施設を襲うかについて、慎重に説明する必要がある。その際には、他の施設との比較を通じて説明するのが受け入れやすいかもしれないが、それは慎重に行なわなければならない。つまり費用、環境への影響、そして安定性など、関連する全ての要素を含んだ評価を行なうべきであって、一つの要素を基にした比較は、たとえ正確だとしても不適切である可能性がある。だが一方で、正確さよりもスピードのほうが重要な場合もあること

に注意しなければならない。そうしたときでも、情報に含まれる不確かさや影響の生じ得る範囲を説明しつつ、何がどういった理由で発生し、また将来何が起こり得るか、ただちに詳細が発表されるべきである。

意思決定プロセスにおける透明性と公平性の確保、および国民の参加

第3に、行政が意思決定を行なう土台として公平なプロセスを策定し、またそのプロセスを公開する中で、国民が参加できる機会を提供することも重要である。透明性の確保とは、国民が意思決定のプロセスを目の当たりにでき、情報にアクセスでき、かつこれらプロセスに自分たちの考えを提供できることであると、関係者は深く認識しなければならない。こうした認識に基づくならば、意思決定に対する国民の関心が大きければ大きいほど、決定がなされる前の最初期の段階から国民がより深く関与すべきことになる。関係する組織は、国民が意見を述べる場を提供すべく努力しなければならない。

さらに行政機関は、完全かつ入手可能な文書による検証が可能な意思決定プロセスを策定すべきである。それは行政文書の作成と、専門家および関連団体、そして国民からの意見聴取に始まり、最終的な意思決定に至るプロセスである。

容易に理解できる説明

第4に、国民への説明は正確であることを前提としながら、明確かつ平易でなければならない。情報さえ公開されれば透明性が得られるのではなく、そうした情報を国民が理解できなければ、透明性が確保されているとは言えない。正確かつ理解可能な情報を確実に提供するのは難しいが、法廷の判決文ですら昔から一般的な日本語で書かれている。行政機関はこうした観点から文書作成および説明準備のプロセスを管理し、またその分野における自らへの教育と訓練を怠ってはならない。

結　論

3.11以降の原子力政策は、福島原発事故から学んだ教訓と、事故後に求めら

れた異なる優先順位や業務を反映する形で変更される必要がある。そうした政策の対象として、原発の廃炉および福島ないしその周辺地域に暮らす住民の生活回復、安全と保安の確保、使用済み燃料の管理、貯蔵プルトニウムの管理、廃棄物の処分、人材育成、そして何より国民の信頼回復がある。また日本政府は様々な利害関係者や市民社会を巻き込む形で国民的議論を主導し、原子力のリスクと利点を再検討しなければならない。原子力政策の公平かつ包括的な評価を行なう独立委員会を設けることが望まれる。これらは、日本の原子力エネルギーが将来的にどの方向へ進むかにかかわらず必要となる変化である。

[参考文献]

Asahi Shimbun, 2015a. Reduction target for greenhouse gases set at 25% at 2030: Government's draft plan submitted. 24 April.

Asahi Shimbun, 2015b. Share of renewable energy will be 'around mid 20%' for energy mix in 2030, METI says. 8 April.

Asahi Shimbun, 2016. 'Effectiveness of the wall is limited', the Nuclear Regulatory Authority concluded. 27 December.

原子力関係閣僚会議, 2016a.「高速炉開発の方針」12月21日. www.cas.go.jp/jp/seisaku/genshiryoku_kakuryo_kaigi/pdf/h281221_siryou1.pdf（2017年1月23日参照）.

原子力関係閣僚会議, 2016b.「『もんじゅ』の取扱いに関する政府方針」12月21日. www.cas.go.jp/jp/seisaku/genshiryoku_kakuryo_kaigi/pdf/h281221_siryou2.pdf（2017年1月23日参照）.

Diesendorf, Mark, 2014. *Sustainable Energy Solutions for Climate Change*. Sydney: UNSW Press.

広瀬弘忠, 2013.「原子力発電をめぐる世論の変化」原子力委員会, 7月17日. www.aec.go.jp/jicst/NC/iinkai/teirei/siryo2013/siryo27/siryo2.pdf（2017年1月23日参照）.

IEA (International Energy Agency), 2013. Redrawing the energy-climate map. 10 June.

日本エネルギー経済研究所, 2013.「電源別コスト実績評価と電気事業財務への影響」原子力委員会, 8月20日. www.aec.go.jp/jicst/NC/iinkai/teirei/siryo2013/siryo31/siryo3.pdf（2017年2月27日参照）.

Inter-Ministerial Council for Contaminated Water and Decommissioning Issues, 2015. Mid-and-long-term roadmap towards the decommissioning of TEPCO's Fukushima Daiichi nuclear power station. 12 June. www.meti.go.jp/english/earthquake/nuclear/decommissioning/pdf/20150725_01b.pdf (accessed 23 January 2017).

JAEC (Japan Atomic Energy Commission), 2012a. Efforts to build public confidence. 25

December. www.aec.go.jp/jicst/NC/about/kettei/121225-2_e.pdf (accessed 23 January 2017).

JAEC (Japan Atomic Energy Commission), 2012b. Progress of medium- and long-term efforts to decommission Fukushima Daiichi NPP of TEPCO. 27 November. www.aec.go.jp/jicst/NC/about/kettei/121127-1_e.pdf (accessed 27 February 2017).

JAEC (Japan Atomic Energy Commission), 2012c. Promotion of measures to secure and develop human resources for nuclear energy. 27 November. www.aec.go.jp/jicst/NC/about/kettei/121127-2_e.pdf (accessed 23 January 2017).

JAEC (Japan Atomic Energy Commission), 2012d. Renewing approaches to geological disposal of high-level radioactive waste (HLW). 18 December. www.aec.go.jp/jicst/NC/about/kettei/121218_e.pdf (accessed 23 January 2017).

JAEC (Japan Atomic Energy Commission), 2012e. Research and development on nuclear power in the future should be. 25 December. www.aec.go.jp/jicst/NC/about/kettei/121225-1_e.pdf (accessed 23 January 2017).

JAEC (Japan Atomic Energy Commission), 2016. The status report of plutonium management in Japan – 2015. 27 July. www.aec.go.jp/jicst/NC/iinkai/teirei/siryo2016/siryo24/siryo1_e.pdf (accessed 23 January 2017).

METI (Ministry of Economy, Trade and Industry), 2014a. Strategic energy plan. April. www.enecho.meti.go.jp/en/category/others/basic_plan/pdf/4th_strategic_energy_plan.pdf (accessed 23 January 2017).

経済産業省, 2014b. 総合資源エネルギー調査会, 電力・ガス事業分科会, 原子力小委員会, 放射性廃棄物ワーキンググループ,「放射性廃棄物WG中間とりまとめ」5月. www.meti.go.jp/committee/sougouenergy/denryoku_gas/genshiryoku/houshasei_haikibutsu_wg/report_001.pdf（2017年1月23日参照）.

METI (Ministry of Economy, Trade and Industry), 2015a. Basic plan for final disposal of specified radioactive waste. 22 May.

経済産業省, 2015b.「長期エネルギー需給見通し」. 7月. www.meti.go.jp/press/2015/07/20150716004/20150716004_2.pdf（2017年1月23日参照）.

日本経済新聞, 2014.「原発再稼働『進めて』32％　本社世論調査」8月24日.

日本経済新聞, 2015.「原発の発電コスト1割増　経産省試算、価格優位性は維持」4月5日.

原子力規制委員会, 2015.「文部科学大臣への勧告」11月13日. www.nsr.go.jp/data/000129633.pdf（2017年9月7日参照）.

復興推進会議, 原子力災害対策本部, 2016.「帰還困難区域の取扱いに関する考え方」8月31日. www.meti.go.jp/earthquake/nuclear/kinkyu/pdf/2016/0831_01.pdf（2017年1月23日参照）.

日本学術会議, 2012.「高レベル放射性廃棄物の処分について」9月11日. www.scj.go.jp/ja/info/kohyo/pdf/kohyo-22-k159-1.pdf（2017年1月23日参照）.

日本学術会議, 2015.「高レベル放射性廃棄物の処分に関する政策提言――国民的合意形成に

向けた暫定保管」4月24日. www.scj.go.jp/ja/info/kohyo/pdf/kohyo-23-t212-1.pdf（2017年1月23日参照）.

鈴木達治郎, 2013.「プルトニウム利用計画への3つの提案」内閣府原子力委員会メールマガジン第123号, 3月29日. www.aec.go.jp/jicst/NC/melmaga/2013-0123.html（2017年1月23日参照）.

Takubo, Masafumi, and Frank N. von Hippel, 2013. Ending reprocessing in Japan: An alternative approach to managing Japan's spent nuclear fuel and separated plutonium. Research Report No. 12. Princeton, NJ: International Panel on Fissile Material, Program on Science and Global Security, Princeton University.

TEPCO (Tokyo Electric Power Company), 2015. Unit 2 reactor building and large carry-in entrance rooftop accumulated water quality results. 24 February. www.tepco.co.jp/en/nu/fukushima-np/handouts/2015/images/handouts_150224_01-e.pdf (accessed 7 September 2017).

東京電力改革・1F問題委員会, 2016.「東電改革提言」12月20日. www.meti.go.jp/committee/kenkyukai/energy_environment/touden_1f/pdf/161220_teigen.pdf（2017年1月23日参照）.

US–Japan Nuclear Working Group, 2014. Statement on shared strategic priorities in the aftermath of the Fukushima nuclear accident. New York: Maureen and Mike Mansfield Foundation.

第2章

フランスという例外
—— フランスの原子力産業、およびそれが新たなエネルギーシステムへの移行を目指す政治的計画に与える影響

クリスティーナ・スチュアート

要 旨

　福島原発事故は、原子力発電の割合を減らし、再生可能エネルギーの成長を促進する法令の施行を促したという点で、フランスのエネルギー政策にとっても転換点となった。それでもなお、フランスの原子力業界は無傷のままであり、強大な政治力をもってフランスのエネルギー部門を支配している。これら二つの現実の間に横たわる明確な緊張関係を説明し、その展望を示すことが本章の目的である。まずはフランスの原子力産業がかくも強力な存在となった経緯を検証することで、環境問題、安全性の問題、そして経済的問題に対する原子力業界の反応を分析する。そして最終的に、新たな政治的枠組みにおけるフランス原子力業界の展望を提示する。原子力業界は現在、社会政治学的な分析を土台とし、低炭素技術を前面に打ち出すことで、環境および気候の問題を乗り越えている。また大規模投資を行なうことで、安全性の問題も管理下に置いている。しかし本章は、現在の原子力業界を維持している財政状況が、最終的に不安定な経済的状況を生み出すことを示す。エネルギー移行政策と原子力産業の成長との間の力関係は、政治的というより経済的な問題なのである。

序　論

　2015年8月、当時のフランス大統領フランソワ・オランドは、国家の電源構成に占める原子力の割合を削減すべく、「グリーン成長に向けたエネルギー移行法」（エネルギー移行法）を通過させた。この前例のないエネルギー政策の転換によって、原子力発電の割合を現在の76.3パーセント（RTE 2016）から2025年までに50パーセントに減らすこと、および再生可能エネルギー発電の割合を2030年までに40パーセントに増やす（再生可能エネルギー全体の割合を32パーセントまで増やすことで達成する）ことを含む、野心的な環境保護目標を達成する責任をフランスは負うことになった。温室効果ガス排出削減と再生可能エネルギー発電に関する諸々の目標は一般的に受け入れられているが、原子力の割合を法律によって急激に減少させることは、今も議論の的となっている。またこれらの具体的なエネルギー移行目標がどのように達成されるかも、いまだ明らかになっていない。フランスの会計検査院によると、電力消費および輸出の水準が安定的に推移するならば、原子力業界は2025年までに7基から20基の原子炉を閉鎖しなければならないとしている。しかしエネルギー移行法が通過して2年、フランスの発電事業をほぼ独占しているフランス電力会社（EDF）は、ドイツとの国境近くに立地し、国内で最も古く、最も不安定で、しかも国際的な係争状態にあるフェッセンアイム原子力発電所をいまだに閉鎖していない。

　原子力への依存を低減する新たなエネルギーシステムへの移行計画と、こうした計画の実行を頑なに拒むフランス産業界との間には、対立と緊張が明確な形で存在する。この分裂状態を理解するには、フランス独特の原子力産業と、強力な原子力ロビー団体の存在を認識する必要がある。フランスの原子力産業が独特なのは、政治的権力と不可分の関係にある産業構造のためである。それは現在の中央集権的国家における神経系統であり、フランスの文化に深く根ざし確立されているため、真の意味で疑問符が付けられたことは過去になかった。その独特な産業構造のおかげで、フランスの原子力業界はアメリカに次ぐ世界第2位の規模を誇っており、また国家の電源構成における原子力の割合が最大という点で世界の

先端を走っている。58基の原子炉が総発電量の77パーセントを賄っているフランスは、他のどの国よりも原子力に依存していると言えよう。

　国際的研究の結果、原子力発電の衰退という近年の傾向が明らかになっている（Schneider et al. 2016）。国際原子力機関（IAEA）による原子力発電拡大の見通しも、原子炉の老朽化および廃炉、そして新規建設数の減少を考慮して、毎年更新されている（IAEA 2014/2015）。世界的に原子力発電が縮小している理由は複雑で、国ごとに異なっているが、新たなエネルギー体制への世界的移行という流れは確実に存在している。この新たな体制は、再生可能エネルギー発電の増加と、化石燃料および原子力発電の増加率減少にとどまらない。エネルギーの持続可能性に関する政策は、安定的供給の確保と環境の保護（気候変動を含む）にますます影響されるようになっている。国際的研究とは対照的に、原子力発電に関するフランスにおける研究は未来への視点に欠け、原子力産業が過去に行なった決断の分析にほぼ集中している（Topçu 2013）。結果として、フランスの原子力発電がどのような展開を見せているかについて、一致した意見は存在しない。事実、もがき苦しむフランス原子力産業の姿が国際的研究によって示される一方、フランス側の見通しは楽観的であり、原子力産業を低炭素社会の成長のために欠くことのできないエネルギー資産とみなしている。つまり、原子力についての相反する見解にフランスがどう対応し折り合いをつけていくかを巡って認識の差が存在しているのだ。

　本章は、フランスの現状と国際的・国内的政策との間になぜこうした対立が存在しているのかを述べるとともに、世界的なエネルギーシステムの移行という流れの中、この状況がどのように進展するかを明らかにする。また、フランスの原子力産業が他国の原子力産業と比べてどういった点で例外的なのかを説明し、そうした例外的地位がフランスのエネルギーシステムの今後にどの程度影響を与え得るかを理解することが、本章のさらなる目的である。フランスの原子力業界は、原子力の割合を減らして再生可能エネルギーに移行するという現在の政治的目標に対抗する力を持ち得るのか？　まず最初の節で、フランスの原子力産業が歴史的にエネルギー政策を牛耳り、原子力の衰退傾向に抵抗する強力な産業構造を生み出した経緯を論じる。第2節では、地球環境問題と気候変動に関する国際的な

政策の策定において原子力が果たさなくてはならない役割を述べる。第3節では原子力の安全リスクを軽減するためのフランス原子力産業の戦略を扱い、最後に、フランスの原子力産業がどの程度政治的影響力を維持し得るか問いつつ、その経済的分析で本章を締めくくる。

フランス原子力産業の発展

　フランスの原子力産業と政策との間に存在する力関係を分析する前に、まずはフランスの原子力産業を独特なものにしているのは何かを理解しなければならない。そのためには原子力技術がフランスで爆発的な勢いをもって誕生し導入された時に遡る必要がある。フランスの原子力産業の成功には、様々な要素が関係している。本章ではそのうちの3つを取り上げるが、いずれも原子力業界の政治的権力の強化に結びついている。この成功物語に貢献した第1の本質的要素は、原子力産業が軍事に起源を有するという事実である。第2に、原子力産業を興した主要な人物は互いに密接なつながりを持ち、また政府とも緊密な関係にある。そして第3に、フランス経済は原子力の輸出能力に頼る形で発展したという事実である。

　「思いとどまらせる武器（l'arme de dissuasion）」という概念は、フランスの「大計画（grandes programmes）」の父シャルル・ド・ゴール大統領が核分裂技術に与えたものである。第2次世界大戦後、ソビエトが最初の原爆実験に成功したことを受け、ヨーロッパは核分裂技術の持つ力を恐れると同時に、それを高く評価した。そして1952年、欧州防衛共同体プロジェクトは冷戦下における核の脅威から加盟国を守るべく、一つの条約を策定する。フランスを含む6つの加盟国はこの条約に賛成したが、そこには締結国に核兵器の保有を禁じるという特筆すべき条項が含まれていた。しかし、1954年第1次インドシナ戦争でフランス連合がベトミンに敗れたのち、ド・ゴール将軍は国家防衛の名のもとに核兵器の導入を決断した。かくしてフランスは正式にこの条約を拒否する。

　1958年、第五共和国の大統領に就任したド・ゴールは、したがって軍の最高司令官に任命され、核兵器に関する最高責任者となった。しかし、かくも強力かつ将来的に危険となり得る技術について、完全な支配権を一人の人物に委ねるの

は、共和国にとって受け入れ難いことだった。このような権力を正当化すべく、ド・ゴールは1962年に国民投票を行なう。その結果、大統領選挙の手続きが修正され、それまでの間接投票から全国民による直接投票システムへと変更された。大統領の地位を民主主義に基づくものにしたことで、ド・ゴールは核兵器の支配を正当化したのである（Chantebout 1986）[1]。ド・ゴールは核を単なる軍事的戦略として見ていたわけではなく、国家の独立政策戦略の中心とみなしていた。ド・ゴールにとって、軍事的な核保有だけでは十分ではなく、民間における原子力の活用こそが、大統領は「国家独立の保証人である」というフランス憲法第5条の遵守を保証する解決策だったのである。軍事的戦略物資から民間必需品への核の転換という1960年代に発生したパラダイムシフトは、フランスにおける歴史的転換点となった。

　国家のエネルギー面での独立は、石油輸入からの独立とも言い換えられる。この政治戦略は民間による原子力発電を後押しするために用いられた。とりわけ重視されたのが、北アメリカ産石油の輸入量削減である。事実、フランスは独立の象徴として1966年に北大西洋条約機構（NATO）を脱退していた。だが皮肉なことに、ド・ゴールが大統領を退いた（1969）直後、フランスが設計したウラン天然黒鉛炉（UNGG）よりも安価なことからアメリカ製の加圧水型原子炉（PWR）が輸入され、以後新規に建設される原子力発電所で用いられた（Reuss 2007:68）。当然ながら、原子力で賄うことができるのは電力だけなので、完全な「エネルギーの独立」は誇張であった。輸送機関用の油およびガソリンの輸入が影響を受けることはほとんどなく、それは避けることができない事実であった。

　EDFは1960年代に原子炉プロジェクトの試作機建設を開始したが、その一方ではエネルギーの電力への移行が徐々に始まっていた。軍の資金も、民間原子力開発への投資とこれら試験的なプロジェクトの継続を後押しした。フランスが民

---

[1] 「それゆえ、フランス初となる核兵器の開発と、大統領選挙を直接投票に移行させた1962年の憲法改正は不可分の関係にある。国民の直接投票によって完全なる正当性を与えられた人物だけが、かくも危険度の高い技術の使用を決断するのに必要な倫理的強さを得られるのは確かである」（Chantebout 1986）。

間の原子力発電に移行したことを説明する際、またフランス政府によってなされた巨額の投資を正当化する際に挙げられる理由は、1973年に発生した石油危機と結びついている。しかし時系列的な一貫性を保つためには、民間原子力への投資は1970年代のアラブ・イスラエル紛争におけるフランスの軍事的野心との関係で考慮されなければならない。事実、石油危機に先立つ1973年5月、ピエール・メスメル首相は閣議の中で、1972年から1977年にかけて建設される原子力発電所の計画発電量を、当初の8,000メガワット（MW）から13,000 MWに増強すると述べた（INA 1975）。

それからわずか数ヵ月後、石油危機が世界各国の経済を襲い、民間の原子力発電を存続・発展させる完璧な理由を与えた。かくしてエネルギー面での独立と軍事面での防衛力を提供する原子炉は、他のどの国でも見られない速度で建設が進められる。石油危機は原子力発電を加速させるフランスの決定とほぼ同時に発生したが、民間の原子力計画は石油危機以前すでに策定されていたことに注意しなければならない。その結果、メスメル首相が1974年に発表した、かの有名な「全原子力化（le tout-nucléaire）」計画につながったのである。メスメル計画の第1段階は、発電容量900MWの原子炉を2年間で13基建設することであった。10年後にはウェスティングハウス社製のPWRがフランス全土で50基建設中だった[2]。フランス国民にとっては、より安価な電力料金という国の約束が、民間原子力事業への投資を正当化する理由となった[3]。

今日の原子力事業は大きく分けて3段階で建設された。第1段階が1971年から1982年にかけてのCP0（Contract Programme 0）、CP1、CP2であり、第2段階が1977年から1986年にかけてのP4およびP'4、そして第3段階が1984年から1993年にかけて建設されたN4原子炉群である（**表2-1参照**）。

2———UNGG型原子炉は6基（シノン、サン＝ローラン＝デ＝ゾー、およびビュジェの各原子力発電所に所在）建造されているが、より安価なアメリカ製PWRに移行する決断がなされた。EDFがウェスティングハウス社製モデルを支持する一方、原子力・代替エネルギー庁（CEA）はUNGGを強く支持していた。

3———当時、フランスの電力は主に輸入された石油によって賄われていた。よって石油危機が生じると、電気は極めて高価なものになった。

表2-1　現在稼働しているフランス原子炉群の建設時期

原子炉シリーズ	建造時期	原子炉数		出力規模（MWe）
CP0	1971-74	6		900
CP1	1974-81	18	34	900
CP2	1976-82	10		900
P4	1977-80	8	20	1,300
P'4	1980-86	12		1,300
N4	1984-93	4	4	1,450
合　計	1971-93		58	純合計出力：63,130MWe

注：MWe＝電気出力メガワット。
出典：Brottes and Baupin（2014）を基に作成。

　民間における「全原子力化」計画は完全に実行されたわけではないが、フランスの総発電量のほぼ80パーセントが原子力によるものであり、また今日においても軍事的利益から完全に切り離されているわけではない。発電用原子炉に加え、トリカスタン原子力地区にあるようなウラン濃縮施設が軍民の利用に提供されている。事実、これらの施設はフランスにおける燃料サイクル能力の一部となっているだけでなく、プルトニウムの抽出も可能である。これら原子力事業の歴史には軍事の影が常につきまとっているが、現在でも軍との関係は残っているのだ。

　現存する原子力発電業界の発展を可能にした主体は、今もなお存在している——存在しているどころか、フランス原子力産業の中心を成しているほどだ。フランスの原子力産業は3つの主体で構成されている。まずはフランスの独占的電力事業体であるフランス電力会社（EDF）である。1946年、競争を回避し国家からの支援を享受させるべく、EDFに複数の会社を統合させ国有化することが決定された。多数の電力関係企業が共存するアメリカやイギリスと異なり、フランスのナショナル・イノベーションシステムは市場競争を促進しなかった。現在のEDFは独自の法律が適用される有限責任企業であり、2004年を境に国有企業ではなくなっているが、現在も株式の84.5パーセントを政府が保有している（EDF 2014）。そのためEDFは「国家の中の国家（etat dans un etat）」という昔からの地位を今も保持し続けている。

　原子力産業において第2の主体であるアレヴァは、EDFを支援する主要な原子

力関連企業である。アレヴァの傘下にはアレヴァ原子力発電（NP）とアレヴァ原子力サイクル（NC）があり、アレヴァNPが原子炉の建造を行なう一方、アレヴァNCは使用済み燃料の再処理や廃棄物処分を含む燃料サイクル事業を担当する。ラ・アーグに再処理施設を建設した1966年から核廃棄物と使用済み燃料を取り扱っている。原子力産業の核を構成する第3の主体は、国防を目的とした核開発を行なうべく1945年に創設された原子力・代替エネルギー庁（CEA）である。CEAは今日においても軍民の研究開発を促進・支援している。

　これら諸機関同士の協力関係、および機関内部における協力関係は、フランスの伝統的な技術主義によって保証されている。第2次世界大戦以降、フランスの製造業が擁する労働力のほぼ全ては、「国家総軍」（corps d'etat）のメンバーで構成されていた。[4]つまり原子力開発が発展する間、産業大臣だけでなく原子力企業の取締役や幹部職も、同じ名門パリ国立鉱業大学の卒業生が占め続けたのである。彼らが同種の教育を受けたことから、前記3つの機関およびその幹部の間には当然の結果として能率の向上が見られた。官僚の多くもこれらの権威ある機関で勤務したことがあるか、あるいは協力して業務にあたった経験を有しているため、この能率の高さは政治の分野にまで及んだ。これら歴史ある諸機関が互いに、あるいは政府との間で維持している緊密さは、政治的な「大計画」が国民の議論を経ることなく、議会の右派からも左派からも容易に同意を取りつけられることを意味する（Gerbault 2011）。こうした能率の高さは、単一機関内における原子力の価値の連鎖の垂直的な統合によって一層容易に達成された。こうした中央集権的・統一的構造の一大結果こそ、容易かつ異議の少ない核開発の促進なのである。[5]

　フランス原子力産業の政治力を決定づけている最後の要素は原子力輸出への依存である。まず第1に、フランスは世界最大の電力輸出国であり、欧州連合（EU）の電力網の一部を構成している。2015年、フランスは546テラワット時（TWh）の電力を生み出したが、消費量は476TWhである（RTE 2016）。つまり、

4ーーー「国家総軍」は歴史的に国立統計経済研究所だけでなく権威ある技術系高等教育機関（パリ国立高等鉱業学校や国立土木学校など）の卒業生を含む。

5ーーー原子力安全局（ASN）など他の主役たちについてはのちに論じる。

フランスの発電容量は国内消費を賄うのに必要とされる分をはるかに上回っているのである。技術的な理由により、原子力発電所を一旦閉鎖し、後に再稼働させるには巨額の費用がかかる。ゆえに、電力需要が変動する状況のもと、原子力発電所の運転を一定の割合で続けるためには電力輸出が必要不可欠なのだ。フランスはヨーロッパ連係電力系統のおかげで原子力発電を支配でき、それによって常に余剰の電力を生み出しているのである。

同じく2015年、フランスは91.3TWhの電力を輸出し、29.9TWhを輸入している（RTE 2016）。この輸入水準は電力価格の変動を反映したものであり、EU内部で原子力発電が常に最も安価なわけではないことを示している。たとえば、スイスはフランスが輸出する電力のほとんどを輸入しており、それにイタリア、ドイツ、ベルギー、イギリス、そしてスペインが続く。一方、再生可能エネルギー電力が原子力発電より安い時、フランスは主にドイツから電力を輸入しており、それにスイスとスペインが続いている。フランスの冷暖房システムは大半が電気によるものであり、そのため西ヨーロッパで最も気温に敏感な国となっている。原子力発電が一定の余剰電力を生み出していても、寒さの厳しい冬に発電量を急に増やすことはできず、近隣諸国からの電力輸入を余儀なくされているのである。

第2に、フランスは原子炉の輸出国である。原子炉メーカーであるアレヴァNPはこれまでに102基の軽水炉（LWR）を全世界に輸出している。ごく最近も欧州加圧水型原子炉（EPR）という新型原子炉の輸出を開始しており、フィンランドで1基、中国で2基、フランスで1基が建造されている。しかしこの新技術には問題の多いことが明らかとなっている。それを象徴するのが、イギリスで建設が予定されているヒンクリー・ポイントC原子力発電所の2基のEPRに対する投資と、それにまつわる論争である。EPRの設計および輸出に関する問題は、後に詳しく論じる。

第3に、フランスは原子炉の安全技術を輸出している。[6] チェルノブイリと福島

6̶̶̶̶原子力関連の透明性および安全性に関するフランスの法律第2006-686条によると、原子力の保安には安全性の確保（原子炉の建造、稼働、および廃炉を指す）の他、放射線防護、悪意ある行動の予防、そして事故の際における大衆の安全確保が含まれる。

で発生した原発事故以降、原子炉の安全規定は主要な輸出品目となった。事実、これら原発事故によって追加の安全対策が必要になってからというもの、フランスは安全規定の開発に非常に力を入れている。

第4に、フランスの安全技術の一環として、アレヴァNCはラ・アーグおよび六ケ所村にあるものと同様の燃料再処理施設を輸出している。放射性廃棄物の管理については本章の第3節でさらに論じる。

コンサルタント会社のプライスウォーターハウスクーパーズが行なった調査研究（2011）によると、直接・間接を問わず原子力輸出の取引高を全て考慮に入れると、原発による電力およびその他の原子力関連設備ならびにサービスの輸出額は年間60億ユーロに上り、また潜在的な取引高は450億ユーロと、フランスの国内総生産（GDP）の2パーセントに達する。フランスは現在、原子力輸出が生み出す巨額の利益に強く依存しているのである。

1970年代にフランスが発電の分野で下した決断は、エネルギー部門を原子力技術に邁進させることであった。軍事に起源を有することで原子力への投資が可能になり、原子力産業の担い手たちは政府と密接な関係にあり、経済は原子力輸出に依存している。原子力産業が歴史的にかくも例外的存在となっているのはそのためである。原子力産業が実際に原子力発電の割合を減らすという政策を覆すには、現在の構造が安定的であり続けること、および輸出が順調であり続けることが必要である。しかしながら、重大な技術的問題がこれら二つの要素を脅かしている。すなわち、既存の原子力発電所群の寿命である。どのような政策をとるにせよ、これらは今後10年間で置き換える必要が生ずる。新たな原子炉への交換という、世界的なエネルギー移行の流れに沿った政策をフランスが採用するにあたり、この事実はその政策に余地と力を与えるものに他ならない。エネルギーの世界的枠組みを変えようとする圧力は新たな電源構成の必要性と不可分の関係にあり、新型の原子炉はこの新たな枠組みに調和するものであると原子力産業が立証できなければ、より再生可能なシステムへの移行を迫られることになるだろう。

新たなエネルギーの枠組み

　世界的に見て、エネルギーに関する新たな枠組みの基礎を作り上げようとしているのは環境問題と気候問題であり、その枠組みとは、化石燃料による経済成長への決別と再生可能エネルギーの増加である。実際のところ、フランスは原子力を基盤とする低炭素社会を築いているが、同国の保有する原子力発電所群は2016年の段階で平均稼働年数が31年に達しているため、公式に定められた寿命が迫っている。[7] フランスのエネルギー政策と世界的なエネルギー移行は、既存の原発群を置き換える必要性を促し、新たなエネルギーシステムに移るための他に類を見ない機会を与えている。その意味で、オランド大統領によるエネルギー移行法は、新たなシステムを目指す上で最も重要な政策は何か、および目標はどのようなことであるかを初めて示したものだった。

　本節では、エネルギーの新たな枠組みを議論する中でフランスの原子力産業が果たした役割を論じる。まず最初に原子力産業を対象としたエネルギー移行法の詳細を分析し、それがフランスでどのように実施されているかを述べる。次に、再生可能エネルギーによる発電能力の向上と、それに伴う原子力発電に対する市場価格の下落圧力という、最近強まりつつある潮流について論じる。原子力発電に対する市場価格の下落圧力が発生したのは、再生可能エネルギーの競争力が高まったことによる。そして最後に、パリで開催された第21回気候変動枠組条約締約国会議（COP21）において原子力がどのようにみなされたか、そして新たなエネルギー枠組みの一部となるか否かを分析する。

　エネルギー移行法は、より持続可能な経済への移行というフランスによる一連の目標を規定しており、その策定は福島原発事故に端を発している。2012年の大統領選期間中、原子力を支持するニコラ・サルコジと再生可能エネルギーを支持するオランドとの間でエネルギーの将来像に関する論戦が行なわれた。また移行法の最終条文は、持続可能なエネルギーシステムをどのように構築するかを巡

　7———フランスにおいて原子力の当初の寿命は40年だった。

って2012年から13年にかけて行なわれたエネルギーに関する公開討論の結論を土台にしている。激しい政治折衝の結果、1,000箇所以上の修正を余儀なくされたが、2015年、この法律は現時点における最も野心的な環境法として、当時の環境大臣セゴレーヌ・ロワイヤルによって提出された。66箇条から成る同法で特筆すべきは以下の諸点である。

・電源構成に占める原子力発電の割合を、2025年までに50パーセントまで減少させる。
・原子力による発電能力に上限を設け、現在の63.2ギガワット（GWe）に制限する。
・電源構成における再生可能エネルギーの割合を増加させ、2030年までに最終発電量の40パーセントを目指す（これを達成すべく、2030年までに最終エネルギー消費における再生可能エネルギーの割合を32パーセントまで増加させる）。
・化石燃料エネルギーの最終消費を、2030年までに2012年度比で30パーセント減少させる。
・最終エネルギー消費を、2050年までに2012年度比で50パーセント減少させる。
・温室効果ガスの排出を、2030年までに1990年度比で40パーセント減少させる。

エネルギー移行法は野心的かつ具体的な法律ではあるが、目標をどのように達成するかは何も示していない。それは原子力発電の割合を減らす詳細な行動目標の提示を目的とした、複数年度エネルギープログラムの役割である。2016年7月1日、ロワイヤル環境相は同省のホームページに275ページの文書を掲載した。2016年10月27日の正式採用に先立ち、当プログラムはエネルギー移行専門家会

---

8 ───── エネルギー移行法の条文において論争となり、修正が加えられることになった主な要因として、原子力の割合を50パーセントに減らす期限、およびその期限そのものを条文に含めるか否か、原子力の正確な上限目標、最終エネルギー消費の削減に関する諸目標、そして持続可能な低エネルギー集合住宅に関するより野心的な目標が挙げられる（Energiewende Team 2015）。

9 ───── これは最終エネルギー消費量の32パーセントに相当し、2014年は18.7パーセントだった（RTE 2016）。

議と原子力安全局（ASN）によって再検討されると共に、国民からの意見聴取が行なわれた。しかし、何基の原子炉が廃止されるかはこの文書にも記されていない。稼働40年を超える原子炉の廃止および寿命延長に関する決定は、2019年より開始されることになっている。原子力発電に関係する唯一の具体的数値は、原子力による年間発電量を2023年までに10ないし65TWh削減するというものだけであり、これは現在の発電量の2.5ないし15.6パーセントに相当するに過ぎない。参考までに記すと、10Twhの削減はフェッセンアイム原子力発電所で最も古い原子炉2基を廃炉するだけで達成できる[10]。また65TWhは平均して原子炉10基分に相当する。

だがこれらの上限と下限はいずれも、会計検査院の推定から大きくかけ離れている。会計検査院の報告書によると、エネルギー移行法の目標を達成するには、2025年までに17ないし20基の原子炉を廃炉としなければならない。当然ながら、これらの数字は電力消費量と発電量の増減に左右される。しかしエネルギー移行法と、同法がどのように実施されるべきかを記した文書との間には、今なお隔たりがあると思われる。実際には、この隔たりは強い影響力を持つ原子力ロビーが複数年度エネルギープログラムを策定する上で一定の役割を果たしたことを意味している。エネルギー移行法の成立以来、フランスで廃止された原子炉は1基もなく、現在稼働している中で最も古いフェッセンアイム発電所は激しい議論の対象となっている。

フェッセンアイム原発の廃止圧力は3つの要因から成っている。2018年に免許が失効すること、ドイツとの国境に近い地震多発地域にあるため閉鎖への国際的圧力が高まっていること、およびエネルギー移行法そのものの圧力である。このうち寿命の問題に関しては、オランド大統領が退任（2017）を迎える前にフェッセンアイム原発を閉鎖することを公約に掲げていたものの、その公約を遂行できなくなったため、エマヌエル・マクロン新大統領にその責任が委ねられた。またフェッセンアイム原発が国境に近いことで生じた国際問題も、技術的問題のため過去に何度か緊急停止システムが作動した経緯から、同じく重大だと考えられている。

10———2015年、フェッセンアイムの原子炉2基は計13TWhの電力を発電した。

3つ目の要因は、エネルギー移行法に記された原子力による発電量の上限と、フラマンヴィル原子力発電所3号機で建設が進められている新型の欧州加圧水型原子炉（EPR）とに由来するものである。フランス初となるこのEPRは1,650MWの発電能力を有するものの、多数の問題が発生して建設が大幅に遅れており、稼働開始は2018年と見込まれている。法律で定められた上限のため、フラマンヴィル3号機の稼働開始に先立ち、フェッセンアイムの原子炉2基を廃炉としなければならない。だが国際社会とフランス政府からの大きな圧力にもかかわらず、EDFは以前に提示された補償額が不十分だとして、原子炉2基の廃炉につながる法的手続きの開始を最近になるまで受け入れなかった。EDFは、ロワイヤル環境相が2016年5月に提示した8,000万ないし1億ユーロではなく、これをはるかに超える20ないし30億ユーロが補償金として支払われるまで、原子炉の閉鎖を受け入れるつもりはないと述べた（*Le Monde* 2016）。2017年1月24日には政府によって4億9000万ユーロが提示され、これはEDFにとって十分な額だとされている。にもかかわらず、フェッセンアイムの原子炉は今もなお稼働している。

マクロン大統領の選出以来、エネルギー移行がさらに加速するという新たな自信が生まれている。環境活動家のニコラ・ユロがエコロジー・持続可能開発・エネルギー省大臣に指名されたことは、エネルギー移行がさらに進む兆候である。この事実は、ユロの指名当日、EDFの株価が6.57パーセント下落したことによって示されている（Stothard 2017）。原子力発電の占める割合を50パーセントに削減することは最優先課題であり、そのためにもフェッセンアイム原子力発電所は閉鎖すべきであって、エネルギー移行法で定められた再生可能エネルギーに関する各種目標については真剣に取り組むとマクロン大統領は強調した（Macron 2017）。しかし彼はその一方で、2025年度の目標については先行き不透明で疑わしいとしている。マクロンは自分自身を気候変動への取り組みに熱心な人物とアピールしているが、原子力は今も論争の対象となっている。原子力発電の削減が公約に掲げられてから5年が経ち、オランドの在任中に結果が生まれなかった現在、マクロンは原子力政策について理想的アプローチをとらず現実的な立場を守っており、原子力産業の未来は二つの要素にかかっていると慎重な言葉遣いで述べている。すなわち、ASNが2018年に行なう原子力発電に関する真の費用推定

から生じ得る結果と、原子力に関する決定を行なう際の難しさを考慮した、EDFの経営機構改革の可能性である。環境活動家のユロを大臣に擁した今もなお、マクロン政権下における原子力発電の見通しは、彼自身が原子力業界に及ぼせる影響力の小ささを自覚していることから、外部の要因に左右されることとなるだろう。

　原子力産業は現在、フランスのエネルギー政策におけるその野心が挫かれるような方向へと進んでいるが、市場レベルにおいても原子力産業に対する下方圧力が存在する。まず世界市場は、原子力に代わって再生可能エネルギーを支持する傾向にある。1997年に京都議定書が締結されて以来、世界各国は新たな再生可能エネルギーの導入を緩やかながらも進めている。2000年から2015年にかけての、風力、太陽光、および原子力の発電容量はそれぞれ417GWe、229GWe、27GWe[11]である（Schneider et al. 2016）。EUでは原子力から再生可能エネルギーへの移行がさらに顕著であり、原子力発電所で生み出される電力は1997年以降年間65TWhのペースで減少しているが、風力発電は303TWh、太陽光発電は109TWh増加している。こうした傾向は、原子力発電と比較して再生可能エネルギーの競争力が高まっていることを示している。

　様々な電力源の競争力を比較するため、ここでは均等化発電費用（LCOE）という指針を用いる[12]。経済開発協力機構（OECD）諸国において、風力のLCOEは2009年から2014年にかけて50パーセント減少し、2015年の中央値はメガワット時（MWh）あたり60ドル（範囲は33ドルから135ドル）という水準に達している（IEA 2015）。一方、同年における原子力発電のLCOEの中央値は52ドル（範囲は29ドルから64ドル）だった。しかしこれら推計値の範囲の幅は広く、今日の再生可能エネルギーは特定の状況においてすでに原子力発電よりも安価であるという主張には異論もある。

　一般大衆の常識、そしてもちろん、フランスの政治家多数の見解とは反対に、

11───この数字には長期稼働中の原子炉も含まれる。

12───LCOEには建造・運転費用、租税公課、整備費用、および寿命を超えて運転する際の必要経費が含まれる。

再生可能エネルギーに100パーセント移行したとしてもコストが原子力発電より高くつくとは限らない。フランス環境・エネルギー管理庁（ADEME）は2015年に予備的研究を行ない、フランスは2050年までに再生可能エネルギーのみによる発電体制を達成できると結論づけると共に、このシナリオは原子力を含めた状況に匹敵する費用で実現可能だと推定した。この予備的研究は再生可能エネルギーを支持する二つの主要な結論を提示している。第1に、再生可能エネルギーによる潜在的発電容量が1,268TWhと見積もられていることであり、これは2050年におけるフランス全土の電力需要の3倍にあたる[14]。ADEMEが提示した再生可能エネルギーの電源構成は、風力（陸上および海上）63パーセント、太陽光（太陽電池および太陽熱発電）17パーセント、水力13パーセント、そして再生可能な熱エネルギー（バイオマスおよび地熱）7パーセントである。そして第2の結論は、再生可能エネルギーによる発電が100パーセントとなった場合の価格が、現在政府によって提示されている再生可能エネルギー40パーセント、原子力50パーセントの場合の価格とほぼ同じ水準になることである。再生可能エネルギーの割合が100パーセントであれ40パーセントであれ、発電費用は1MWhあたりおよそ120ユーロになると見積もられている。なお、2016年における発電費用は1MWhあたり90ユーロと推定される。また最終消費者が負担する電力料金は、政府が2050年までに再生可能エネルギーへ100パーセント移行する決断を下すか、あるいは40パーセントの水準にとどまるかにかかわらず、そのコストを反映して30パーセント上昇する見込みである（ADEME 2015）。しかしこれらの根底をなす結論は激しい議論の対象となっている。つまりフランスにおいてさえも、再生可能エネルギー電力を支持する市場の圧力が強まっているのだ。

　世界的なエネルギーの枠組みが主に環境問題によって左右されている現在、原子力がこの新たな枠組みの中でどのような役割を果たすのか、最後に過去のCOP21における議論に注目する。フランスの政策および市場の趨勢が原子力による損失に反対して再生可能エネルギーを支持する一方、国際社会は世界的なエ

13──太陽光、風力、バイオマス、地熱、水力、および海流を含む。
14──この推計は技術関連のエネルギー効率を考慮に入れている。

ネルギー体制の中で原子力が果たす役割についてより曖昧な態度をとっている。原子力は「再生可能」なエネルギー源ではないものの、化石燃料と比べれば今なお「低炭素」のエネルギー源である。2014年、気候変動に関する政府間パネルは5番目となる評価報告書を公表し、分析の結果、原子力は風力発電に次いでライフサイクルにおける排出量が低いと結論づけた（Schlömer et al. 2014: 1335）。原子力の炭素排出量が少ないことから、気候変動会議では常にその役割が議論の対象となっている。2015年12月、2週間にわたってパリで開催されたCOP21以降、195の加盟国は、地球温暖化の上限目標を摂氏2度と定め、可能であれば今世紀末まで1.5度を超えないことを目標とする、拘束力のある合意文書を批准した。さらに各国は、温室効果ガス削減と適応戦略に関する「各国が自主的に決定する努力目標」を5年ごとに見直すこととし、新たな努力目標が前回のものに比べてより高いものになることを目指そうとしている。

　COP21がフランスの中心部で開催され、とりわけEDFが主たるスポンサーの一つであることから、気候変動との関係で原子力エネルギーが議論されるのではないかと予想された。だが驚くべきことに、原子力はほとんど議題に上らなかった。強力な世論を背景とする団体も参加し、ブースやイベントを用意したにもかかわらず、原子力の将来というテーマに注目が集まることはなかったのである。開催に先立ち、EDFはあからさまに原子力支持のツイートを行なったため、グリーンウォッシュ（環境広報活動）であると非難されていたが、開催期間中に原子力問題が話し合われることはなかった。またIAEAも原子力への支持を明らかにするのを拒んだ。

　その対極に目を移すと、核に反対する強力な環境保護団体グリーンピースも原子力問題をまったく話題にしなかった。事実、原子力に関係する唯一のイベントは、OECDが組織した「なぜ気候問題は原子力エネルギーを必要としているか」というものだけである。これは小規模なイベントに過ぎず、最終文書が合意に至る前日に催された。よって合意に影響を与えなかったのは言うまでもない。核保有国も会議に参加していたが、一様に受け身の姿勢だった。新たなエネルギーの枠組みに原子力を明確な形で含む決定はなされなかったが、それを排除する決定もまたなされなかった。気候変動における原子力エネルギーの問題について

COP21がもたらしたのは曖昧さだけだった。目下のところ、気候変動に関する会合は低炭素社会に向けた新たな枠組みを形作っているが、それをもたらすのは再生可能エネルギーだけとは限らないのである。

　フランスのエネルギーに関する見通しが合意に至っていない事実は理解できる。フランスの原子力産業が現在占めている地位の高さは、長期的な政策目標と市場の趨勢の両方と矛盾しているように思われる。こうした曖昧さを裏づけるように、未来のエネルギーがどのように生産されるかを決定するCOP21など歴史的な出来事を経てもなお、原子力に関する世界共通の見通しは存在していない。環境問題は再生可能エネルギー部門の地位向上に貢献しているが、原子力発電を直ちに修正するものではない。事実、原子力発電に世界規模の劇的な変化をもたらしてきた出来事は、原発事故を除いて他になかった。完全な脱原発を支持するエコロジスト党とオランド前大統領との間で、エネルギー移行法に原子力発電の削減目標を含む、という政治的妥協がなされたのも、福島原発事故の結果だったのである。

原子力の安全性

　チェルノブイリと福島で発生した原発事故は原子力の安全リスクを全世界に知らしめ、結果として複数の原子炉が運転停止に追い込まれた。しかしフランスは、核の危険を覆い隠そうとする原子力業界による試みの結果、こうした危険な現実から歴史的に目を背けてきた。本節では、安全リスクに端を発する原子力の衰退傾向に対し、フランスの原子力業界がいかに抵抗してきたかを論じる。はじめに、フランスの原子力業界は大衆の懸念から原子炉を守るべく、強力な広報戦略を築き上げたことについて述べる。この戦略は歴史的に成功を収めてきたが、チェルノブイリ事故の後はそれが一層顕著である。次に、広報戦略の成功にもかかわらず、福島原発事故以降、大衆の信頼を維持する目的で原子力業界が安全強化に資金を投じながら、原子力への支持が急落していることを示す。そして本節の最後において、廃棄物の問題と、フランスの原子力業界が安全性に関わるこの問題にどう向き合っているかを論じる。

　フランスの原子力業界は核の危険性と安全面の重要性に絶えず大きな注意を払

い続けてきた。また原子力のリスクという概念そのものが自らにとって有害であることを認識していたため、原発事故の危険性を覆い隠そうとする強迫観念に囚われてもきた。フランスの歴史上、原子力に関する最も大規模なプロパガンダは、チェルノブイリ事故の際に発表された次のメディア向け声明文だろう。「チェルノブイリから放出された放射能の雲は、フランスの国境で止まった」(Morice 2011)。なぜそんなことがあり得るのか、当時なされた説明をかいつまんで言えば、風が西ではなく北に向かって吹いていたから、ということであった。

ロシア産天然ガスへの依存からの脱却、あるいは原子力技術の近代化など、原子力産業は核エネルギーの明るい側面ばかりを強調した。「フランスに油田はないかもしれないが、頭脳はある」これは1974年の大統領選挙でヴァレリー・ジスカールデスタンが用いた全国的スローガンである。原発事故に端を発する原子力への懐疑を打ち消そうとする業界の努力は功を奏し、フランスの原子力技術は安全であり、事故は1件たりとも発生していないという信念が広く行き渡り、公にも語られている。2012年、サルコジ元大統領はこう説明した。「原子力発電が国内で行なわれている間、大規模事故は1件も発生しなかった」(Vie Publique 2012)。EDFの保安総監を務めたピエール・タンギーも、フランス国内で原子力事故が起きたことはないと主張した。しかし原子炉の数を考えれば容易に理解できるが、原子力関係の「インシデント」(訳注：重大事故に発展する危険性をもつ出来事)は多数発生している。

さらに、原子力関係の「アクシデント」(事故)も2件発生したが、メディアを通じて全容が伝えられることはなく、フランスの原子炉は並外れた品質を誇っているという印象を与えた。とりわけ1980年にサン＝ローラン＝デ＝ゾー原子力発電所で発生した事故は、国際原子力事象評価尺度（INES；IAEA and OECD/NEA 2013参照）でレベル4の事故に分類されている。[15]参考までに記しておくと、福島およびチェルノブイリの原発事故は最悪のレベル7に分類された。サン＝ローラン＝デ＝ゾー原発事故は燃料の一部がメルトダウンを引き起こし、原子炉が

---

15 ── 低いレベルはインシデントを指し、高いレベルはより重大なアクシデント（事故）を指す。

自動停止する事態になった。レベル4の原子力事故は、「事業所外への大きなリスクを伴わない事故」であること（詳細な定義はIAEA and OECD/NEA 2013に記されている）、および「放射性物質の少量の外部放出」ならびに「法定限度を超える程度の公衆被曝」という影響があることを指している。しかし2015年になり、サン＝ローラン＝デ＝ゾー原発事故が原因でロワール川にも放射性物質が流出したという報道がなされた。

『Nucléaire, la politique du mensonge』（核、偽りの政治）というドキュメンタリー番組に資料を提供した調査官らは、事故後5年間にわたってロワール川にプルトニウムが流出し続けたことを明かしている（Canal+ 2015）。なお1979年にペンシルベニア州ドーフィン郡で発生したスリーマイル島原子力発電所事故は、炉心溶融とサスケハナ川への放射性物質の流出を伴うもので、INESのレベル5に分類されている。[16] スリーマイル島事故はアメリカのメディアを動かし、原子力の安全性に対する国民の認識に影響を与えたが、驚くべきことにフランスではそうならなかった。このような事故の後で大衆を安心させるためには、曖昧な報道こそが有効だったのである。サン＝ローラン＝デ＝ゾー事故、スリーマイル島事故、そしてチェルノブイリ事故のいずれも、危険性を覆い隠そうとする原子力業界の努力により、フランスにおける原子力発電の発展に影響を及ぼすことはなかった。

20世紀に発生した事故と異なり、2011年の福島原発事故はグローバル化された新たな世界の中で発生した。言い換えれば、原子力産業がグローバル市場化されてからというもの、脱原発が叫ばれるようになるなど、原発事故はより広範囲に影響を及ぼすこととなった。それでもなお、フランスが当時エネルギー政策を変えることはなく、事故直後の3月24日、サルコジ大統領は記者会見で原子力政策に変更がないことを再確認した（INA 2011）。しかしながら、市場におけるフランス原子力業界の国際的地位が影響を受けたことは、否定できない事実である。

原子力の衰退傾向に対する業界の抵抗力を確認する手段として、福島原発事故にフランスがどう反応したかを考察するのは有益である。まずヨーロッパ域内の

16―――レベル5「計画された対策の一部の実施を必要とする可能性が高い放射性物質の限定的な放出」（IAEA and OECD/NEA 2013参照）。

レベルでは、安全技術を輸出することで、フランスが最も信頼性の高い原発を擁していることを立証しなければならなかった。それを受け、フランスはヨーロッパ域内で極めて活発に行動し、後にヨーロッパ原子力安全枠組みとして結実する各種の整備・保安手段を提供、原子力の安全水準を高めることで国民の信頼を勝ち取ったのである[17]。一例を挙げると、福島原発事故以降にEU域内で稼働する原子力発電所は、飛行機の突入にも耐えられることが義務づけられている。

　次に国内レベルで見ると、福島原発事故に対するフランスの回答は同国が保有する原子炉の安全性を再確認するというものであり、原子力の安全性を監督する独立機関ASNに、国内で稼働する原子炉全58基の監査を実施する許可が初めて与えられた[18]。これら監査の結果、直ちに閉鎖する必要がある原子炉は1基もないが、安全強化を可及的速やかに実施する必要があると結論づけられた。またASNが提案した内容には、予備冷却能力の増強、危機管理センターの設置、そして各発電所が「緊急対策チーム」を設けること、つまり訓練を通じて緊急事態への対応に特化した要員の配置を義務づけることが含まれる。当時、これら安全強化策を実施するには130億ユーロの費用を要すると見積もられた（Crumley 2012）。

　しかし安全への投資を通じた信頼回復の努力にもかかわらず、原子力エネルギーに対する国民の支持率が深刻な水準に低下するのは避けられなかった。

　イプソス・モリ社が2011年6月に行なった世論調査のデータを集計した結果、フランス国民の67パーセントが原子力発電に強く反対する、ないしどちらかと言えば反対する、と回答した（Ipsos 2011）。また別の世論調査では、回答したフランス人の57パーセントが脱原発を支持するという結果になっている（Buffery 2011）。この段階で、原子力に関する国民世論と、安全面の懸念を否定する原子

17――フランスの原子力業界は西欧原子力規制機関連合の提唱者として、自らの経験と技能から引き出された「ストレステスト」の実施方法を極めて熱心に広めた。「ストレステスト」は、福島原発事故以降、EU内の全原子力発電所で実施されることになったリスクおよび安全性の評価を指す（Ministère du Developpement Durable 2012; Dehousse with Verhoeven 2014）。

18――原子力の透明性と安全性に関するフランスの法律第2006-686条は、独立監督機関ASNの創設を定めている。

力業界との間に対立が生じているのは明らかだった。原子力発電が続けられる一方で、2011年の世論は、フランスの原子力業界が現在置かれている不安定な立場を予兆するものだった。原発事故のリスクはフランスにおいて原子炉を閉鎖に追い込むほど強力なものでないとはいえ、原子力業界が必死に維持しようとした「安全」というイメージを損ない、結果として業界の政治的影響力を弱めているのである。

原子力の安全性を巡る世論と業界との対立を浮き彫りにする事例として、核廃棄物管理の問題がある。この問題が原発事故と異なるのは、原子炉を閉鎖したところで問題が解決するわけではないことである。過去50年分の廃棄物がすでに存在し、適切に処理されるのを待っている。多くの国では、放射性廃棄物の問題があるというだけで、原子力事業に乗り出すことを躊躇させるのに十分だが、フランスはここでも内在する危険性を覆い隠す戦略を採用した。原子力発電は廃棄物を僅かしか生み出さないという主張がそれであり、アレヴァのCEOを2001年から2011年まで務めたアンヌ・ロベルジョンによると、その量は「オリンピックの水泳プール1個分」に過ぎないという。

実際のところ、2013年末の時点でフランスが生み出した放射性廃棄物の総量は146万立方メートルに上ると見積もられており（ANDRA 2013）、そのうちの60パーセントにあたる88万立方メートルが核物質から生じたものである。化石燃料による発電業界が生み出した廃棄物の量に比べればはるかに少ないが、オリンピックの水泳プール（3,000立方メートル弱）を大幅に上回っているのは間違いない。強力な原子力ロビー特有の政治的な言い回しが用いられているだけでなく、核廃棄物と正式に認められるものに対する直接的な影響力も、原子力産業が政策に及ぼす力の強さを物語っている。一例を挙げると、放射性廃棄物の処分に関するフランスの法律第2006-686条の条文には、将来的に再利用され得る物質ならば、それは廃棄物とはみなされないと記されている。[19] ウラニウムやプルトニウ

---

19 ───「放射性物資には、必要であれば処理工程を経て、将来活用することを意図した放射性物質が含まれる。放射性廃棄物には、将来の活用が定められていない、あるいは検討されていない放射性物質が含まれる」。

ムを含有する物質はいずれも再処理される可能性があるため、これらの元素を含む放射性物質は廃棄物の公式統計から除外されるのである。

　廃棄物問題に対するフランスの部分的な解決策として、アレヴァNCが主導する燃料サイクル技術がある。同社は使用済みウラン燃料を再処理し、プルトニウムを分離することで核廃棄物を「リサイクル」すべく、ラ・アーグに工場を建設した。分離されたプルトニウムはフランスにある軽水炉のMOX燃料として用いられる。しかし、リサイクルされたものとリサイクル可能なものとの間には違いがある。ラ・アーグ工場は再処理前のリサイクル可能な物質を保管しているが、その後利用されることがなければ、リサイクル可能なもの、つまり「再生可能物資」は廃棄物のカテゴリーに分類されてしまう。[20]「再生可能物資」の全てがフランスのものというわけではない。たとえば、ドイツ、ベルギー、オランダ、スイス、そして日本は、使用済み燃料を処理しつつ、一方で廃棄物の貯蔵をめぐる住民との軋轢を避けるためにラ・アーグ工場を用いているが、これらの国による利用は減少しつつある（Schneider and Marignac 2008; International Panel on Fissile Materials 2015）。

　核燃料の再処理および濃縮はいくつかの問題を投げかけている。第1に挙げられるのが、プルトニウム抽出能力によって引き起こされる核拡散についての論争である。マーク・ディーゼンドルフが示唆するように、「民間のウラン濃縮・再処理施設は」透明性を確保すべく「全て国際的な管理下に置かれる」べきだろう（Diesendorf 2014）。第2に、再処理燃料はコストが高く、しかも低レベル放射性廃棄物を大量に生み出す点が挙げられる。[21]ラ・アーグ工場は使用済み燃料から年間重金属1,700トン（tHM）を処理する能力しか持たない。軽水炉が年間平均21トンの燃料を用い、20トンの使用済み燃料を生成していることから、フランスは毎年およそ1,000トンの使用済み燃料を生み出していることになる（Feiveson et al. 2011）。再処理事業の開始以降、約3万tHMの燃料が再処理され、

20───再生可能物質には、天然ウラン、濃縮ウラン、プルトニウム、トリウム、および使用済み燃料が含まれる。

21───放射能が低レベルで半減期が長期のもの。

現在では毎年およそ1,200tHMが処理されている[22]。また2007年末の時点で、1万3,500tHMの使用済み核燃料が、ラ・アーグ工場および各原子力発電所の冷却プールや乾式キャスク保管エリアで再処理されるのを待っていた（Feiveson et al. 2011）。

　ラ・アーグの操業開始以来、長期にわたって管理の必要な放射性廃棄物がそこで生み出されていることはよく知られており、廃棄物の蓄積は最終的に地層処分技術の開発を促した。フランスでは20年以上前から核廃棄物の地層処分に関わる研究が行なわれており、この解決策が2006年に初めて法律に記載され、Cigéo（地層保管センター）プロジェクトが進展して以降、地層処分は激しい議論の的になっている。このプロジェクトは長寿命高レベル放射性廃棄物の長期的な管理を目的としたものであり、承認が得られれば、フランス東部のムーズ県ビュール地区に深さ500メートルの地下地層処分場が建設され、最大8万立方メートルの廃棄物を数千年にわたって保管できる見通しである。認可を受けたこの種の施設はフィンランドのオルキルオト処分場しか存在しない。またフランスの法律は、より優れた処理方法が発見された場合に備えて可逆性を確保しなければならないとしている（Cigéo.com 2013）。

　現在のところ、Cigéoプロジェクトはこのような廃棄物を処分する上で実行可能な唯一の解決策であるものの、核のゴミ捨て場が近くにあることで環境や健康への影響を懸念するムーズ県の住民をはじめ、極めて強い反対に遭っている（*Le Monde* 2015）。コストもまた論争を激しいものにしている。会計監査院の推計によると、Cigéoプロジェクトの費用は（廃棄物の増加も考慮に入れると）436億ユーロに達する可能性があるという（Collet 2016）。原子力産業が廃棄物を適切に処理できなければ、その政治的影響力はさらに弱まるだろう。

　チェルノブイリ原発事故の後も、メディアや広報活動を通じた偽り隠す努力の結果、世論は安定を保ち続けた。しかし福島原発事故を受けて国民の意識は明らかに変わってきている。それでもなお、原子力産業は同国の電力市場随一の地位を占める強い影響力を保っている。廃棄物の問題はすでに存在しているだけでな

22———うち再利用可能なプルトニウムはわずか8.5tHMで、残りは保管される。

く、これからも膨らみ続ける長期的な安全問題であることから一層複雑であり、現時点で巨額となった安全面への投資がさらに必要となる可能性もある。フランスは核のリスクに対応するため、原子炉を閉鎖する代わりに安全面への投資という道を選んだが、それは決して終わることがなく、今後もそのコストは膨らみ続けるだろう。

フランスにおける原子力エネルギーの経済学

　この最終節では、フランス原子力産業の生存を脅かしている財政リスクに焦点を当てる。原子力発電の割合を削減するという政府の計画に原子力産業がどの程度影響を与えられるか、あるいはどこまで抵抗できるかは、最終的に、営利事業体として経済的に存続し得るか否かに左右される。これまでの各節では、原発の更新、再生可能エネルギーの競争力向上、そして安全維持に関係する経済的問題の一端に触れた。

　本節では原子力産業の財政状況を分析する。第1に、フランスの経済状況が原子力産業弱体化の予兆となっていることを示す。第2に、原子力産業をそうした経済状況に置いた要因を基に「原子力の請求書」を分析することで、その復活の見通しを明らかにする。そして第3に、ヒンクリー・ポイントC原発にまつわる論争が、将来的な原発建設の経済的不確実性を象徴している事実を示す。

　近年、フランス原子力産業が財政危機に見舞われている事実を世界は目の当たりにした。2011年以来、アレヴァは巨額の負債に苦しみ、倒産の危機に見舞われている。2014年11月、同社はスタンダード・アンド・プアーズ社の格付けにおいてBB＋（「ジャンク債」）に格下げされた。原子炉エンジニアリングにおけるこの独占企業は2015年に負債が63億ユーロに達し（Areva 2016）、BB−へさらに格下げとなった。[23] だがアレヴァは負債だけでなく技能面での格差の問題にも直面している。フランスで最後に原子力発電所が建設されたのは1993年だが、当時の労働力は1970年代の拡張時代を経験しており、原子力の分野で優れた知

---

[23]　アレヴァの2015年度売上高は42億ユーロであった（Areva 2016）。

識と経験を有していた。しかしそれから14年後の2007年にフラマンヴィル欧州加圧水型原子炉（EPR）の建設が始まった時、原子力に携わる現役の労働者は老いて引退を間近に控えた者、あるいは若く経験が少ない者ばかりだった。こうした技能格差と運転費用の増加がアレヴァの負債をもたらしたのである。かくしてフランス政府の主導により、アレヴァの財政状況を救うための緊急計画が定められた。

まず2015年、EDFがアレヴァNPの株式の大半を27億ユーロで買収する。EDFは今やフランスにおける原子力関連の投資リスクの一切を負う立場にあり、同社自身の負債も2015年末の段階で374億ユーロと膨らむ一方である（EDF 2016）。また2015年12月21日には、EDFが背負っているリスクのため、会計検査院40（CAC40）から同社の名が抹消された[24]。CAC40に加えられた当時、同社の株価は32ユーロだったが、それから10年間で70パーセント下落し、2017年1月の株価は9.75ユーロとなっている（Bourser.com 2017）。

加えて、EDFは2016年に初めて電力料金の自由化に直面した。ヨーロッパの電力市場の自由化を目的としたEU指令92/96を遵守すべく、フランスは2007年に法令を通過させているが、国内の電力市場はほとんど変化しなかった。市場の完全自由化を達成する目的で2010年に制定された電力市場新組織法の条文には、一般家庭向けか企業向けかを問わず、大口需要者（最低36キロボルトアンペア）の電力料金につき、2016年以降は規制を一切設けないと記されている[25]。電力料金はEDFの財政状況を基に国家によって決められるのでなく、1年ごとに電力規制委員会によって定められることとなったのである。

EDFは顧客と共に安定的な電力料金の恩恵をも失いつつある。特に運転費用が増大している現在、競争の結果として電力の卸値が下落したことは、EDFの収入源に大きな影響を与えている。政治的な支援と、事実上EDFに代表される原子力業界との間に生じた溝が、徐々にではあるが確実に、業界の政治的影響力

---

[24] CAC40はフランス株式市場インデックスの指標である。時価総額上位40社がCAC40を構成し、通常はフランスで最も優れた業績を誇る企業が含まれる。

[25] 一般家庭向け電力料金の自由化は2019年に始まる予定。

を奪いつつある[26]。

　電力市場における独占的地位をEDFが取り戻そうとするなら、財政面の安定性を回復させることが必須だろう。本節ではこの見通しが実現可能か否かを理解するため、財政面におけるEDFの現状と関連した将来の経済的リスクを分析する。こうした経済的リスクの大きさを象徴するのが「原子力の請求書」という言葉だが、それは事業を続けるために原子力業界が支払うべき主な費用を表わしている。この分析を行なうにあたり、我々はいくつかの主な費用、すなわち（安全基準に合致させるための）原発群の補修費用、廃炉費用、そして一番重要な点として、新型EPRの設計開発に関連する費用のみを扱うこととする。

原発群の補修

　原発群の寿命が迫る一方、フランスが短期的には脱原発でなく原子力発電の継続を選んだかに見える現在、原子炉の寿命延長が必要となる。寿命の延長は、全ての原子炉を対象とした新たな安全基準を満たすための補修と管理を含む。EDFの推計によると、全原発の寿命を10年伸ばすには550億ユーロの費用を要するという。これだけでも巨大な額だが、会計検査院はその倍となる可能性もあると推計している。

廃　炉

　EDFの負債は廃炉費用によっても膨らみ得る。フランスは廃炉の初期段階に関してさえほとんど経験を有していない。最初に廃炉工程が始められたのはブレンニリス原子力発電所であり、稼働を停止した1985年以降、その廃炉費用は35年間で5億ユーロに上る。「廃止された発電所」の定義が明確になっていないため、EDFはこの発電所が「民間による無制限の再活用」と同等の位置にあるとしている。またEDFは全原発群の廃炉費用を300億ユーロ（発電所1箇所あたり5億ユーロ）と見積もっているが、会計検査院によればこれは明らかに過少評価で

---

26 ─── 先に挙げた安全投資に関する費用など、その他の主要なコストも「原子力の請求書」に大きな影響を与えるものと思われる。

ある。会計検査院はその主な理由として、他国の廃炉費用の見積もりがはるかに高いことを挙げている。一例を挙げると、イギリスは原子炉35基の廃炉費用を1,030億ユーロと推計している[27]。

新型EPRの設計開発

最後に原子力業界が背負う主なコストとして、既存の原子力発電所が閉鎖された後も現行の発電能力を維持すべく、原発群を更新するのにかかる費用がある。この問題に対するアレヴァとEDFの解決策が欧州加圧水型原子炉（EPR）である。建設に要する時間および費用の実例を分析することで、この技術への将来の投資がどうなるかが判断される。アレヴァはEPRを「世界で最も強力な原子炉の一つ」と評している。これは高性能と優れた安全構造を誇る第3世代モデルとされており、発電能力も第2世代モデルの1,450MWから1,650MWに向上している。また同社は、第2世代を擁する発電所と比べ発電費用が10パーセント低減されるともしている。さらにこの新技術が誇る利点として、寿命の20年増加、より容易な維持管理、そして建造期間の短さ（わずか57ヵ月）が挙げられる（Areva 2017）。この最後の利点は、以前の原子炉よりも安い費用で建造できることを意味している。

アレヴァのEPRは、現在全世界で4基が建設されている。フラマンヴィル原発3号機が2007年から建造中であり、本来であれば2012年の稼働開始を予定していた。EDFは建造費用を当初33億ユーロと見積もっていたが、ASNによる安全評価の結果を受けて2007年より工事の遅れと費用の超過が発生しており、2008年5月には鉄骨構造の「異常」のために建造が中断された。修理の結果、費用が20パーセント増加し建造期間も1年延びている。また2011年に発生した福島原発事故を受け、新たな安全基準の適用と追加検査の実施、および構造部材の強化を余儀なくされた結果、建造期間がさらに延び、運用開始も2年延期された。また物資の輸送遅延と、2015年4月にASNが発見した格納容器の異常の結果、発

27───イギリスの原子炉は1基あたり平均900MWの発電能力を有する（Goldberg 2010）。

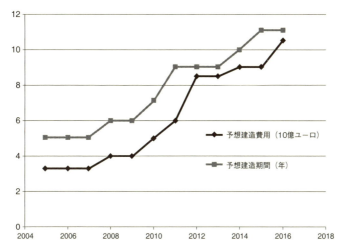

図2-1　フラマンヴィル原発EPR型原子炉の予想建造費用および期間の推移
出典：Soleymieux（2015）に基づき、著者の許可を得て転載。

電所の稼働開始は2018年にずれ込み、費用も105億ユーロに増加すると見込まれている（図2-1参照）。

　2010年、当時のEDF会長フランソワ・ルスリーは、原子力産業の将来的展望を改善すべく、激しい議論の的となった一連の過激な勧告書を提出することで、フラマンヴィルEPRにおける失敗の裏側にある理由を浮き彫りにした（Roussery 2010）。その中でルスリーは、フランス独自の課題に光を当てている。EPR建造の初期段階において、事業に関することが原因でEDFとアレヴァは疎遠な関係にあった。戦略的な協調関係の欠如は両者の意思疎通を妨げ、事業面での効率性が低下した。またルスリーは、建造中に問題が数多く発生した理由の一つにEPRの設計自体の複雑さを挙げている。その分析によると、フランスの原子力産業が民間投資を呼び込めず、国家支援に頼りきりだったことが、EPRプロジェクトの経済的困難を説明するもう一つの要因だという——すなわち、両者は単純に経済的な競争力を有していないのだ。現在、EDFとアレヴァはこれまでにないほど緊密な関係を築いているが、EPRが直面している問題こそ、この設計開発の脆弱さを明らかにするものである。

　今のところ、かくも巨額な費用を要し、技術的な危険性も高いテクノロジーに

投資することは実現不可能と思われる。EPRの新モデルが標準化されて初めて、規模の経済による学習曲線の改善が達成されるだろう。EPRは現在フラマンヴィル、オルキルオト、そして台山で建設中であり、それぞれ同じ技術が用いられていることから、学習曲線はすでに改善されているか、あるいは少なくとも、知識の蓄積に伴い建造期間の短縮も見込めるはずだ。しかし実際にはそうなっておらず、各プロジェクトは「最初期」技術の特徴を帯びている。マウロ・マンチーニは、原発建設に内在する諸々の特徴が学習曲線の改善を不可能にしていると説明する（Mancini 2015）。これには雇用可能な労働力の経験値および現地の政治状況といった地域特有の問題が含まれる。その例として、フラマンヴィル原子力発電所を他のEPRプロジェクトと比較すると、同じ技術が用いられているにもかかわらず、フラマンヴィルでのみ大幅な費用超過と遅延問題が発生していることがわかる。

オルキルオト原子力発電所のEPRは当初の建設費用が30億ユーロで、2005年の商用運転開始を目指していた。しかし2012年にアレヴァが再評価を行なった結果、この数字は85億ユーロに上方修正され、2016年1月には稼働開始が2018年に延期された。台山の原子炉2基はそれぞれ2009年と2010年に建設が開始され、2013年に稼働を開始する予定だった。だが現在、商用運転の開始は2018年の第4四半期になると見込まれている（EDF 2017）。原子炉2基の最終建設費用は80億ユーロに上ると予想され、その上建設も4年遅れているが、フランスとフィンランドの事例に比べれば比較的成功を収めていると言えるだろう。

しかしながら、特定の部品の品質と、発電所全体の設計の安全性に対し、いまだ疑問の声がくすぶっている（Radio Free Asia 2016）。これらの懸念は、EPRの設計で主格納容器に含まれる炭素の割合が多すぎることをASNが突き止めた2016年4月以降に顕在化したものである。主格納容器の炭素の割合が多いと、原子炉の機械的特性が最適ではないため、亀裂が発生した場合に深刻な危険を引き起こす可能性がある。この問題は結果的に建設費用を押し上げ、稼働開始を再び遅らせることになるだろう。EPRは新たな設計技術を確立させることができず、フランスにおける新規建設の見通しも立っていない。それゆえEPRの経験は、原子力産業がEPRの発電事業および輸出事業から得られるであろう利益の見込みに

深刻な影を落としている。

　原子力産業の不安定な財政状況を明らかにするため、最終節ではイギリスのヒンクリー・ポイントC原子力発電所にまつわる論争を取り上げたい。EDFの評判と将来的な成長が危険に晒されている一方、この投資は非常にコストがかかるものであり、プロジェクトが抱えるリスクは産業全体の衰退をもたらしかねないものである。EDFが大半を保有し、残る3分の1を中国企業（中国広核集団；CGNPC）が保有しているヒンクリー・ポイントCプロジェクトには、サマセット州で建設中のEPR2基が含まれている。これら2基の原子炉は最終的にイギリスの電力需要の7パーセントを満たすことが予定されている。建造費用は2013年の段階で160億ポンドと見積もられていたが、2015年10月には20億ポンド増加し、竣工期日も2023年から2025年に延期されている。

　投資に関する最終決断を遅らせた最大の原因は費用の問題である。サイモン・テイラーが指摘するように、ヒンクリー・ポイントCは「史上最も高価な発電所」となるだろう（Taylor 2016: 3）。のみならず、それは地上で最も高価な構造物になろうとしている。2016年3月、EDFの財務部門責任者を務めるトマス・ピクマルは、ヒンクリー・ポイントCへの投資に含まれる財務リスクを理由として辞表を提出した。労働者会議もこの投資に強く反対したが、政府はプロジェクトを支持している（Schneider and Froggat 2015）。2016年1月の段階で建設費用は250億ユーロに上ると見込まれていたものの、発電した電力をイギリスが35年間にわたり1メガワット時あたり92.5ポンドで買い取ることに同意したため、フランスには十分な見返りがあるとEDFは主張した。最初の契約書が書き上げられた2012年当時、この価格は電力卸値の2倍であり、現在では3倍の価格となっている（*Economist* 2016）。EDFにとってヒンクリー・ポイントCは魅力溢れる取引対象だった——ただし、それが実現すればの話である。ピクマルはプロジェクトが実現不可能であると考えて辞任したのだった。

　それに加え、2016年7月28日に投資の決断が下される数時間前、EDFの意思決定に責任を負う取締役18名のうちの一人、ゲラール・モンガンも辞表を提出した（Cosnard 2016）。これら二つの辞任劇はプロジェクトにまつわるリスクを象徴している。しかしモンガンがその場を去った後、ヒンクリー・ポイントCへの

投資が承認された（Bernard and Cosnard 2016）。EDFのベルナール・レヴィCEOは、今や全ての障害が取り除かれ、プロジェクトを進めることができると期待した。しかし翌日、驚くべき出来事が再び起きる。「政府はこのプロジェクトを構成する全ての要素に慎重なる検討を加え、秋の初めに決定を下す」とグレッグ・クラークが発表したのである（*Financial Times* 2016）。2016年9月15日、テレザ・メイ英首相は当プロジェクトに「青信号」を出した。ヒンクリー・ポイントC原発は、将来の原子力発電所が採算の取れるものでないことを如実に示している。EDFが破綻を免れるには、この投資を支援する政府の決断が不可欠である。原子力産業が財政面での安定を取り戻すためには、金銭的にも政治的にも国家の支援が必要であると言っても過言ではないだろう。

　原子力業界の主役を演じるアレヴァとEDFが財政危機に陥っているのは明らかである。そうした状況の背後にある理由は、過去の費用と未来の費用にまつわるリスクが共に、すでに高止まりしている見積もりをもはるかに超過していることとつながっている。国策に反するという理由はもちろんのこと、原子力発電の継続に伴う内部費用の増大を理由として、政府はEDFに対する財政支援を否定しているが、原子力関連の高い輸出能力を維持することには賛成している。国内における原子力の将来を最終的に決めるのは経済性となるだろう。しかし国外での繁栄を目指すならば、EPRを成功に導くことが不可欠である。だがEPRの設計には経済的に見て実現不可能な要素があるため、その成否は政治次第であると言えよう。

結　論

　フランスの原子力産業が今日のままであり続けることはない、というのが適切なところだろう。それが置かれていたかつての例外的地位も、より妥協を要する立場へと変容するかもしれない。原子力産業は強大な政治力と安定性を有しているが、エネルギー移行法と、安全に対するリスクを軽減する努力の結果、原子力は競争面で不利な立場に置かれており、原子力産業の存続に必要なコストの上昇は、業界全体が直面している危険度の高さを反映している。政府の支援を受けな

い原子力への投資はほぼ不可能である。結局のところ問題は、原子力の経済性が原子力業界の政治力を覆すか否かということだ。フランス国内の電力市場が自由化された結果、再生可能エネルギーの価格が原子力のそれを下回ることが予想されるため、原子力業界はこれ以上発電事業を支配することができなくなるだろう。しかしそうした衰退傾向が急激に進むことはないと思われる。既存の原発群が発電を続ける限り、その電力は販売されるからである。原子力業界が影響を及ぼせるのは移行の速度だけであり、それは経済的に不利な状況へと突き進んでいるのである。また政府が原子力関連の輸出を支援しているにもかかわらず、国外における見通しも暗い。フランスは安全技術、廃棄物処理、そしておそらく新型EPRから今後も収入を得られるだろうが、EPRについて言えば、その成否を左右するのは経済性ではなく政治的支援の問題であり、そして何より、第3世代原子炉の売り上げを決定するのは、その設計が本当に実現可能であることを外国政府に証明できるか否かだろう。

　原子力発電の割合を減らして再生可能エネルギーに移行するという現在の政治目標に対し、フランスの原子力業界は抵抗する力を十分に有しているだろうか？

　長期的に見れば答えは否である。しかし短期的に考えるならば、原子力業界は新たな低炭素エネルギーの枠組みにおける原子力の衰退の規模と速度に影響を及ぼせるだろう。原子力産業はそれ自体が移行の時を迎えており、経済性の問題が原子力が今後も国家のエネルギー体制を支配するという見通しに暗い影を落とす中、EPRをはじめとする輸出事業に力を入れている。フランスにおける新たなエネルギーの枠組みは、原子力産業の成長や強みと矛盾するものでなく、再生可能エネルギーの増加と原子力関連の輸出に支えられたより持続可能なシステムを実現すべく、さらなる移行が進むはずだ。

〔参考文献〕

ADEME (Agence de l'environnement et de la maîtrise de l'énergie), 2015. Un mix electrique 100% renouvelable? Analyses et optimisations. October. Angers: ADEME. www.ademe.fr/sites/default/files/assets/documents/rapport_final.pdf (accessed 1 February 2017).
ANDRA (Agence nationale pour la gestion des déchets radioactifs), 2013. Les volumes de déchets.

www.andra.fr/pages/fr/menu1/les-dechets-radioactifs/les-volumes-de-dechets-11.html (accessed 1 February 2017).

Areva, 2016. 2015 annual results. Press release, 26 February. www.areva.com/EN/news-10717/2015-annual-results.html (accessed 1 February 2017).

Areva, 2017. EPR^{TM} reactor: The very high power reactor (1,650 MWe). www.areva.com/EN/global-offer-419/epr-reactor-one-of-the-most-powerful-in-the-world.html (accessed 9 February 2017).

ASN (Autorité de sûreté nucléaire), 2016. Note d'information: L'ASN met à la disposition du public plusieurs courriers envoyés à AREVA depuis 2006 sur la fabrication de la cuve de l'EPR de Flamanville. 20 April. www.asn.fr/Controler/Actualites-du-controle/Controle-du-reacteur-EPR-en-construction/Anomalies-de-la-cuve-de-l-EPR/Courriers-relatifs-a-la-fabrication-de-la-cuve-de-l-EPR-de-Flamanville (accessed 1 February 2017).

Bernard, Philippe, and Denis Cosnard, 2016. EDF décide de lancer Hinkley Point, Londres tergiverse. *Le Monde*, 28 July.

Boursier.com, 2017. EDF. www.boursier.com/actions/cours/edf-FR00 10242511,FR.html (accessed 9 February 2017).

Brottes, François, and Denis Baupin, 2014. Rapport fait au nom de la commission d'enquête relative aux coûts passés, présents et futurs de la filière nucléaire, à la durée d'exploitation des réacteurs et à divers aspects économiques et financiers de la production et de la commercialisation de l'électricité nucléaire, dans le périmètre du mix électrique français et européen, ainsi qu'aux conséquences de la fermeture et du démantèlement de réacteurs nucléaires, notamment de la centrale de Fessenheim – Tome I. Assemblée nationale, July.

Buffery, Vicky, 2011. Majority of French want to drop nuclear energy- poll. Reuters, 13 April.

Canal+, 2015. *Nucléaire, la politique du mensonge*. Film documentary.

Chantebout, Bernard, 1986. La dissuasion nucléaire et le pouvoir presidential. *Pouvoirs 38, L'armée* 21–32.

Cigéo.com, 2013. Operations at Cigéo. 30 August. www.cigéo.com/le- fonctionnement-du-centre (accessed 1 February 2017).

Collet, Philippe, 2016. Cigeo: Segolene Royal fixe l'objectif de cout a 25 milliards d'euros pour le stockage des dechets radioactifs. Actu- environnement.com, 18 January. www.actu-environnement.com/ae/news/dechets-radioactifs-cout-objectif-cigeo-arrete-26065.php4 (accessed 1 February 2017).

Cosnard, Denis, 2016. EDF: hostile au projet Hinkley Point, un administrateur du groupe claque la porte. *Le Monde*, 28 July.

Crumley, Bruce, 2012. The Fukushima effect: France starts to turn against its much vaunted nuclear industry. *Time*, 4 January.

Dehousse, Franklin, with Didier Verhoeven, 2014. The nuclear safety framework in the European

Union after Fukushima. Egmont Paper 73. Brussels: Academia Press for Egmont, Royal Institute for International Relations.

Diesendorf, Mark, 2014. *Sustainable Energy Solutions for Climate Change*. Sydney: UNSW Press.

Economist, 2016. What's the (Hinkley) point? 25 February.

EDF (Électricité de France), 2014. Investisseurs et analystes. www.edf. fr/groupe-edf/espaces-dedies/finance/investisseurs-et-analystes/l- essentiel (accessed 1 February 2017).

EDF (Électricité de France), 2016. Net financial debt and cash flow: Change in net financial debt. 30 June. www.edf.fr/en/the-edf-group/ dedicated-sections/finance/investors-analysts/credits/ net-financial- debt-and-cash-flow (accessed 1 February 2017).

EDF (Électricité de France), 2017. La centrale nucléaire de Flamanville: Une production d' électricité au cœur de la Normandie. Dossier de Presse, January. www.edf.fr/sites/default/files/contrib/groupe-edf/producteur- industriel/carte-des-implantations/centrale-flamanville%20 3%20 -%20epr/presentation/2017dpfla3.pdf (accessed 7 September 2017).

Energiewende Team, 2015. So far, so good? The French energy transition law in the starting blocks. Energy Transition, 29 July. energytransition. org/2015/07/french-energy-transition-law/ (accessed 1 February 2017).

Feiveson, Harold, Zia Mian, M. V. Ramana, and Frank von Hippel, eds, 2011. *Managing Spent Fuel from Nuclear Power Reactors: Experience and Lessons from Around the World*. Princeton, NJ: International Panel on Fissile Materials, Program on Science and Global Security, Princeton University.

Financial Times, 2016. UK under fire over fresh delay to Hinkley Point nuclear plant. 16 July.

Gerbault, Alain, 2011. Les atomes crochus des politiques avec le nucléaire. *Slate*, 14 March. www.slate.fr/story/35467/lobby-nucleaire (accessed 1 February 2017).

Goldberg, 2010. Combien coûtera le démantèlement du nucléaire? *L'expansion*, 7 January.

IAEA (International Atomic Energy Agency), 2014/2015. Energy, electricity and nuclear power estimates for the period up to 2050. Vienna: IAEA.

IAEA (International Atomic Energy Agency) and OECD/NEA (Nuclear Energy Agency), 2013. *INES: The International Nuclear and Radiological Event Scale User's Manual: 2008 Edition*. Vienna: IAEA. www.iaea.org/sites/default/files/ines.pdf (accessed 1 February 2017).

IEA (International Energy Agency), 2015. Projected costs of generating electricity 2015 edition: Executive summary. Paris: IEA/Nuclear Energy Agency.

INA (Institut national de l'audiovisual), 1975. Debat sur l'implantation des centrales nucléaires au conseil regional. 13 February.

INA (Institut national de l'audiovisual), 2011. La France et le choix du nucléaire. 16 March. fresques.ina.fr/jalons/fiche-media/InaEdu05226 /la-france-et-le-choix-du-nucleaire.html (accessed 1 February 2017).

International Panel on Fissile Materials, 2015. Global fissile material report 2015: Nuclear weapon and fissile material stockpiles and production. Princeton, NJ: International Panel on Fissile Materials, Program on Science and Global Security, Princeton University.

Ipsos, 2011. Global citizen reaction to the Fukushima nuclear plant disaster. June. www.ipsos.com/sites/default/files/migrations/en-uk/files/Assets/Docs/Polls/ipsos-global-advisor-nuclear-power-june-2011.pdf (accessed 7 September 2017).

Le Monde, 2015. Un campement contre la poubelle nucleaire. 4 August.

Le Monde, 2016. EDF refuse d'enclencher la fermeture de la centrale nucléaire de Fessenheim. 15 June.

Macron, Emmanuel, 2017. Programme: En Marche! en-marche.fr/emmanuel-macron/le-programme (accessed 26 June 2017).

Mancini, Mauro, 2015. The divergence between actual and estimated costs in large industrial and infrastructure projects: Is nuclear special? In *Nuclear New Build: Insights into Financing and Project Management*, 177–88. Paris: Organisation for Economic Co-operation and Development and Nuclear Energy Agency.

Ministère du Developpement Durable, 2012. Résultat des stress tests concernant les installations nucléaires. Press release, 1 October.

Morice, Louis, 2011. Tchernobyl: Quand le nuage s'est (presque) arrete a la frontiere. Le Nouvel Observateur, 7 September. tempsreel. nouvelobs.com/planete/20110907.OBS9926/tchernobyl-quand-le- nuage-s-est-presque-arrete-a-la-frontiere.html (accessed 7 September.

PricewaterhouseCoopers Advisory, 2011. Le poids socio-économique de l'électronucléaire en France. May.

Radio Free Asia, 2016. Safety fears cause concern amid delays to China's Taishan nuclear plant. 7 March. www.rfa.org/english/news/china/ safety-03072016114147.html (accessed 1 February 2017).

Reuss, Paul, 2007. L'épopée de l'énergie nucléaire: une histoire scientifique et industrielle. Paris: EDP Sciences.

Roussely, François, 2010. Avenir de la filiere française du nucleaire civil: Synthèse du rapport. 16 June.

RTE (Réseau de transport d'électricité), 2016. Bilan électrique 2015. Paris: RTE.

Schlömer S., T. Bruckner, L. Fulton, E. Hertwich, A. McKinnon, D. Perczyk, J. Roy, R. Schaeffer, R. Sims, P. Smith, and R. Wiser, 2014. Annex III: Technology-specific cost and performance parameters. In *Climate Change 2014: Mitigation of Climate Change. Contribution of Working Group III to the Fifth Assessment Report of the Intergovernmental Panel on Climate Change*, edited by O. Edenhofer, R. Pichs-Madruga, Y. Sokona, E. Farahani, S. Kadner, K. Seyboth, A. Adler, I. Baum, S. Brunner, P. Eickemeier, B. Kriemann, J. Savolainen, S. Schlömer, C. von Stechow, T. Zwickel, and J. C. Minx, 1329–56. Cambridge: Cambridge University Press.

Schneider, Mycle, and Antony Froggatt, with Julie Hazemann, Todahiro Katsuta, M. V. Ramana, and Steve Thomas, 2015. *The World Nuclear Industry Status Report 2015*. Paris: Mycle Schneider Consulting Project.

Schneider, Mycle, and Antony Froggatt, with Julie Hazemann, Ian Fairlie, Tadahiro Katsuta, Fulcieri Maltini, and M. V. Ramana, 2016. *The World Nuclear Industry Status Report 2016*. Paris: Mycle Schneider Consulting Project.

Schneider, Mycle, and Yves Marignac, 2008. Spent fuel reprocesssing in France. Research Report No. 4. Princeton, NJ: International Panel on Fissile Materials, Program on Science and Global Security, Princeton University.

Soleymieux, Loïc, 2015. EPR de Flamanville: De plus en plus en retard, de plus en plus coûteux. *Le Monde*, 21 April.

Stothard, Michael, 2017. Green activist and minister Nicolas Hulot to test Macron over energy. *Financial Times*, 19 May.

Taylor, Simon, 2016. *The Fall and Rise of Nuclear Power in Britain: A History*. Cambridge: UIT Cambridge.

Topçu, Sezin, 2013. La France nucléaire: l'art de gouverner une technologie contestée. Paris: Ed. du Seuil. doi.org/10.14375/NP.9782021052701

Vie Publique, 2012. Débat télévisé entre MM. Nicolas Sarkozy, président la République et François Hololande, député PS, candidates à l'élection présidentielle 2012, le 2 mai 2012, sur les projets et propositions des deux candidats et sur le bilan du président sortant. discours.vie-publique. fr/notices/123000884.html (accessed 9 February 2017).

第3章

エネルギー助成
―― 世界的な推計、変動の原因、および核燃料サイクルに関するデータの欠落

ダグ・コプロウ

> **要 旨**
>
> エネルギーへの公的助成は毎年数千億ドルに上り、市場の決定を環境や社会福祉にとって不利な方向に歪めている。公的助成の改革が実現すれば財政的にも環境的にも大きな利益がもたらされる一方、その実現にはいまだ政治的困難がつきまとっている。また国際機関などが集めたデータは、国際的な助成の面から捉えた各種燃料および各国の現状をも対象とするようになっている。しかしながら、信用供与、財政支援、天然資源リース、および国有企業（SOE）のそれぞれには、いまだに重大なデータの欠落が存在する。加えて、核燃料サイクルへの公的助成に関するデータはとりわけ乏しく、世界的な推計は存在せず、国別の推計もごくわずかである。にもかかわらず、新規原子力発電所への投資額は2050年までに4兆4千億ドルに上る見通しであり、その大半は政府が保証を行なうものと見込まれている。さらに、核燃料サイクルの大半には政府が深く関わることになる。これらの隠れた公的助成は、その他の代替手段を用いることで同じエネルギー事業をより低リスクかつ低コストで迅速に展開できるにもかかわらず、原子力発電所および関連インフラの整備、そして原子力による発電能力の増強を世界中で促しているのである。

はじめに

　年間数千億ドルに上るエネルギーへの公的助成がよりクリーンなエネルギーへの移行を遅らせ、限られた公的資金を保健や教育などの社会政策から奪い取っている。こうした公的助成、とりわけ化石燃料部門に対する助成の改革は、気候変動への対処に不可欠な戦略として広く受け入れられている。助成改革による財政面・環境面の利益が広く認識されている今、データの収集対象と分析範囲も拡大している。これは大きな進歩であるものの、助成改革は今なお政治的に困難であり、その速度も緩慢である。

　現在の助成受益者が改革の動きに抗おうと巨額の投資を続ける一方、公的助成に関するデータの欠落はそうした投資行動に対する効果的な対抗策を妨げている。世界的な公的助成の各推計値は大きく異なっているが、第1の要因は評価の違いである。また対象とする地域の差異、補助金プログラムの性質、そして評価対象となる燃料の種類も、違いを生み出す原因となっている。このうち地域の差異で言えば、再生可能エネルギーや化石燃料よりも核燃料サイクルにおいて格差が甚だしく、各燃料の比較を不可能にしている。また全ての部門において業界が行なっている推計は、政策論争を低調なものにし、かつ複雑なものに歪めがちである。

　不完全なデータは今後何年にもわたって課題であり続けることが予想されるものの、それによって改革の遅れが正当化されるわけではない。広い分野で定義や評価に関する同意がなされており、国際機関による低い見積もりさえも、深刻な副作用を伴う大規模な問題が存在していることを指し示している。国際エネルギー機関（IEA）が35ヵ国以上を対象として2011年に実施した化石燃料関連の公的助成に関する調査の結果（IEA 2012）、およそ半数の国々で公的保健よりも化石燃料助成の方に多額の予算が注ぎ込まれていることが判明した（Koplow 2015b）。

　先進国では再生可能エネルギーへの公的助成に対する注目が高まりつつあるものの、石油、ガス、石炭、原子力といった従来型燃料に対する助成のほうが確固たる地位を築いており、一般的に金額も大きい。アメリカの石油・ガス産業では1世紀近く前から減耗控除という形で税金の減免が認められており、1950年代に

は原子炉の事故賠償上限額が設定されている。助成金は非効率で環境面で劣る石炭火力発電所の寿命延長にも支払われており、また原子力発電の真のコストを覆い隠すことで、原発を扱ったことのない国々への原子炉輸出を促進する一助となっている。また石油採掘業への公的助成は、採算が取れない採掘現場の多くを黒字に転換させ、本来であれば必要のない数十年に及ぶ新たな炭素エネルギーの時代を生み出した（Erickson et al. 2017）。低リスクかつよりクリーンなエネルギーの選択を市場参加者に促したであろう重要な価格シグナルはすでに失われている。

本章ではまず、エネルギー助成の各種形態とその集計方法、その他の社会的支出を阻害している度合い、そして世界的な規模を簡単に紹介する。また原子力に関する助成のデータ不足を理解する第一歩として、原子力を助成するにあたり世界中で広く用いられている各種の方法について述べるものとする。

エネルギー助成とは何か

助成金は政府から個人または企業に現金を支払う最も一般的な方法であると考えられる。しかしそう単純であることは稀で、特定のエネルギー形態に価値を移転しリスクを軽減するにあたっては、気の遠くなるような一連のメカニズムが展開される（表3-1参照）。そうしたメカニズムには、税金の軽減、公的な信用供与

表3-1　政府によるエネルギー部門への価値移転の様々な方法

政府による介入の種類	説明	世界的な推計において捕捉可能か？	
		目録アプローチ	価格差アプローチ
資金の直接移転			
直接的な資金投入	エネルギー関連分野への直接的な予算割り当て	捕捉可能	恐らく捕捉可能（注2）
研究開発	エネルギー関連の研究開発に対する政府の全額・部分的出資	捕捉可能	恐らく捕捉可能（注2）
課税を通じた価値移転			
租税公課（注1）	生産および消費を含むエネルギー関連活動への特別な課税、および税の減免（加速償却の適用など）	報告通りに捕捉	恐らく捕捉可能（注2）

政府による介入の種類	説明	世界的推計において捕捉可能か？	
		目録アプローチ	価格差アプローチ
その他の政府収入を通じた価値移転			
アクセス権（注1）	国内のオンショアおよびオフショア資源へのアクセス条件に関わる政策（リース権のオークション、特許使用料、共同生産の取り決めなど）	捕捉不可能	恐らく捕捉可能（注2）
情報	本来であれば民間の市場参加者が購入しなければならない市場関連情報の提供	捕捉可能	捕捉不可能
リスクの政府への移転			
資金貸付および信用供与	エネルギー関連活動に対し、市場より有利な条件で貸付および保証を行なう	捕捉不可能	捕捉不可能
国有化（注1）	エネルギー企業もしくは支援事業機関の全部ないし大部分を国有化すること；燃料サイクルの危険または高額な部分（核廃棄物処分、石油安全保障、および貯蔵など）で行なわれることが多い	捕捉不可能	恐らく捕捉可能（注2）
リスク移転	保険ないし賠償を、市場の水準を下回る価格で政府が提供すること	捕捉不可能	捕捉不可能
価値移転の促進			
部門間の公的助成（注1）	他の顧客ないし地域の負担を重くすることによって、特定の顧客ないし地域のコストを減少させる政策	部分的に捕捉可能	恐らく捕捉可能（注2）
輸出入制限（注1）	エネルギー製品およびサービスの市場を通じた国家間の自由な流れに制限を設けること	部分的に捕捉可能	捕捉可能
価格操作（注2）	エネルギーの小売および卸料金を直接規制すること	一部は捕捉可能	捕捉可能
購入命令（注1）	他の選択肢が経済的により魅力的か否かにかかわらず、国内産石炭といった特定のエネルギー製品を強制的に購入させること	捕捉不可能	捕捉可能

政府による 介入の種類	説明	世界的推計において捕捉可能か？	
		目録アプローチ	価格差アプローチ
規制（注1）	エネルギー市場参加者の権利および義務を大きく変える、あるいはそうした変化から特定の参加者を除外するために政府が設ける規制；規制が弱かったり、強い規制であっても実行が緩かったり、あるいは規制が過剰（社会的利益を大幅に超過するコストが発生するなど）であった場合に歪みが生じる	捕捉不可能	捕捉不可能
外部費用			
	価格に反映されないエネルギー生産もしくは消費に関する負の外部費用；温室効果ガス排出、あるいは水道への汚染物質の混入や温度上昇など	捕捉不可能	一般的に捕捉不可能

注1：プログラムの性質および受益者の市場における立場により、公的助成あるいは税金の形で作用する。
注2：最終消費者が支払う国内価格に影響を及ぼす、あるいは（部門間の公的助成のように）価値移転が各種燃料間で行なわれ、そのそれぞれが価格差分析によって測定される場合、これらの項目は価格差アプローチによって部分的に捕捉され得る。
出典：Koplow(1998); Kojima and Koplow(2015); また各中項目の見出しはOECD(2011)による。

ならびに保証、輸入制限、価格操作、そして購入命令などが挙げられる。全ての公的助成がどんな状況にも適合するわけではないが、現金の授受だけに注目してしまうと、この問題の複雑さと大きさを過小評価することになる。同様に、あるエネルギーにとっては重要だが他のエネルギーにとってはそうでもないという種類の助成が存在するため、結果が歪められるのを避けるためにも完全な調査が必要となる。

エネルギー生産者からリスクを移転させる数多くの助成金

大まかに言って市場とは、投資家、生産者、消費者の間でリスクと報酬をどのように分配するかを決める場所である。公的助成の中には特定の集団の利益を直接増やすものもあるが、一般的に言えば、特定の活動や投資におけるリスクと報酬の構造を変化させることで、間接的に機能するものである。どちらのアプロー

チも、特定の個人、企業、あるいは特定の製品にもたらされる利益を向上させる一方、市場における競争者の立場を悪化させるものである。

　投資リスク、安全リスク、価格リスク、地質的リスク、そして規制リスクはエネルギーの種類ごとに大きく異なっているが、いずれもエネルギー市場全体における重要な要素である。不確実な市場環境のもと、将来の経済的利益を正確に予想するのは不可能なため、投資家は「予想される」リスクを見積もるにあたって、自らが直面し得るリスクの規模と蓋然性について推測を行なうことになる。これは自らの資本リスク、リスクに耐える力、そして投資戦略と企業戦略の遂行におけるその他の事業目標を基に評価される。しかし、中核的リスクを民間部門から移転させる介入行動はこれらの推定を覆し、エネルギー市場における選択肢を大きく歪める可能性がある。

　鍵となる下方リスクの制限ないし除去を目指す政府の政策は、不採算プロジェクトを投資に適した採算性の高いものに転換するという点では極めて有益である。下方リスクの分散は、技術の実用性や実現に至る見通しが不透明であったり、コストが非常に不確実であったりする分野において特に欠かせない。その実例として、確定的でない費用が長期間つきまとう事業（核廃棄物の処理など）や、長期にわたる販売活動を通じて巨額の資本コストを回収しなければならない事業（集塵装置や脱硫装置を備えた石炭火力発電所など）が挙げられる。こうしたリスクが高いプロジェクトの開発・建設中に競争環境が劇的に変化する可能性もあり、投資家にとってはとりわけ大きな不安要素となる。このような不安要素への対策として、資本コストを大幅に増加させる、あるいは資金そのものを引き揚げるといった選択肢が存在する。

　政策面における課題は二つの要素から構成される。第1に、リスクを土台とした公的助成が必ずしもリスクを除去するとは限らず、むしろ受益者から別の誰かにそれを移転させているという点である。大半の場合、「別の誰か」とは政府（したがって納税者）を指しているが、これとは異なる結果も生じ得る。たとえば賠償金の上限設定は、事故による未賠償の損害にまつわるリスクを、施設の近隣住民や、共通の資源に頼る複数の業界（石油流出事故後の漁業など）に移転させる。また購入命令は価格リスクを消費者に移転させる。第2に、同じ困難を伴わ

ずに発展・実現できる代替策があるが、それは社会全体によるリスク吸収を政策的に正当化し難いものにする点が挙げられる。

個別のリスクを公共化する補償助成金プログラムは珍しいものでない。原発事故、地震、洪水、ダム決壊がその一例である。こうした助成は経済面・経営面のリスクを軽減することによって競争相手に害を及ぼすだけでなく、社会的なリスクを悪化させる可能性もある。発電所や鉱山をどこに設立するか、あるいは安全対策や従業員の教育にどれだけ投資するかといった、施設所有者による重大な決定は、財政的損失への恐怖によって形作られる。だが政府の助成金によってこうしたリスクが個々の意思決定者から移転されることになれば、経営者は投資、立地、あるいは経営に関する不可逆的な決断を下すことができ、将来問題が発生した場合の社会的リスクを増大させるのである。

交付金は始まりに過ぎない——公的助成の種類に関する概説

表3-1は主なリスク移転のメカニズムを包括的に紹介するとともに、現在の国際的推計が政府による各種介入をどの程度把握しているかを示している。また公的助成に関する国際的な見積りは主として二つの手法に依拠している。すなわち、国内のエネルギー価格が燃料の市場価格にどれほど遅れているかの測定（「価格差」アプローチ）と、エネルギーを支援する数多くの各種政府プログラムによる公的助成の集計（「目録」アプローチ）である。

表3-1に記載された多数の項目は、市場の複雑性と、全体的な規模と影響を正しく測定するにあたり複数の支援項目を辿ることの重要性を物語っている。全世界で行なわれている公的助成の規模は年間数千億ドルと推定されているが、真の額はこれをはるかに上回る可能性が高い。現在の各種推計値には、公的助成の種類、助成対象となる燃料、そして地理的条件によって大きな差異が存在する。

表3-1で着目すべきもう一つの点として、プログラムの詳細や関連市場の環境に対応する形で、課税や助成金交付など、極めて多くの移転メカニズムが機能していることが挙げられる。プログラムの規則や支払い条件が変化すれば、影響を与える方向もまた異なってくる。たとえば石油やガスに課される賦課金は、その業界に関係する現場の視察や整備の支援、もしくはインフラ建設や維持管理に対

する助成金交付の指標とされてきた。こうした賦課金が他の費用を上回れば、それは部分的に一種の税金として機能する。また賦課金が費用の一部しか賄わないのであれば、残りの助成部分はそのまま残る。エネルギー消費者に対する公的助成は時に生産者に対する税金として機能し、逆もまた真なりである。こうした相互作用を探ることは、公的助成の計測における大きな課題である。

受給者はしばしば可能な限り多くの公的助成に手を出し、政府の各部門から様々な支援を受けている。こうした行動は「助成金の積み上げ」と呼ばれ、民間企業や個人だけでなく国有企業（SOE）にも当てはまる。ちなみに国有企業は核燃料サイクルを含む多くのエネルギー部門に多数存在する。

資金不足の際に救済措置が行なわれるなど、国有企業に対する支援があからさまに実施されることもしばしばある。しかし公的支援が目につくのは、自由市場の原則と比較した場合のみである。たとえば国有企業は資金借入時に利息を払っているが、市場の利率とは異なっている。国有企業が黒字を計上することもあるが、投入された多額の税金に対して納得できる利益率を生み出すには到底足りるものではない。競争関係にある部門がさほど資本集約的でなく、しかも民間企業の比率が大きい場合、投資に対して最低限必要な利益が生み出されていないことは、競争的なエネルギー市場にとって大きな妨げとなるだろう。国有企業は税金を払わず、運営上の危険性に比べて保険の範囲も十分でなく、また国が保有する鉱物資源を相場以下の価格で利用できるのである。

「投資」としてのエネルギー助成――現在の支援様式における機会費用

近代的なエネルギー事業のもたらす利益は、それを享受する家庭の健康、生産性、そして福祉の向上といった形で明確に現われる（World Bank 2010: 19）。しかし、いまだに数十億の人間が近代的エネルギーにアクセスできずにいる。2013年の時点で世界の総人口のうち17パーセントが電気を利用できず、限られた形でのアクセス、ないし低水準のアクセスしか持たない人間の割合はこれよりさらに大きくなる。また低公害の調理用燃料を入手できない人間の割合はほぼ40パーセントに上る（IEA 2015: 101-6）。

意図的か否かを問わず、エネルギーに対する世界的な公的助成は、燃料部門に対する巨額の投資という形で現われている。この出費が貧困層を減らし、世界中の貧しい人々に低公害で高品質の燃料源を提供するために用いられているかどうかを問うのは、適切と言えよう。研究によると、支援の中には明らかに有益なものもあるが、大半はエネルギー貧困層を減少させる上で効果がないということが示されている。

発展途上国における化石燃料への公的助成は、その大半が輸送用燃料と調理用燃料の価格を市場の水準以下に抑えることを目的としている。貧困層を削減する戦略と正当化されることもしばしばあるが、実際にはこうした支援の大半がより豊かな市民に「流出」している。高所得者層が消費する一人あたりの燃料ははるかに多く、設置費用の高さや地区全体の購買力の低さのために貧困地域に届いていない電力網やガス供給網によるエネルギーを享受しているのである。また受給するには政治的なつながりに頼らざるを得ないことから、貧困層を素通りしている公的助成もある。さらに、国内における低価格はしばしば闇市場が栄える原因となり、公的助成によって供給された燃料が市場価格より高い値段で他の国に流されたり、あるいは国内において違法販売されたりしている。

発展途上国を対象に実施された各種調査の結果、化石燃料への公的助成のうち収入の下位20パーセントの貧困層に届いた割合は8パーセントに過ぎないこと（IEA 2011）、および下位40パーセントに届いた割合は25パーセント未満であること（IEA, OPEC, OECD, and the World Bank 2010: 24）が判明している[1]。国際通貨基金（IMF）によると、中でもガソリンの流出率が高く、収入の下位20パーセントに1ドルの助成金が行き渡るには33ドルが必要であると推計している（Arze del Granado, Coady, and Gillingham 2010: 13）。

またIEAは、電気および低公害の調理用燃料へのアクセスを改善する目的で2013年に新規投資された金額を131億ドルと推計しており、この額は前年に比べて増加している（IEA 2015: 105）。しかしそれでも、同年に消費者に対して助

1　　　調査対象国はアンゴラ、バングラデシュ、中国、インド、インドネシア、パキスタン、フィリピン、南アフリカ、スリランカ、タイ、およびベトナムである。

表3-2　優先順位の高いその他の支出項目を排除する、化石燃料消費者への公的助成

国数	化石燃料への公的助成が占める割合（注1）		
	GDP比（注2）	税収比（注3）	保健関連支出比（注4）
国数合計	37	38	37
100パーセント以上	0	0	18
50パーセント以上	0	2	26
25パーセント以上	0	5	32
10パーセント以上	6	22	33

注1：2011年度の消費者に対する公的助成の価格差集計による（IEA 2012）。
注2：World Bank（2013a）による2011年のデータ。
注3：CIA（2013）より推定された2012年のデータ。
注4：*Guardian*（2012）が集計した世界保健機関のデータに基づく。また国民1人あたりの数字を作成するにあたっては、World Bank（2013）記載の人口データを用いた。
出典：Koplow（2015）より抜粋の上、オックスフォード大学出版局の許可を得て掲載。

成されたと見積もられている5,000億ドルのわずか2.5パーセントに過ぎない。エネルギー貧困層に対する支出の大半は発電所と配電網の拡充に向けられており、伝統的な調理用燃料を用いることによる健康への悪影響にもかかわらず、低公害の調理用燃料の普及に対する助成は5パーセント未満なのである。

事実、既存の公的助成による巨額の財政負担が利用可能な税収の大半を吸収してしまうため、その他の福祉分野に対する支出が脅かされている。**表3-2**は、化石燃料関係の消費者向け公的助成の推計と、国内総生産（GDP）、政府の収入（当該国の公的支出の上限額）、および保健部門に対する公的支出を比較したものである。世界のほぼ6分の1の国々がGDPの10パーセント以上を化石燃料の公的助成に支出しており、半数以上の国々では政府の収入の10パーセントを超えている。また、さらに深刻な事態として、その他の重要な社会的目標が阻害されているという事実があり、IEAが調査対象とした国々のほぼ半数で化石燃料への助成額が保健関係の支出を上回っている。

公的助成の政治経済——不透明性が受給者を助ける

既存の公的助成プログラムの多くで高い流出率が発生していることについて、公的助成の政治経済的分析がそれを説明する一助となる。公的助成にはある集団

から別の集団への富の移転が伴うため、これら集団間の対立が頻繁に発生する。高い透明性は一般的に、財政面の支援を負担する者（主に納税者）、および競争面の支援を負担する者（競合製品またはサービスの提供者）にとって利益となる。対照的に、こうした透明性は支援を受ける側（公的助成の受給者および関係している政治家）にとって望ましくない。評判の悪化（この会社の製品は助成金なしで生き残れるほど優れていない、など）や経済的損失（競合相手がその助成プログラムを縮小ないし廃止に追い込むべく力を合わせる、など）という、生産者にとってのリスクが高まるからである。また仲介役の政治家にとっても、有権者や競合企業の目が評判に関するリスクを生み出すだけでなく、政治献金や再選の見込みをも危険に晒すことになる。

　助成受給者の利益が集中する傾向にある一方、それを負担する集団は拡散しがちなため、受給者の側は助成プログラムを創設・保護するためにより容易に力を合わせることができる。複雑な助成メカニズムも、受給者や政治家に対する監視を難しくすることで、この利点を一層大きいものにすることがしばしばある。関係するデータも、主たる予算から切り離された難解極まりない報告書の中に記載されるか、あるいは全く開示されないこともあり得る。たとえ開示がなされたとしても、その説明は極めて曖昧で、特定の企業、産業、もしくは政治家と結びつけるのは難しい。リスクに基づく公的助成が悪い結果（公的資金の受給者が破産した、あるいは政府の公的保障プログラムの受益者が自然災害に見舞われたなど）を迎えた場合、注目を集めるのは避けられない。しかしこうした出来事は公的助成の受給開始からずっと後に起こることが多いため、政治的影響は発生しにくい。実際に、仲立ちした政治家がすでに現職でないこともあり得るのだ。

限られた報告

　中央政府が強大な権力を持っていたり、主要産業が国有企業によって占められていたり、伝統的に透明性が低かったりする国家においては、公的助成が支給されたか否かを突き止めることすら難しい場合がある。こうした国々では、政治的な説明責任を求めるにあたって市民が振るうことができる潜在的能力も大きく制限されているだろう。自由かつ公正な選挙、補償を求めて企業や政府を訴えるこ

とができる権利、情報開示が義務化された秩序ある証券市場、あるいは法制化された情報閲覧の権利は、いずれも名ばかりの存在に過ぎないか、あるいは全く存在しない。こうした状況のもとで、公的助成を具体的な数値で把握するのは極めて難しい。また中央政府自体のイニシアティブがない限り、改革はほぼ不可能である。

開かれた政府に誇りを持つ西洋の民主主義国家もまた、この問題と無縁ではない。特定のエネルギー資源に対する規制機関や立法府の肩入れが、報告の有無にかかわらず政策に微妙な影響を与えるのだ。さらに、各省庁の予算は定期的に公開され、誰もが入手でき、独立した監査を受けているものの、情報公開が考えられているよりも不完全かつ不十分な場合もある。既存の規制を実施するにも政治闘争が付きものであり、政治的圧力によって無力化ないし廃止される危険が常につきまとう。たとえばイギリスでは、新たに計画中のヒンクリー・ポイントC原子力発電所プロジェクトにおいて核廃棄物の処理費用と廃炉費用に対する投資リスクに上限が設けられていたことが、最近になって公開を強いられた。この公的助成が白日の下に晒されたのは、市民の請求によるデータの情報公開を定めた法律があったからこそである（Doward 2016）。

アメリカにおける現状も示唆に富んだ実例を提供している。連邦政府による支出および助成金交付に関する情報が公開されるのは、法で定められているからに過ぎない。さらに、公開される報告書は大まかに集計されたものに限られる。受給者を特定するのは不可能であり、また助成の種類によっては各産業への配分を突き止めることすら難しい。政府の各種公的保障プログラムもしばしば評価の対象となるが、リスクに関する政府内の各種助成が確認のため集計されたり、特定の受益者集団に結びついたりすることはほとんどない。連邦政府の損害保障制度において、民間の損害負担額は政府が運営する保障プログラムでなく法令によって上限が設定されているが、これも数値化されることはほとんどない。

税金の減免と信用助成に関するデータも以前から不十分なままである。税金の減免は過去の連邦政府の税収から推計されるが、減免措置が受益者に非課税の収入をもたらし、それゆえ同額の助成金交付よりも有利になる場合がある。こうした二次的影響を測定することで、各種政府支援の価値比較はより正確になったも

ののの、2008年を最後に中止されている。アメリカの信用助成交付の計測基準には、二つの重要な不正確さが存在している。第1にプログラムの管理費用が除かれている点が挙げられ、第2のより重要な点として、金利に関する公的助成が、財務省の資金コスト（「無リスク金利」）ではなく、それよりはるかに高い借り手の推定リスクを基に計測されていることが挙げられる。国家による信用・財務保証の価格決定にリスクの要素が十分組み込まれていないことは、世界各国で問題となっている（Lucas 2013）。特にリスクが高いエネルギー事業（新エネルギー技術、原子力発電所、および炭素除去設備）に対する信用助成の供与は、政府の公的資料において極めて過小に見積もられているのである。

地方政府レベルの公的助成に関する報告は、国家レベルのそれに比べ一般的に脆弱である。アメリカにおいては、国家レベルの課税減免ですら、政府会計基準委員会が最近になって規則を定めるまで、報告は任意だった（Government Accounting Standards Board 2015）。地方政府による信用供与、公的保障、およびプロジェクトに関係するインフラ整備はありふれたものであるが、追跡調査されることはほとんどない。中央政府ないし地方自治体が運営する公営企業、とりわけ公営発電所もまた、多くの国々では珍しい存在でない。

評価の困難

数多い公的助成メカニズムを評価するにあたっては、現在の慣行と比較するための「反事実」の仮定が必要とされる。偏りのない課税制度、公的助成のない金融・保険市場はいったいどのようなものか？　その検討は困難ながらも不可能ではない。たとえば税軽減もしくは信用供与について、政府の作成した評価見積もりが全て同じ仮定に基づいているとは限らず、比較と集計をより難しいものにしている。同様に、政府が公的助成の価値に関する推計を行なっていない場合、それを独自に推計するには手間と時間を要し、政府だけが持っている関連データが必要となるかもしれない。こうした障壁は、複雑な公的助成メカニズムの分析を、交付金に関する分析と比べより散発的かつ不十分なものにする。経済協力開発機構（OECD）が保有するデータに税支出のデータが加えられるのも、加盟国がそれを推計している場合に限られており、公的信用助成を組み入れる計画が進行中

ではあるものの、この重要な分野はまだ実行されていない。

　事態を複雑なものにしている最後の要因として、産業自体が政府による基本的仮定の適用を難しくすることで、改革を遅らせ得る、あるいは公的助成の延長や拡大に反対する政治的な動きを封じ込め得るという点が挙げられる。実際、受益者は既存の政策を保護するため、そして（より有利な）別の仮定に基づいて公的助成のコストを算出するため、事あるごとに自らコンサルタントを雇っている。これらの評価は政府機関および非政府組織（NGO）が行なう分析と比べ、現状を維持した場合のコストをより低く見積もり、利益をより大きく算出する傾向にある。

　改革を妨げるもう一つの特筆すべき戦略として、公的助成が大きな妨げになっていることそのものを単に否定する、というものがある。業界に対する公的助成は基礎的な課税制度の一部であって、そこから逸脱したものではないと主張することも、しばしばこれに含まれる。このアプローチについて格好の実例を提供しているのが、アメリカ最大の石油・ガス業界団体のアメリカ石油協会である。納税・会計部門の責任者を務めるスティーヴン・コムストックはこう記す。「政治家、マスメディア、および最近では大統領が一般教書演説で主張したのとは対照的に、石油および天然ガス業界は現在、納税者の負担による『公的助成』、『課税の抜け穴』、ないし税の減免を一切享受していない」（Comstock 2014）。

　これは客観的に見て根拠の薄い主張であり、こうした政策を石油およびガス業界に対するあからさまな公的援助とみなしてきた連邦政府の諸機関[2]と真っ向から対立するものである。政府による介入の中には特定の業界団体を対象とした公的助成もあるという主張は、常にそう単純なものではないが、コムストックはその最も基本的な主張さえ批判している。彼の手法は改革にまつわる政治的困難を浮き彫りにするものである。有権者の大半は業界団体の主張をたとえ不正確でも受け入れるだろうし、その業界団体は自らの見解を宣伝するにあたって、NGOはもとより国際機関の研究スタッフよりも、はるかに大きな財源を有しているの

　2　　　財務省、合同税務委員会、議会予算局、政府監査院、および議会調査局を含む。

である。

世界における公的助成──測定の方法と規模

　気候変動や原子力発電のコスト構造といった主要な政策問題に対する公的助成の影響を評価するには、各種助成にまたがるデータ、および様々な政府機関が作成したデータを集計し、公的支援の測定基準とすることが求められる。これまで公的助成の測定は、特定のプログラムから市場参加者に移転した価値の計量化（プログラム限定ないし目録アプローチ）、およびエネルギー商品の実態価格と「自由市場」価格との差異（価格差アプローチ）を主な対象としてきた。前者は価格効果を捉えているが、それを引き起こす特定の公的助成を識別するものではない。後者は個々の公的助成を追跡対象としているが、価格に与える影響を表わすものではない（Koplow 2015b）。

　価格差アプローチは目録アプローチよりも少ないデータで済み、政府のデータが容易に利用できない国々の比較研究において特に有益である。しかしこの測定基準は、均衡価格に影響を及ぼすことはないものの、業界の利益率を押し上げたり、あるいは弱小な競争相手を生き延びさせたりしている数多くの公的助成を見逃している。ゆえに価格差による推計は一つの下限として見なければならない（Koplow 2009）。

　OECDの総支援推計（TSE）基準は、価格の歪み（純市場移転）と、最終市場価格に影響を与えない価値移転（純予算移転）の両方を捉えるものである。TSEは市場の生産者および消費者それぞれに対する政策を追跡するものであり、その相互作用を計測することができる。また特定の燃料市場を総合的に支援する政府の各種プログラムも、特定の生産者ないし消費者を対象とするものでないにもかかわらず、個別に追跡されることになる。OECDのアプローチは大量のデータから構成されるものであり、化石燃料への政府支援に関する最新の報告は、様々な政府機関による800以上の公的助成を含んでいる──それでもなお、重大な欠落をはらんでいるのだ（OECD 2015参照）。

　広く公開された世界的推計のそれぞれに差異を生じさせている最後の要因とし

て、公的助成の価値測定に「標準化」の修正が加えられていることが挙げられる。IMFはIEAの価格差と、OECDが算出した生産者向け公的助成を合計し、そこから税金の減免分を差し引くことで年度ごとの公的助成を計量し、「税引前」の測定値としている。加えて、IMFは「税引後」の推計も実施したが、それは税引き前見積もりのおよそ16倍に達し、全世界のGDPのほぼ7パーセントに相当する（Coady et al. 2015）。この巨額の見積もりの原因は、燃料消費税がそうした課税制度のない国々についても計上されているため、IMFが不当に低いと判断した税金も算入されているため、あるいはエネルギーと運輸の両方に対する負の外部性が含まれているためである。こうした要因のせいで、IMFによる税金算入後の見積もりは公的助成の実施者の間で今も論争の的となっている。

　表3-3は全世界におけるエネルギー関連助成の見積もりであるが、多くの重要な事実を浮き彫りにしている。第1に、政策の種類ごと、および国ごとの差異が評価アプローチの違いと結びついた結果、各機関ごとに大きな見積もりの差が生じている。これらの要素は時に正反対の方向に作用する。OECDは公的助成政策をIEAよりも幅広くカバーしているが、エネルギー消費者への大規模な助成が

表3-3　大規模かつ広範囲にわたる世界的なエネルギー助成の推計

燃料の種類	IEA	OECD	IMF（税引前）	IMF（税引後）
	推計方法および2015年における推定額（10億ドル）			
	価格差	総額の推計	IEAおよびOECDによる推定額の合計から税金減免額を差し引いたもの	IMFの税引前推計と税金減免額の合計から外部費用を差し引いたもの
化石燃料	506	170	333	5302
原子力	NE	NE	NE	NE
再生可能電力	112	NE	NE	NE
輸送機関用バイオ燃料	23	NE	NE	NE
全燃料合計	641	170	333	5302
全世界のGDPに占める割合（パーセント）	0.8	0.2	0.4	6.8

注：NE=推計未実施。
　　IEAおよびOECDの数字は2014年度のものであり、IMFの各種数値はそれぞれの年度による。
出典：Earth Trackによって図表化されたIEA（2014, 2015）；OECD（2015）；Coady et al.（2015）より。GDPはWorld Bank（2017）による。

行なわれているイラン、サウジアラビア、およびベネズエラといった国々は含んでいない。第2に、再生可能エネルギーに関するデータが欠けており、しかも原子力に対する公的助成のデータは全く存在しない。これは埋めなければならない重大な欠落である。第3に、最も低い見積もりにおいても、計量化された公的助成は全世界のGDPのかなり大きな部分を占めている。再生可能エネルギー、原子力、および欠落しているその他の公的助成の把握が改善されれば、政府がエネルギー助成に費やしている金額の見積もりはさらに膨らむだろう。

核燃料サイクルに対する世界的な公的助成の概観

　化石燃料に対する公的助成が世界規模でより幅広く把握されているかかわらず、原子力への支援に関する世界的な推計は存在せず、国家レベルでの見積もりも非常に少ない。石油およびガスによる発電所に比べ原子力発電所の数ははるかに少ないため、原子力への公的助成に関する見積もりは十分実現可能と思われるが、それを難しくしている要素が多数存在する。化石燃料に対する公的助成については、気候変動に対する懸念、および公的助成改革による予算削減の可能性が、その検証に必要な意識づけと資金をもたらしていたかもしれない。また再生可能エネルギーへの公的助成におけるIEAの研究範囲はおそらく構造面のものであり、購入命令（固定価格買取制度および再生可能エネルギーの組み入れの義務化）は再生可能エネルギーに対する大規模な支援を形作り、価格差の計算においても明確な形をとっている。

　それとは対照的に、核燃料サイクルの各種要素に対する政府の関与は、公的助成の把握を難しくしている。原子炉、原発建設企業、燃料サイクル施設、研究プログラム、そして（将来的に）廃棄物貯蔵施設の多くは、政府が全部ないし一部を保有している。全世界を対象とした現在のデータ見積もりにおいて、国有企業に対する公的助成は特に弱い分野であり、発電所や変電所に対する公的支援は頻繁に取引されている燃料への公的助成よりも推計が困難である。

　さらに、原子力部門に関するデータの集計に、政府が関心を持っていない場合もある。中国やロシアといった、原子炉建設の新たな波における主役たちは、原

子力産業を戦略的能力や国際的影響力の源とみなしている[3]。利益の拡大も目標に含まれるかもしれないが、決して唯一のものではなく、恐らくは主要な目標ですらないかもしれない。原子炉を購入する国々は、軍事に転用可能な技術およびノウハウ獲得の可能性など、様々な関心を抱いているものと思われる。事実、世界中で核拡散が進むというシナリオが最近検討された中で、2030年以降に核保有国となる6ヵ国のうち4ヵ国が自国の民間プログラムを軍事に転用すると予測されている（Murdock et al. 2016: 16）。

現在の核保有国も民間部門への投資継続を軍事能力の維持に必要な要素と考えている。イギリス政府は、生み出される電力の価値と比較して財政支出が非常に大きなものとなっているにもかかわらず、新型原子炉への関与を強力に推し進めている。しかしその政策を見直した結果、「原子力潜水艦による軍事力の維持というもう一つの目的が果たす役割を考えなければ、原子力に対するイギリス政府の継続的かつ強力な関与を完全に理解するのは難しい」と結論づけられた（Cox, Johnstone and Stirling 2016: 3）。インドが増殖炉に対して行なっている継続的投資もまた、「信頼に足る最低限の抑止力」を確保することに力点が置かれている（Ramana 2016a）。民間の原子力部門に対する巨額の公的助成を透明化することは、こうした関心に真っ向から反する行為だが、プロジェクトがトラブルに見舞われた場合、主導者の政治的リスクもまた大きくなるのである。

データの欠落をもたらしていると考えられる最後の要因は複雑性である。核燃料サイクルに対する最も重要な公的助成には、原子力業界から納税者および近隣住民への複雑なリスクの転嫁が絡んでいる。すなわち、事故のリスク、廃炉にかかる費用の超過、核廃棄物、および運転資金の調達である。これらはいずれも政府による様々な関与、長期の時間的尺度、そして体系的な情報の欠如を伴っている。また将来的な見通しにおける不確実性も大きく、原子力およびその関連業界

---

[3] Thomas (2017) は中国の核関連輸出計画に関する概説を行ない、同国が直面している課題のいくつかを紹介している。またReuters (2016) は、エネルギー政策を国家の政治的諸目標を達成するために活用するというロシア政府の目的について記している。

を支持する政府の人間が、それらプログラムについて思い思いに語ることを可能にしている。

　原因が何であるかにかかわらず、原子力関連の公的助成について世界規模のデータが欠落していることは重大な事実であり、納税者や競合するエネルギー源にとって大きな負担となり得る。IEAと核エネルギー庁（NEA）は最近、地球温暖化を摂氏2度以内の上昇にとどめるには2050年までに4兆4000億ドルを新規原子炉の建設に投資する必要があると述べた（IEA/NEA 2015:23）。しかし、この金額の大半は政府による直接・間接の支援（信用供与や電力価格の保証など）を含むものである。

　原子力業界は核エネルギーを気候変動の主要な解決策として位置づけることにも熱心であり、そうした考えは「原子力は気候変動に対処する唯一の実現可能な道筋である」（Hansen et al. 2015, 傍点著者）と記したジェイムズ・ハンセンら高名な科学者によって支持されている。しかし発電部門やその他の分野において、我々の経済から炭素を排除する様々な方法がある。原子力産業の支持者たちは、他の方法を本当の意味で市場において試すことよりも、あらゆる気候変動対策における核の重要性を公言することにはるかに熱心だった。長寿命の新規原子炉に対する数兆ドル規模の公的助成は、温室効果ガス削減戦略を形作るにあたり、より安価で低リスク、かつ早期に実現可能な解決策の可能性を摘み取ったのである。

　全世界における核関連の公的助成をここで完全に検討するのは不可能だが、核燃料サイクルへの政府支援に共通して見られるパターンをより広く検討するのは有益である（**表3-4参照**）。ここからは、次の5つの主要分野におけるリスク移転と公的助成の問題を論じる。すなわち、原子炉建造費用の調達ならびに市場価格リスクの吸収、超過費用の社会化および高レベル放射性廃棄物の長期的管理、施設の廃炉に伴う財政的リスクの移転、損害額をはるかに下回る事故補償額の設定、そして濃縮に関わる問題である。

表3-4 核燃料サイクルにおける一般的な助成対象分野

介入のタイプ	説明
生産開始前の公的助成	
政府による研究開発	IEA加盟国による各関連の研究開発に対する公的支出（1978-2012）は2,500億ドルを超える（IEA 2013）。 核関連の研究開発に対する支出は全エネルギー源の51％を占め、次に支出が多い燃料サイクルの4倍近くに達する。
原子炉の設計・ライセンス化に対する出資および費用分担	ロシアと中国に関するデータは存在しないものの、国家による支出の割合が最も大きいものと思われる。 アメリカでは研究開発費が新型原子炉の設計を支援しており、ライセンス化における費用分担額を増加させている。
抽出に関する公的助成	
	アメリカではウラン採掘に対して税金の減免など政府の支援が行なわれているものの、容易に利用可能な国際的データは存在しない。 採掘費用は原子力を実現させる総費用の僅かな部分しか占めておらず、ゆえに経済面での重要度は相対的に低い。
電力生産に関する公的助成	
ウランの採掘および濃縮	濃縮技術の開発、施設の建造および稼動に対し、政府は深く関与しており、現在全世界で稼働している濃縮施設の90パーセントは政府が保有している。 またアメリカのウラン採掘場に投じられた改修費用は、採掘された鉱石の価値を超えている（Koplow 2011: 61）。
発電所の費用調達および建設	発電所の建設は巨額の資本を要する事業であり、遅延と費用超過がしばしば発生するため、政府の補助金がなければ資金借入費用は巨大なものになる。 信用供与、直接貸付、非課税債券、そして国営化を通じた国家の関与は、今日原発を新規に建設している国家の大半で当然のこととなっている。
発電所の運営	原子炉の稼働寿命を伸ばすための直接的な助成がニューヨーク州で提案され、すでにいくつかの発電所を閉鎖から救っている（Matyi 2016）。 またアメリカでは電力税によって新規原発が建設されるとともに、原子炉の冷却に用いる大量の水をほぼ無料で自由に利用できるが、これは大半の原発保有国でも同様である。
事故リスク	世界の大半の原発保有国では、大事故が起きた場合の想定損害額をはるかに下回る賠償上限額が設定されている。 また一定の補償金額を確保するのに事業者の資金でなく政府の資金が用いられている場合、保険金額が不適切に低いことによる保険利用の低迷という問題がそこに加わる。 さらに、アメリカにおけるように、定められた保険金を支払うために遡及プレミアムを用いることは、契約先の保険料未払いリスクを大きくする。

介入のタイプ	説明
輸送および配電に関わる公的助成	
	使用済み燃料、および廃炉工程で発生する放射性を帯びた原発部材の輸送は複雑であるものの、実施された例は数少ない。また大半の国において、原子力関連の輸送業務には賠償額の上限が設けられている。 多くの国々において、電力の大半は配電網によって供給される。それに伴い、電力網の拡大および維持整備にはそれだけの公的助成が行なわれる。
電力消費に関わる公的助成	
	消費者が市場価格を上回る水準で原子力による電気を購入しなければならないという、購入命令の形を主にとる。 アメリカでは建設仮勘定（CWIP）規則により、たとえ原子炉が稼働に至らなかったとしても、超過費用の相当部分を顧客に転嫁することができる。資本コストも考慮に入れると、料金が規制されている地域において、原子力発電所は歴史的に高コストの電力供給源だった。 イギリスでは「差額契約」制を通じた価格保証が行なわれており、新規に建設された原発について、現在の卸料金を上回る長期の最低保証料金が設定されている。
生産終了後における公的助成	
他種の燃料の場合、生産終了後の期間は数十年におよぶが、核燃料サイクルにおけるそれは数世紀となる可能性がある。技術的・経済的に検討すべき要素は全く異なっており、見積もりの間違いが発生する可能性もはるかに高い。	
原子炉および燃料サイクル施設の廃止	積立金に対する課税の減免、および総費用ないし超過費用の国による肩代わりという形で、直接的な公的助成がしばしば行なわれている。 廃炉後に発生する費用の積立資金が事業者から独立しておらず、経営改革、不正行為、ないし倒産のせいでそれが失われた場合、事実上の公的助成が発生する。
核廃棄物管理	核廃棄物貯蔵施設の立地、建設、および稼働については、世界中で国家による深い関与が見られるものの、稼働に至った施設は一つもない。 大きな技術的リスクを伴う長期の事業であり、資金が現に積み立てられていたとしても、その水準は真の総費用を賄うことができない可能性が高い。 核廃棄物の管理が公共事業によって行なわれるばあい、その料金はせいぜい採算分岐点を維持できる程度に設定され、投入された税金が利益を生み出すことはない。またこうした公的助成は代替エネルギーの普及を妨げることになる。
負の外部性	炭素排出がゼロに近づいたとしても、放射能、事故、および核兵器の拡散ないし隠蔽につながる技術や施設の拡大といった負の外部性が存在する。 （注1）

注1：核兵器拡散という負の外部性を軽減する有効な戦略として、ウラン濃縮・再処理を国際的な管理下に置くというものがある。これによって違法な拡散ははるかに難しくなる（Diesendorf 2014）。
出典：著者所有のデータに基づく。

新規原子炉の資金調達、および電力に関する市場価格リスクの吸収

　原子力発電は、しばしば不確実な長期の建設期間を要する資本集約型の技術である。こうした要素だけでもリスクの高さを後押ししており、資本提供者が求めるリスクに対する保険料を高騰させている。また新規プロジェクトに要した費用と建設期間に関する記録が不十分なことも、この問題を一層複雑なものにしている。その上、新規に投下した資本を回収するまでの間、急速な技術革新が進み、また中央集中型発電の仲介金融機関離れが起こり得るこの分野において、原子炉が生活必需品（電力）を生み出しているという事実は、新規建設への投資をさらに難しくしている[4]。

　新規原子炉によって生み出される電力の市場価値が、稼働を開始するまでの5ないし10年間で当初の予想をはるかに下回り得ること、および建設開始から廃

---

[4] 原子力エネルギーは3つの主要な領域で他との差別化を図ってきた。すなわち低炭素、高出力、そして迅速性であり、いずれも重要な要素である。しかし低炭素を実現する他のエネルギー源は、すべての費用を含めた原子力よりもはるかに安価である。さらに、先進国の大半では電力網が広く行き渡っており、また費用の高さと統治機構の弱さにより電力網の拡大が限られ、中央集約的な電力も時に信頼できない発展途上国では、小規模電力網ないし分散型エネルギー（いずれも原子力発電がメリットを持たない分野）が優位性を持つことから、高出力もさほど意味を持たないかもしれない。一方、確実な発電能力を迅速に提供できる能力は、断続的な発電を余儀なくされる再生可能エネルギーの割合が増加している現在、ますます重要性を帯びている。しかし、確実な発電能力に割増価格を提供しているアメリカ市場においても、既存原子炉の一部は不経済な存在になっている（*World Nuclear News* 2016b）。その状況は資本を回収するために価格設定しなくてはならない新たな原子炉にとってはるかに難しいものになるだろう。その上、たとえば原子力施設の構築に関わるNEAの工程表は2050年にまでわたるものである。また、携帯型の機器や電気自動車の普及に由来する年間数億ユニットという大きな市場圧力を受けて電池の研究が進むなど、蓄電市場は極めて急速に発展しつつある。原子炉の費用削減は過去において実現しておらず、これからも蓄電池の費用下落との競争に勝つとは考えられない。

炉までの50年間における市場価値が全く予測不可能であることを、投資家は認識している。こうした特性のため、資本提供者は民間原子力事業に対する投資からほぼ手を引いており、資金調達の対象は国家の支援を受けた非競争型資本へと移っている。[5] ここでIEAおよびNEAによる次の見解を考えよう。「資本集約型のプロジェクトを発展させ、すべての低炭素技術に十分な電力価格を長期間保証する、安定的かつ長期の投資枠組みを維持するにあたって、政府には果たすべき役割がある」(IEA/NEA 2015: 5)。こうした「安定的」な枠組みを作り出す方法はいくつもあるが、その何れもが中核となる金融リスクを投資家から国家へ移転させることを含んでいる。その例として、国家に支援された与信パッケージ、長期にわたり国家が保証する電力価格の下限、そして資金調達および費用超過のリスクを料金支払い者に移転させる、広範囲にわたる交付金支給、が挙げられよう。また原子力施設の国家による直接の所有も一般的である。

国家による与信パッケージ

現在建設が進められている原子炉56基(IAEA PRIS 2016による)のうち、[6] 7基がロシアで、20基が中国で建造中である。ロシアの原子炉はいずれも国家が資金を出しているか、あるいは国有である。また中国国内の原子炉に対する国家の関与も広く浸透している。ロシアの国営原子炉開発企業であるロサトム社は、提案中ないし一時停止中の原子炉輸出取引に数十億ドル規模の与信プログラムを組み込んでおり、バングラデシュが127億ドル(*World Nuclear News* 2016b)、エジプトが250億ドル(*Russia Times* 2015)、フィンランドが50億ユーロ(Rosatom 2016)、

5―――― Moody's Investors Service (2013: 20) は「原子力発電所の新規建設は一般的に投資不適格」であり、原子力プロジェクトでは他の技術分野よりも費用超過が頻繁に発生しており、「ヨーロッパの電力市場は現状において」原子炉の「新規建設を支持していない」と述べている。

6―――― 国際原子力機関(IAEA)の原子炉情報システム(PRIS)データベースは、2016年11月1日時点で建設中の原子炉60基をリストアップしている。また2基が1999年から、別の2基が1980年代後半から建設中であるが、これらは合計から除いている。

そしてハンガリーが100億ユーロ（Rosatom 2016）の信用供与を受けている。これらプロジェクトの多くは実現に至らないと見込まれているが、信用供与が取引の重要な位置を占めている事実は示唆に富むものである。また中国においても、「中国政府が保有する巨額の外貨準備高は、販売者が設備とともに資金を提供できることを意味しており、大半の潜在的市場において大きな利点となっている」（Thomas 2017）。イギリスで建設中のヒンクリー・ポイントC原子力発電所でも、フランス電力会社（EDF）と共に中国の国営事業体が180億ポンドに上るプロジェクトの3分の1を所有している（Ruddick 2016）。

最低価格の保証

新規原子炉がようやく稼働を開始しても、その時の電力料金が安すぎるという重大なリスクに対処するため、電力会社はしばしば発電能力の相当部分に関し電力購入契約を締結している。原子力発電の価格とタイミングには大きな不確実性が伴うため、新規原子炉におけるこうした取引の相手は国家であることが多い。イギリスのヒンクリー・ポイントC原子力発電所では政府が事業者に対し、現行の電力卸値の最低3倍の価格を35年間にわたって保証している。こうした価格面の支援がイギリスの納税者に背負わせる額は3,000億ポンドに上ると推計されている（*The Week UK* 2016; Ruddick 2016）。

中国は「原子力発電の健全な発達を促し、この部門への投資を導くため」、国内における全ての新規原子力プロジェクトで生み出された電力に関し、卸値の下限を設けている（WNA 2016a）。しかし現在の最低価格が低すぎると考える向きもあり、将来的には上方修正が必要となるだろう（WNA 2016a）。またチェコスロバキアでは、原子炉プロジェクトに対する150億ドルの資金援助が、電力価格の下落、および電力価格の保証を政府が拒否したことにより、2014年に反故になっている（Lopatka 2014）。

料金支払い者によるゼロ金利の融資と費用超過の可能性

アメリカで進められている4基の原子炉建設プロジェクト（ヴァージル・C・サマー原発2号機および3号機、ボーグル原発3号機および4号機）はどれも、建設仮

勘定（CWIP）規則が有利な地域で進められている。原子炉の所有者は建設仮勘定のおかげで新規プロジェクトの発電開始に先立って料金を値上げすることができ、料金支払い者をゼロ金利の資本源として用いることができる。加えて、建設仮勘定は費用上昇リスクの大半を投資家および建設業者から利用者に転嫁するものである。料金を決定する地元の委員会が、発電所の費用増加をそのまま認めない場合もあるが、大半の場合、利用者が支払う結果となっている。

　いずれの要素も原子力に投資する者と発電所の所有者にとって大きな価値を持っている。ボーグル原発3号機および4号機の建設はほぼ4年遅れており、60億ドルの費用増加（これは当初の予想費用の43パーセントに上り、総費用を200億ドル強に押し上げる）に直面している。それでもなお、工事の遅れによる資金調達コストの上昇分を含めた全ての費用は問題なしとみなされ、料金支払い者に負担させることが許された（SACE 2016）。2016年10月の時点で、ボーグル原発の原子炉建設のためにゼロ金利で事前に調達された金額は180億ドルを超えている（SACE 2016）。また最低価格を設けない一方、投資家はそれと同じ効果を持つ「どんな事が起ころうと」（hell or high water）条項を卸電力購入契約の中に含めることで事業者側と同意している。その条項はたとえ当該地域で必要とされていなくとも電力を購入することを契約者に求め、その価格が他の電力事業者の販売価格を上回っていたとしても、それとは無関係に決定される（MEAG Power 2016: 10-12）。一方、サマー原発で建設中の2基は当初の費用見積もりを40億ドル（40パーセント）超過しており、当プロジェクトのためゼロ金利で事前に調達された資金は、利用者に毎月送られる料金請求書の16パーセント以上を占めている（Wren 2016）。

高レベル放射性廃棄物管理の社会化

　高レベル放射性廃棄物は数千年にわたる隔離と管理を必要とするが、現在進行中の危険要素としては事故、盗難（アクセス可能な貯蔵施設にある場合）、そして環境汚染が挙げられる。こうした長期かつ未知のリスクにいつまでも晒されることは、投資家にとって大きな問題である。この廃棄物を安全に保管できる施設の設計・建築・運用は技術的に難しく、また政治的にも評判が悪い。核エネルギー

の民間利用が始まってから60年、放射性廃棄物を永久に貯蔵できる施設は世界に1ヵ所も存在しない（表3-5参照）。運用開始は延期を重ね、費用が大幅に増加するリスクも相変わらずである。国内の高レベル放射性廃棄物管理を担うフラン

表3-5 大部分が未解決のままで、経済的・技術的リスクが政府によってもたらされている核廃棄物管理の状況

国名	全世界の原子力発電量に占める割合（2015）	高レベル放射性廃棄物処理施設の稼働開始年	用地選定状況	外部保有の積立金の有無	運営主体
アメリカ	25.6	2048	選定されたものの後に取り消し	有	国
フランス	16.2	2025	選定されたものの反対運動が続く	無	国
日本	10.4	2035年以降	未選定	有	電力会社
中国（注1）	7.8	2050年以降	「優先候補地」が選定済み	有（注2）	国
ロシア	7	未定	未選定	有	国
韓国	5.9	未定	未選定	有	国
カナダ	3.5	2035	未選定	有	国（注3）
ドイツ	2.7	2025年以降	候補地に対する反対が強い	無	国
イギリス	2.3	未定	未選定	有	国
スウェーデン	2.3	2028	選定済み	有	電力会社
スペイン	1.8	未定	未選定	有	国
インド	1.6	未定	未選定	国家による資金供給（注4）	国
ベルギー	1.5	2035年以降	未選定	無	国
スイス	0.9	未定	未選定	有	国
フィンランド	0.7	2023	選定済み	有	電力会社

注1：公表済みデータを基に、フイ・チャンから著者へ2016年12月1日に提供された情報を追加したもの。
注2：使用済み燃料の貯蔵および再処理費用を賄うために政府が保有している資金。認可された資金使途の中に永久貯蔵は現在含まれていない。
注3：核廃棄物を扱う事業共同体だが、各事業体は国営企業である。
注4：大半の使用済み燃料は資源とみなされ、国家が建設した再処理施設へ輸送された上、無料で発電所に提供される。軽水炉からの廃棄物は暗に国家の責任となるようだ。
出典：WNA（2016b; 2016d）; NEA（2011a: 36, 37; 2011b: 4; 2011c; 2013a; 2013b: 5; 2014a: 1, 15; 2014b: 15-17; 2015: 13, 14; 2016a）; US DOE（2013: 2）; *Russia Times*（2016）; Wang（2014）; IAEA（2016: 16）; Feiveson et al.（2011）; Zhang and Bai（2015: 59）; Zhou（2013）; Ramana（2013, 2016b）。

スの機関、アンドラは、貯蔵施設の建設費用見積を2005年の180億ユーロから2014年には350億ユーロに増額させている（*World Nuclear News* 2016a）。原子力業界からの不満の声に対し、アンドラは「これらコストを算出するには、今後100年以上にわたる労務費、租税公課、資材費および燃料費について仮説を立てることが必要なため、極めて慎重な検討を要する」と答えている（*World Nuclear News* 2016a）。

アメリカの核廃棄物処分施設（現在運用停止中）のライフサイクル費用は評価期間100年以上で1,080億ドル（2015年度の通貨価値）に固定されている（Cawley 2015）。プロジェクト自体の複雑さ、および極めて長期の時間的枠組みによって引き起こされる推計上の困難は深刻なものになると予想される。大半の国々は核廃棄物処理にまつわる経済的・技術的リスクを単に社会化している。つまり（予想可能な）少額の費用を負担する代わりに、長期にわたる核廃棄物管理責任——実現可能な技術的解決策の開発および貯蔵施設の建設・運営を含む——を国家に移転したのである。中には、こうした責務にかかる費用の全額ないし一部をすでに国家が負担した例も存在する。また環境汚染に対する汚染者負担原則が定められている場合でも、引当金不足が常態化している。さらに、廃棄物の一部は企業が所有するままであり、ゆえに破産した際のリスクなどに晒されている。しかし大半の国々において、積み立てられた引当金は企業の管轄外に移されている。

核廃棄物を生み出す原子炉の多くは、処分費用の積立不足が現実のものとなるはるか以前に廃止されるだろう。だが廃炉後の費用調整は不可能と思われる。積立不足は外部の保有する廃棄物処理資金においても発生する可能性があり、いわゆる「メガプロジェクト」で50パーセント以上の費用超過が発生するのが当然である（Flyvbjerg 2014: 9）。原子力のメガプロジェクトにおける費用超過は当初予算の2.5倍に達し、算出対象となった他のどの分野よりも多い（Locatelli 2015: 11）。現在の費用を推計する際に用いるコスト見通しが正しいと仮定しても、廃棄物処理施設の損益をゼロと見積もる場合がしばしばあり、原子力に対する重要な公的助成を生み出す基となっている。アメリカの各種施設（核廃棄物処理施設よりも単純かつリスクが少ない事業）に対する投資の平均収益を当てはめれば、各原子炉に課される年間の廃棄物処理費用は倍増することになる（Koplow 2011: 97）。

廃炉費用に対する公的助成

　原子力事業における閉鎖費用は、他の技術におけるそれよりもはるかに大きい。寿命を迎えた原子力発電所や核燃料サイクル施設の廃止は巨額の費用を要する事業である。何らかの廃炉計画の下、発電所を数十年にわたり稼働停止状態に置くことで廃止を遅らせるという考えは、問題が消え去ったかのように見せかける金融上の巧みな工作を生み出した。つまり、インフレ率や割引率に関する様々な仮定を駆使することによって、巨額の費用を遠い将来へ先延ばしにし、そこで現在価値に割り引くのである。その結果、対処可能な現在価値費用が算出され、それをキロワット時あたりの費用に修正すれば、発電所の資金計画における廃炉費用の割合を無視できる水準に見せかけることができるのだ。

　しかし現実の結果がこうも予測可能であるとは考えにくい。廃炉プロセスの複雑さ、期間、そして流動性は、納税者による巨額の費用負担が発生し得ることを示唆している。現在までに廃止された原子炉の数はわずかで、よって費用負担の経験も少ない。だが各種の規制や物理的状況の変化が費用の大きな変動を招くため、今までの経験が将来の費用を予測できるものとはならないかもしれない。

　廃炉費用の引当に対する公的助成をすでに行なっている国も存在する。一例を挙げると、アメリカにおける廃炉費用引当金に対する税金面の優遇措置は、政府の推計によるとすでに年間10億ドルに上っている（Koplow 2011: 95）。さらに、原子炉の稼働期間中に廃炉費用の引当が十分になされるよう、各国はしばしば力を注いでいるが、核廃棄物の処分および管理については現実面での困難が浮き彫りになっている。つまり実際の費用に対して引当率があまりに低い事態、発電所が閉鎖されてこれ以上の資金負担が不可能になるまで引当不足が顕在化しない事態、市場環境などの要因により当初の想定よりも早期に閉鎖されることで廃炉費用の不足が直ちに生じる事態、そして収益見込みや資金増加期間の想定が現実と食い違い、それに伴って資金目標の未達が発生する事態が生じ得るのである。

　中には、引当率がそもそも費用負担の健全な予想に基づいていない場合もある。たとえばインドの会計検査院長官は、廃炉費用の引当金に関する調整が最後に行なわれたのは20年前であること、および原子力規制委員会は「どの文書におい

ても廃炉費用の算出規定を定めていない」ことを明らかにしている（Comptroller and Auditor General of India 2012: 66）。

いかなる規模であれ、積み立てられた資金は外部の基金が所有すること、および本来の目的にのみ用いることを法令で定めることにより、少なくとも流用や事業者の破産からこれを守ることができる。アメリカの原子力発電所ではこれが義務化されているが、ヨーロッパの現状を見ると、こうした基本的な保護策が確立されている国は全体の半数に過ぎない。さらにウラン鉱山や濃縮施設、あるいは再処理工場といった欧州におけるその他の核燃料サイクル施設では、外部資金に対する規制がなされていない状況である（Wuppertal Institute for Climate, Environment and Energy and its Partners and Subcontractors 2007: 37）。

これらの差異は重要である。1990年から96年にかけて化石燃料賦課金としてイギリスの公共料金支払い者から集められた60億ポンドは老朽化し安全性が低下した発電所の閉鎖を目的とする、と議会で説明された。しかし資金の規制と分離に不備があり、賦課金のおよそ半分が原子力発電の運転資金に用いられるという結果になった。残りの大半は、イギリス核燃料会社が保有する原子力施設の閉鎖費用を国へ移行させたことに伴い、最終的にイギリス財務省によって充当されている（Thomas 2007: 21-8）。2007年の時点で、「25年以上にわたる出資」にもかかわらず、「750億ポンド以上の将来的な費用負担に対し、所在の明らかな資金はおよそ8億ポンドしか存在しない」のである（Thomas 2007: 1）。

損害可能性に比べて低水準の事故賠償金設定

原子炉事故によって発生した事業所外の損害に対する賠償は法令で定められ、最低保証水準の標準化を目的とする一連の国際会議によって補強されている。しかし既存のあらゆる枠組みにおいて、賠償金の水準は軽度の事故であっても予想される損害額をはるかに下回っている。世界最大の事故発生源であるアメリカにおいても、総補償額は140億ドルに満たないが、日本の納税者が福島原発事故に関して負担した金額はすでに1180億ドルに達しており（Harding 2016）、今後も巨額の費用が発生する。

賠償金の支払い規則は数種類の保険から構成されていることが多い。その第1

形態は通常の保険に最も近いもので、各原発事業者が事故リスクの初期段階をカバーする保険をそれぞれ購入するというものである。NEAが作成した要約文書（2016b）には「事業者負担分」と記載されているが、他の原子炉の負担分や政府による支援分も混入している。事業者によって直接支払われた負担分は、そのリスク水準を示す最も直接的な価格シグナルとなっており、ゆえに特定の負担分に関するより明確なデータを見るのが有益である。直接購入された保険は用地選定に大きな影響を与えると共に、施設および事業者リスクの軽減により多くの資金を投じるインセンティブともなり得る。

第2は全原発事業者のプール資金ないし国家による追加支援分を含むものであり、アメリカの保険プールの大半を占めるのがこの方法である。つまり、事故による賠償額が事業者の主たる保険金の上限（4億5,000万ドル）を突破した場合に備えて国内の全原子炉に賦課されている遡及保険料が、利用可能な資金の95パーセント以上を占めているのである。しかしこの方法にはいくつかの構造的課題がある。事故後6年以上にわたり1年毎の分割で支払われるため、保険金の現在価値はその額面よりもずっと低い。加えて、プールされた資金は原子炉の閉鎖に伴って減少し、また残る原子炉が財政的な困難に見舞われた場合（大事故の後はそうなる可能性が高い）、その支払いは契約者のリスクに左右される。また原子力発電が少数の事業者に集中していることも、複数の遡及保険料の支払いが同時に期限を迎えることから、契約者のリスクを増大させている。たとえばエクセロン社は単体で、アメリカが擁する原発のほぼ4分の1にあたる23基の原子炉を所有している（Exelon Generation 2016）。

協定による合意の下、他の国々ではその他の保険を用いることができる。しかしその総額は比較的小規模（1億ドル未満）であり、信用に足る全ての保険金を合計しても、その金額は驚くほど低い。NEA（2016b）によると、ロシアで公式に定められている事故賠償の保険金額は5億ドルに過ぎない。追加の保険も存在しているものと思われるが、他の多くの国々と同様に、政府ないし立法府の恣意的判断に任されている。またフランスのような原子力大国においても、現行の事故保険金は10億ドル未満であるとNEAは示唆している。

ウラン濃縮

　ウラン濃縮技術は軍事目的にも利用できるという懸念から、長らく燃料サイクルにおける不安要素だった。現在では大幅に規模を縮小しているものの、アメリカ政府による民間濃縮技術への介入はかねてより大規模であり、巨額の公的助成がなされてきた（Koplow 1993）。世界的に見ても国有企業がこの部門を支配しており、濃縮能力全体のほぼ90パーセントを占めている（表3-6参照）。多くの場合、こうした構造はこの分野に対する過剰投資（過剰能力および低価格という結果を事業者にもたらす）、税の減免、そして市場水準を下回る利率ないし保険料率の適用といったことに結びつく。

表3-6　世界的にウラン濃縮は国家に支配されている

企業名	2015年における濃縮容量（単位：1,000分離作業量〔SWU〕）	全世界の濃縮容量に占める割合	所有者	全世界の濃縮容量に占める国家保有の割合
アレヴァ	7,000	11.9	フランス政府（85%）、クウェート政府（5%）、その他（10%）	10.8
ウレンコ	19,100	32.6	イギリス政府（3分の1）、オランダ政府（3分の1）、ドイツの各電力会社（3分の1）	21.7
日本原燃	75	0.1	日本の電力会社が大半を保有	0.0
テネックス	26,578	45.4	ロシア政府（ロスアトム社の1部門）	45.4
中国核工業集団	5,760	9.8	中国政府	9.8
その他	87	0.1		0.0
合計	58,600	100（注1）		87.7

注1：端数処理により合計が100パーセントにならない場合もある。
出典：Areva（2016）；JNFL（2016）；Tenex（2017）；Urenco（2017）；WNA（2016c）；Zhang（2015）。

まとめ

公的助成はいまだ大規模であり、世界のエネルギー市場に広く浸透している。改革による政治的・経済的利益がより認識されるようになっているにもかかわらず、政治的な障壁は高いままであり、実効性ある改革の速度も遅い。化石燃料に対する公的助成を大幅に削減すれば、価格シグナルを気候変動や環境問題に関する諸目標と正しく一致させることができ、より環境に優しい燃料への移行を世界中で促進することになるだろう。

原子力エネルギーに対する公的助成の世界的な推計は存在しない。投資家や政府、および市民が、原子力発電がもたらす低炭素化の利益とそれにかかる実質的な財政負担を正しく比較し、原子力とその他の炭素削減方法とを公正に評価しようとするなら、こうした広範囲に渡るデータの欠落を埋めることは一層重要なものとなる。核燃料サイクルに対する主な公的助成には低コスト融資、市場リスクの顧客への転嫁、そして濃縮、廃炉、事故賠償、および核廃棄物管理など燃料サイクルにおける複雑な部分の社会化が挙げられる。その他の代替エネルギー源が同種のエネルギー事業を低リスクかつ低コストでより速く提供できる現在も、こうした隠れた公的助成によって原子力施設、インフラ、および関連技術が世界中で拡大しているのである。

〔参考文献〕

Areva, 2016. Shareholder structure December 31, 2015. www.areva. com/EN/finance-1166/shareholding-structure-of-the-world-leader- in-the-nuclear-industry-and-major-player-in-bioenergies.html? XTCR=1,58&XTMC=CATITAL%20 STRUCTURE? XTMC=ALTERNA%20RADIOPROTECTION (accessed 30 January 2017).

Arze del Granado, Javier, David Coady, and Robert Gillingham, 2010. The unequal benefits of fuel subsidies: A review of evidence for developing countries. IMF WP/10/202. Washington, DC: International Monetary Fund.

Cawley, Kim, 2015. The federal government's responsibilities and liabilities under the Nuclear

第3章 エネルギー助成　97

Waste Policy Act. Testimony before the Subcommittee on Environment and the Economy, Committee on Energy and Commerce, US House of Representatives, 3 December. Washington, DC: US Congressional Budget Office.

CIA (Central Intelligence Agency), 2013. Government revenues. *The World Factbook.* www.cia.gov/library/publications/the-world- factbook/fields/2056.html (accessed 6 March 2013).

Coady, David, Ian Parry, Louis Sears, and Baoping Shang, 2015. How large are global energy subsidies? WP/15/105. Washington, DC: International Monetary Fund.

Comptroller and Auditor General of India, 2012. Report of the Comptroller and Auditor General of India on activities of Atomic Energy Regulatory Board for the year ended March 2012. Report No. 9 of 2012–13, Performance Audit. New Delhi: Union Government, Department of Atomic Energy.

Comstock, Stephen, 2014. The truth on oil and natural gas 'subsidies'. *Energy Tomorrow,* 29 January.

Cox, Emily, Phil Johnstone, and Andy Stirling, 2016. Understanding the intensity of UK policy commitments to nuclear power. SWPS 2016– 16. Brighton: Science Policy Research Unit, University of Sussex.

Diesendorf, Mark, 2014. *Sustainable Energy Solutions for Climate Change.* Sydney: UNSW Press.

Doward, Jamie, 2016. Secret government papers show taxpayers will pick up costs of Hinkley nuclear waste storage. *Guardian,* 30 October.

Erickson, Pete, Adrian Downs, Michael Lazarus, and Doug Koplow, 2017. Effect of government subsidies for upstream oil infrastructure on US oil production and global CO2 emissions. Working Paper 2017-02. Stockholm: Stockholm Environment Institute.

Exelon Generation, 2016. Exelon nuclear fact sheet.

Feiveson, Harold, Zia Mian, M. V. Ramana, and Frank von Hippel, eds, 2011. *Managing Spent Fuel from Nuclear Power Reactors: Experience and Lessons from Around the World.* Princeton, NJ: International Panel on Fissile Materials, Program on Science and Global Security, Princeton University.

Flyvbjerg, Bent, 2014. What you should know about megaprojects and why: An overview. *Project Management Journal* 45(2): 6–19. doi. org/10.1002/pmj.21409

Governmental Accounting Standards Board, 2015. Statement No. 77 of the Governmental Accounting Standards Board: Tax abatement disclosures. No. 353. Norwalk, CT: Governmental Accounting Standards Board.

Guardian, 2012. Datablog: Healthcare spending around the world, country by country, 30 June. Extract of health care spending data collected by the World Health Organization.

Hansen, James, Kerry Emanuel, Ken Caldeira, and Tom Wigley, 2015. Nuclear power paves the only viable path forward on climate change. *Guardian,* 4 December.

Harding, Robin, 2016. Japan taxpayers foot $100bn bill for Fukushima disaster: Costs shouldered by public despite government claims Tokyo Electric would pay. *Financial Times,* 6 March.

IAEA (International Atomic Energy Agency), 2016. Country profiles: India. Vienna: IAEA.
IAEA (International Atomic Energy Agency) PRIS (Power Reactor Information System), 2016. Country statistics: Number of power reactors by country and status. 2 November. www.iaea. org/ PRIS/CountryStatistics/CountryStatisticsLandingPage.aspx (accessed 5 January 2017).
IEA (International Energy Agency), 2011. *World Energy Outlook 2011*. Paris: International Energy Agency.
IEA (International Energy Agency), 2012. *World Energy Outlook 2012*. Paris: International Energy Agency.
IEA (International Energy Agency), 2013. RD&D statistics database. www.iea.org/statistics/ rddonlinedataservice/ (accessed 1 October 2013).
IEA (International Energy Agency), 2014. *World Energy Outlook 2014*. Paris: International Energy Agency.
IEA (International Energy Agency), 2015. *World Energy Outlook 2015*. Paris: International Energy Agency.
IEA (International Energy Agency)/NEA (Nuclear Energy Agency), 2015. Technology roadmap: Nuclear energy, 2015 edition. Paris: IEA/NEA.
IEA (International Energy Agency), OPEC (Organization of the Petroleum Exporting Countries), OECD (Organisation for Economic Co- operation and Development), and the World Bank, 2010. Analysis of the scope of energy subsidies and suggestions for the G-20 initiative: IEA, OPEC, OECD, World Bank joint report. Prepared for submission to the G-20 Summit Meeting (26–27 June), Toronto, 16 June.
JNFL (Japan Nuclear Fuel Limited), 2016. Corporate profile. April. www.jnfl.co.jp/en/about/ company/ (accessed 30 January 2017).
Kojima, Masami, and Doug Koplow, 2015. Fossil fuel subsidies: Approaches and valuation. Policy Research Working Paper WPS7220. Washington, DC: World Bank Group.
Koplow, Doug, 1993. Federal energy subsidies: Energy, environmental and fiscal impacts — Report and appendices. Washington, DC: Alliance to Save Energy.
Koplow, Doug, 1998. Quantifying impediments to fossil fuel trade: An overview of major producing and consuming nations. Paper prepared for the OECD Trade Directorate.
Koplow, Doug, 2009. Measuring energy subsidies using the price-gap approach: What does it leave out? Geneva: International Institute for Sustainable Development.
Koplow, Doug, 2011. *Nuclear Power: Still Not Viable without Subsidies*. Cambridge, MA: Union of Concerned Scientists.
Koplow, Doug, 2015a. Global energy subsidies: Scale, opportunity costs, and barriers to reform. In *Energy Poverty: Global Challenges and Local Solutions*, edited by Antoine Halff, Benjamin K. Sovacool, and Jon Rozhon, 316–37. Oxford: Oxford University Press.
Koplow, Doug, 2015b. Subsidies to energy industries. In *Reference Module in Earth Systems and*

Environmental Sciences, edited by Scott Elias, 1–16. Amsterdam: Elsevier. doi.org/10.1016/B978-0-12-409548- 9.09269-1

Locatelli, Giorgio, 2015. Cost‐time project performance in megaprojects in general and nuclear in particular. Presentation to the Technical Meeting on the Economic Analysis of HTGR and SMR, International Atomic Energy Agency, 25–28 August.

Lopatka, Jan, 2014. 2-CEZ scraps Temelin nuclear plant explosion, shares up. Reuters, 10 April.

Lucas, Deborah, 2013. Evaluating the cost of government credit support: The OECD context. Paper prepared for *Economic Policy*, Fifty-eighth Panel Meeting, Vilnius, 25–26 October.

Matyi, Bob, 2016. New York nuclear plant subsidies fuel controversy. *Platts*, 10 October.

MEAG Power, 2016. Annual Information Statement of Municipal Electric Authority of Georgia, MEAG Power, for the Fiscal Year Ended December 31, 2015. Atlanta, GA: Municipal Electric Authority of Georgia.

Moody's Investors Service, 2013. Nuclear generation's effect on credit quality: Moody's perspective on operating risks and new build. London: Moody's Investors Service.

Murdock, Clark, Thomas Karako, Ian Williams, and Michael Dyer, 2016. *Thinking about the Unthinkable in a Highly Proliferated World*. Lanham, MD: Rowman & Littlefield.

NEA (Nuclear Energy Agency), 2011a. Radioactive waste management programmes in OECD/NEA member countries: Switzerland. Profile. Paris: OECD.

NEA (Nuclear Energy Agency), 2011b. Radioactive waste management and decommissioning in the United Kingdom. Report. Paris: OECD.

NEA (Nuclear Energy Agency), 2011c. Radioactive waste management programmes in OECD/NEA member countries: United Kingdom. Profile. Paris: OECD.

NEA (Nuclear Energy Agecny), 2013a. Radioactive waste management programmes in OECD/NEA member countries: Spain. Profile. Paris: OECD.

NEA (Nuclear Energy Agency), 2013b. Radioactive waste management programmes in OECD/NEA member countries: Sweden. Profile. Paris: OECD.

NEA (Nuclear Energy Agency), 2014a. Radioactive waste management in Rep. of Korea. Report. Paris: OECD.

NEA (Nuclear Energy Agency), 2014b. Radioactive waste management programmes in OECD/NEA member countries: Russian Federation. Profile. Paris: OECD.

NEA (Nuclear Energy Agency), 2015. Radioactive waste management programmes in OECD/NEA member countries: Canada. Profile. Paris: OECD.

NEA (Nuclear Energy Agency), 2016a. Radioactive waste management programmes in OECD/NEA member countries: France. Profile. Paris: OECD.

NEA (Nuclear Energy Agency), 2016b. Nuclear operator liability amounts and financial security limits. Paris: OECD, November.

OECD (Organisation for Economic Co-operation and Development), 2011. *Inventory of Estimated*

Budgetary Support and Tax Expenditures for Fossil Fuels. Paris: OECD.

OECD (Organisation for Economic Co-operation and Development), 2015. *OECD Companion to the Inventory of Support Measures for Fossil Fuels 2015*. Paris: OECD.

Ramana, M. V., 2013. *Power of Promise: Examining Nuclear Energy in India*. New Delhi: Penguin Global.

Ramana, M. V., 2016a. A fast reactor at any cost: The perverse pursuit of breeder reactors in India. *Bulletin of the Atomic Scientists*, 3 November.

Ramana, M. V., 2016b. Email communication with Doug Koplow, Earth Track, 30 November.

Reuters, 2016. Rosatom's global nuclear ambition cramped by Kremlin politics. 26 June.

Rosatom, 2016. Projects. www.rosatom.ru/en/investors/projects/ (accessed 1 November 2016).

Ruddick, Graham, 2016. China plans central role in UK nuclear industry after Hinkley Point approval. *Guardian*, 16 September.

Russia Times, 2015. Russia to loan Egypt $25bn for nuclear plant construction. 30 November.

Russia Times, 2016. 'Underground Chernobyl': French parliament OKs nuclear waste facility despite protests. 13 July.

SACE (Southern Alliance for Clean Energy), 2016. Proposed agreement would reward southern company for bungled, massively over budget and 45-month delayed Plant Vogtle reactors. 22 October.

Tenex (Techsnabexport), 2017. Company profile. www.tenex.ru/wps/ wcm/connect/tenex/site.eng/company/ (accessed 30 January 2017).

The Week UK, 2016. Hinkley Point: Bold move or white elephant? 16 September.

Thomas, Steve, 2007. Final country report: United Kingdom. In *Comparison Among Different Decommissioning Funds Methodologies for Nuclear Installations*, edited by Wuppertal Institute for Climate, Environment and Energy and its Partners and Subcontractors. Final report on behalf of the European Commission Directorate-General Energy and Transport, H2, Service Contract TREN/05/NUCL/ S07.55436.

Thomas, Steve, 2017. China's nuclear export drive: Trojan horse or Marshall Plan? *Energy Policy* 101, February: 683–91. doi. org/10.1016/j.enpol.2016.09.038

Urenco, 2017. Company structure, Urenco Ltd. www.urenco.com/about- us/company-structure/ (accessed 30 January 2017).

US DOE (Department of Energy), 2013. Strategy for the management and disposal of used nuclear fuel and high-level radioactive waste. January.

Wang, Ju, 2014. On area-specific underground research laboratory for geological disposal of high-level radioactive waste in China. *Journal of Rock Mechanics and Geotechnical Engineering* 6(2): 99–104. doi. org/10.1016/j.jrmge.2014.01.002

WNA (World Nuclear Association), 2016a. Nuclear power in China. 5 November.

WNA (World Nuclear Association), 2016b. Radioactive waste management: National policies and funding. September.

WNA (World Nuclear Association), 2016c. Uranium enrichment. September.

WNA (World Nuclear Association), 2016d. World nuclear power reactors & uranium requirements. 1 September.

World Bank, 2010. Addressing the electricity access gap. Background Paper. June.

World Bank, 2013a. Gross domestic product by country. Databank data series. databank.worldbank.org/data/reports.aspx?source=2&series= NY.GDP.MKTP.CD&country= (accessed 24 January 2017).

World Bank, 2013b. Total population, by country. Databank data series. databank.worldbank.org/data/reports.aspx?source=2&series=SP.POP. TOTL&country= (accessed 24 January 2017).

World Bank, 2017. Gross domestic product by country. Databank data series. databank.worldbank.org/data/reports.aspx?source=2&series= NY.GDP.MKTP.CD&country= (accessed 24 January 2017).

World Nuclear News, 2016a. French repository costs disputed. 12 January.

World Nuclear News, 2016b. Illinois rallies as nuclear plants fail in capacity auction. 25 May.

World Nuclear News, 2016c. Rosatom explains benefits of state backing to plant projects. 11 February.

Wren, David, 2016. Power surge: Cost overruns at nuclear plant a growing part of SCE&G customers' bills. *The Post and Courier*, 17 June.

Wuppertal Institute for Climate, Environment and Energy and its Partners and Subcontractors, eds, 2007. Comparison among different decommissioning funds methodologies for nuclear installations. Final report on behalf of the European Commission Directorate-General Energy and Transport, H2, Service Contract TREN/05/NUCL/ S07.55436.

Zhang, Hui, 2015. China's uranium enrichment capacity: Rapid expansion to meet commercial needs. Cambridge, MA: Belfer Center for Science and International Affairs, Harvard University.

Zhang, Hui, and Yunsheng Bai, 2015. China's access to uranium resources. Cambridge, MA: Belfer Center for Science and International Affairs, Harvard University.

Zhou, Yen, 2013. China's nuclear waste: Management and disposal. Presentation, Managing the Atom Project, Belfer Center for Science and International Affairs, Harvard University, Cambridge, MA, 28 May.

第2部

国別研究

– 第 **4** 章 –

新標準？ 中国における核エネルギーの将来性の変化

M・V・ラマナ、エイミー・キング

> **要　旨**
>
> 　中国は近年になって原子力発電の拡大目標を下方修正しており、2020年度までに70ギガワット（GW）の発電能力を確保するという2009年当時の目標が2016年に58GWに変更された。本章では、この目標修正が3つの主な要因から生じたものであることを論じる。第1の要因は低成長型経済への移行であり、それに伴いエネルギーおよび電力需要の成長も鈍化した。低成長経済という中国が現在置かれている状況を考えるならば、原子力発電能力を急速に拡大させる必要性は過去のものになったと言えよう。第2の要因は、2011年3月に日本で発生した福島原発事故の後、中国政府が行なった一連の政策変更である。福島原発事故の発生以来、中国国務院は内陸部における原子炉建設計画を中断し、より近代的な（第3世代）原子炉の建造に限定した。第3の要因は、人口集中地域の近郊に原子力施設を建設することへの反対運動に対する、中国政府の反応である。総合的に見て、これらの要因は中国における原子力発電の成長率鈍化をもたらすものと思われる。

序　論

　2016年3月、中国全国人民代表大会（全人代）は13次5ヵ年計画（2016-2020）を採択し、2020年までに既存の原子力発電所の発電能力を58ギガワット（GW）に、建設中の原子力発電所の発電能力を30GWに増強する国家目標を設定した。29GWという現在の発電能力（2016年5月現在。国際原子力機関〔IAEA〕原子炉情報システム〔PRIS〕データベースによる）を倍増させるというこの目標は、一見野心的に思える。にもかかわらず、それをより仔細に検討し、背後にある経緯を考察することで、いくぶん違った話が見えてくる。時は遡って2002年、当時作成された原子力拡張に関する中短期計画書の草案によると、中国は2020年までに発電能力を40GWに増強することになっていた。2009年にはこの目標数値が劇的に増加し、同じ期間で70GWへの増強と定められる。高いハードルではあるものの、70GWという目標値は容易に達成できると見込まれていた。たとえば原子力発電所の建設・運営を担う主要な国有企業（SOE）の一つ、中国核工業集団公司（CNNC）の科学・技術部門責任者も、「2020年までに70GWを達成するのはさしたる問題ではないだろう」（Stanway 2009）と述べている。それでは、70GWの能力増強をうたった計画書草案が発表された2009年から、5ヵ年計画の中でそれが58GWに引き下げられた2016年までの間にいったい何があったのだろうか？　本章ではこの下方修正の要因として、2011年3月に発生した福島原発事故を受けて政府が政策を変更するとともに、国民の懸念に対して敏感になっていること、および低成長経済への移行に伴いエネルギーと電力に対する需要の伸びが停滞していることを指摘する。

　原子力発電の数値目標に影響を与える第1の要因は電力需要の増加率である。中国における電力需要は、工業製品の輸出を主体とする経済からサービス部門および国内消費を指向する経済への移行という構造変化が始まったことを受け、横ばいが続いている。この移行はいわゆる「新標準」（Green and Stern 2016; Hu 2015; Levi, Economy, and Rediker 2016）をもたらし、それに伴いエネルギーと電力の需要も減少した。また様々な形態の発電所が生み出す平均電力量も減少してい

る。全体を見ると、2015年度における発電所の稼働時間は前年と比べ349時間短くなっており、とりわけ地熱発電所は410時間の短縮となっている。その一方で各原子力発電所の電力供給時間は平均437時間短くなり、これはあらゆる発電形態の中で最大の短縮幅で（Wong 2016a）、中にはこうした時間短縮を長期的傾向と見る者もいる（Ying 2016）。こうした状況の下、原子力発電の数値目標を急激に増加させる必要性は過去のものとなるだろう。

中国における原子力の目標設定を変化させた第2の要因は福島原発事故であり、中国政府による急速な原子力発電増強計画を即座に押さえ込む効果をもたらした。福島の事故からわずか5日後、中国の最高行政機関である国務院は次のように発表している。

> 原子力の安全規制が認可されるまで、すでに試運転中のものを含む新規原子力発電プロジェクトの認可を一時見合わせる……原子力発電所を建造するにあたり、安全性こそが我々の最優先事項である（Bristow 2011）。

以来、中国政府は安全性の確保に文字通り力を注いでおり、事故リスクの軽減を目的とする運用規則を数多く導入した（その詳細はKing and Ramana 2015に記されている）。さらに、国務院は二つの重要な決定を下している。(1)内陸部における原子炉建造の制限および、(2)新規に建造される原子炉を「第3世代型」に限定したことである。また本章の執筆時点で、国務省は原子力発電の拡充をさらに制限する第3の草案をすでに発表している。つまり全ての原発事業者に対し、新規プロジェクトの推進に先立って地元住民の意見を聴取し、その地域の「社会的安定性」に与える影響についての報告書を提出することを義務づける、というものである。

別の機会（King and Ramana 2015）に論じたが、これらの決定、とりわけ内陸部における新規建設を中止する決定は、中国の経済計画、大気汚染削減計画、企業の経済的関心、原子力に対する国民の反対、そして地方政府の官僚的圧力によって形作られ、かつ異議を唱えられている。より一般的に言えば、原子力に関する中国の選択は、地方政府、および原子力部門を牛耳る国有企業に対する政治権

力が比較的強い同国の統治システムによって形作られているのである（Xu 2008, 2014; Ramana and Saikawa 2011）。福島原発事故を受け、原子力の安全性をより一層確保するという中央政府の決定が将来にわたって維持されるか否かは、これら様々な関係者の相互作用、およびそれぞれの優先順位に左右されるだろう。にもかかわらず、2011年から12年にかけて下された二つの決定こそが、2020年度における原子力増強目標の削減をもたらしたものであると、我々は考える。経済構造の変化が存在しなければ、福島原発事故後に下された決定は一時的な政策変更しかもたらさなかったはずだ。しかし中国のエネルギー需要が根本的に変化したこと、および原子力への国民の反対に政府がますます懸念を抱いていることと合わせ、こうした政策面の変化が中国における原子力発電の将来像を大きく決定づけるものと、我々は予想する。

本章では、まずエネルギー需要増加率の低下と、それが原子力発電の増強目標に与える影響について詳述する。次いで内陸部における原子炉建設の禁止、今後建設される原子炉の種類について国務院が設定した制限、そして江蘇省連雲港市で建設が進められていた核再処理工場が住民の反対を受けて2016年に建設中止を余儀なくされたように、国民の原子力への否定的態度に対する政府の反応が何を意味するかを論じる。そして最後に、我々の主張に関する全般的な結論と、中国における原子力の将来像を形作るであろう政治的闘争を述べて本章を締めくくる。

中国におけるエネルギー需要の本質的変化

中国の経済成長率と成長戦略はここ数年で大きく変化している。2000年から2013年にかけてエネルギー集約型の重工業部門が急速な成長を遂げた後、中国経済はサービスや先端テクノロジーといったエネルギー集約度がより低い部門への移行を始めている（Green and Stern 2016）。これは意図的なものであり、指導層は輸出部門に対する過度の注力をやめ、国内需要を利用する方向に舵を切っている。そうした移行によって、大規模重工業が環境面にもたらす影響を和らげることができるという期待も、その背景にある。またそれに加え、エネルギー効率の

改善も強調されている。一例を挙げると、中国国家能源局（CNEA）は2016年度のエネルギー消費削減目標を国内総生産（GDP）1単位あたり少なくとも3.4パーセントと設定した（Xinhua 2016）。これらの要素はいずれも「新標準」に寄与するものであり、エネルギー消費増加率の低下をもたらしている。2000年から2013年にかけてのエネルギー消費増加率が年平均およそ8パーセントだったのに比べ、2014年のエネルギー総消費は2.2パーセントの増加にとどまっており、2015年はわずか0.5パーセントであった（Green and Stern 2016: 5; China Electricity Council 2016）。さらに、中国経済が鉄鋼およびセメントに代表される重工業部門からますます脱却するのに合わせ、2025年までのエネルギー消費増加率も年あたりわずか1.8パーセントにとどまるものと推計されている（Green and Stern 2016: 10）。また石油・天然ガス企業のエクソンも独自に推計を行なっているが、2025年までの年間エネルギー需要は2.2パーセントの増加にとどまり、「中国のエネルギー需要は2030年頃に頭打ちとなる」と予測している（Groden 2016）。当然、これらの推計はエネルギー需要の増加に関するものであって、都市化の進行といった傾向のために電力需要は高水準を維持する可能性がある。とは言うものの、エネルギー需要の成長率が4分の1に減少したならば、電力需要の成長率もそこまで急激にではないにせよ、それに合わせて低下するのは避けられない。

そうした経済的変化が発電計画に影響を与えるという認識も、徐々にではあるが広まりつつある。国家発展改革委員会（NDRC）の上級リサーチフェローである周大地はこう記す。

> 中国の電力部門で拡大を続ける「新標準」は、産業構造の再編成から生じた需要の低下および出力の縮小によって象徴されている。かつては年間8パーセントもしくはそれ以上の割合で電力消費が増加していたが、現在の状況は大きく異なっている。（Ying 2016にて引用）

アナリストのジャン・リン、カン・フー、そしてアレクサンドリア・ユアン（2016）は20年間にわたるGDPおよび電力消費の地域別データを用い、電力需要の飽和、経済の発展、そしてサービス型経済への移行が進んでいる最も豊かな

地域において、電力消費の頭打ちが顕著であると推測した。3人が用いた各種資料は、電力利用における「新標準的関係」の出現を示唆しており、ゆえに彼らはこう警告する。

> 電力システムの計画策定がこうした新たな傾向に対応するものでなければ、発電能力の過剰な保有に至る可能性が極めて高く、数千億ドルもの投資が座礁資産となるだろう。(Lin, He, and Yuan 2016: 52)

事実、「環境影響評価(EIA)の結果を待つ全ての石炭火力発電プロジェクトが2020年までに操業を開始すれば」、発電能力が電力需要を200GW以上も上回る事態となる(Yuan et al. 2016: 136)。中国では他の分野においても供給過剰が発生しており、これは驚くべきことではない。「ゴーストシティー」と呼ばれるものがその一例である(*Chinadialogue* 2015)。

能力の余剰は均一に分布しているわけでなく、地域ごとにミスマッチの程度が異なっている(電力需給の地域的差異が理由の一部)。そのため特定の地方では原子力発電所による発電量の削減を余儀なくされており、原発事業者が発電量削減を求められた地域として、福建省、海南省、そして最も顕著な例として「中国広核集団の赤鉛江原子力発電所が大幅縮小の危機に直面している」遼寧省が挙げられる(Wong 2016b: 4)。また将来に目を向けると、現在計画中の石炭火力発電所の一部が実際に稼働を開始しただけで、原子力発電所のさらなる拡充に歯止めがかかる状況となり得る。石炭火力発電所と原子力発電所はベースロード電源として競合関係にあると考えられるからである。

中国経済の変容と、低成長・低エネルギー消費型経済への移行は、2002年から11年にかけて打ち出された野心的な原子力発電の増加率目標を達成すべく新規原発の建設を急速に進めなければならない、という中央政府への圧力が大きく緩和されたことを意味しており、その影響はすでに現われている。次節で見る通り、内陸部における原子力発電所の建設再開を求めるにあたり、地方政府と原子力業界が振るうことができる影響力は小さくなっているようだ。

内陸部における原子力発電所の建設禁止と、結果として生じた用地不足

　中国の原子力拡大を制限している重要な要素の一つとして用地の選択が挙げられる。福島原発事故の前、中国は広範囲にわたる原子力発電所の建設計画を有しており、以前から原子炉が存在していた沿岸部だけでなく、内陸部も新たな建設予定地としていた（Du 2010）。しかし福島原発事故の後、国務院が第12次5ヵ年計画の期間中（2011-15）に内陸部で原子炉を建設することを禁ずるなど、中国政府は内陸部における原子力発電所の建設を禁止している。そして中国政府によるこの決定は安全面からの理由によるものであった。原子炉は炉心を冷却するために大量の水を必要とし、冷却水が十分でないと深刻な事故につながる。原子力発電所の建設予定地が内陸にある場合、水源は川や湖だけとなるが、いずれも灌漑や一般家庭用など様々な目的に使われている。ゆえに内陸部の原子力発電所は海岸部に比べ、近くの水源やそれに頼って生きる近隣住民に極めて大きな危険を及ぼす。これから述べるように、2012年に決定がなされて以来、様々な既得権益を持つ者から制限解除の圧力がかけられている。しかし今のところ、中央政府はこうした圧力に耐えており、第13次5ヵ年計画でも内陸部での原子炉建設を少なくとも2020年まで延期することが示されている（Yu 2016b）。

　こうした安全面の懸念は、中国の研究者によって以前から指摘されていた。内陸部における原子炉建設の反対者として名高い何祚庥（He Zuoxiu）は、中国初の原子爆弾開発に関わった経歴を持つ、同国を代表する理論物理学者である。何は水供給問題に対する懸念と、2030年までに中国国内で原発事故の起きる可能性が「極めて高い」（He 2013; Xuyang 2012）という自らの分析結果から、「内陸地方における一切の原子力発電所」の建造に反対している。もう一人の主要人物として、国務院傘下の研究所で政策研究員を務め、安全面の見地から内陸部における原発建設に異議を唱えてきた王亦楠（Wang Yinan）の名が挙げられる（Yu 2016b）。また高名な批判者の中には、原発プロジェクト予定地に接する地方の政府職員も含まれる。それを最もよく表わしているのが江西省で進められている彭沢原子力発電所プロジェクトであり、当初はAP1000原子炉2基の建造が予定さ

れていた（Wang 2009）。

　湖北省咸寧および湖南省桃花江で進められているプロジェクトと合わせ、彭沢原発プロジェクトは2000年代後半に提案された内陸部初の原発建設プロジェクトの一つである。2010年、中国政府の原子力関係者は、これらの場所で年末にも「建設開始の準備が整う」と予測していた（Zheng and Wu 2010）。しかし福島原発事故によって彭沢原発に対する激しい反対運動が起き、隣接する安徽省ではとりわけ反対の声が強かった（Cui 2012）。彭沢原発の建設予定地は、安徽省の農民に不可欠な水を供給している揚子江沿いに存在していたのである（Hook 2012）。2011年7月、安徽省の元政府職員4人が地元政府と中央政府の関連機関に請願を行ない、プロジェクトの認可に関する様々な問題点を挙げて工事の中止を求めた。最終的にこの請願は、建設予定地の下流に位置する安徽省望江県の行政当局に届いた。その結果、望江県はプロジェクトに反対の立場をとり、同プロジェクトが「EIA報告書を改ざんした」と公の場で非難するとともに、人口密度の高さと地震の可能性に関する懸念を表明した。また建設予定地の選定に先立ち隣接する各地域に相談がなかったとして江西省を批判している（Wen 2014）。

　この事例は、原子力発電所の建設予定地を決定する際に利害の対立が発生し得るという、より一般的な問題を指し示している（Aldrich 2008）。つまり、原子力発電所による経済的利益は全てそれが立地している省（江西省）のものとなるが、事故による影響は隣接する各省（安徽省など）にも及ぶ構造になっているのである（Zhu 2014）。

　また中国には、内陸部における建設再開を目指して活発に動く非常に強い勢力が存在している。将来的に原子力発電所が立地する内陸部の省および県政府、そして原発を建設・運営する国有企業などがそれである。こうした勢力を理解するために、福島原発事故以前から原子力発電所の建設が計画されていた内陸部の3ヵ所——湖南省桃花江、湖北省咸寧、そして江西省彭江——における状況を検討してみよう。

　湖南、湖北、江西の各省政府が内陸部における原子力発電所の計画および建設を再開するという意気込みは経済的利益に起因するものである。各省政府はそれぞれのプロジェクトに利害関係を有しており、たとえば湖南省政府が桃花江プロ

ジェクトの5パーセントを直接投資する一方、江西省政府はプロジェクトに投資した地元エネルギー企業を金融支援することで、間接的にプロジェクトの40パーセントを握っている（Yu 2015）。

　また省政府は原子炉の稼働開始によって経済的利益を得る立場にあり、地元国営企業はこのことを必死にアピールしている。一例を挙げると、2014年9月、湖南桃花江原子力発電公司の総経理（社長）を務めるチョン・ヤンクオは記者らに対し、桃花江原発に対する700億元（110億ドル）の投資は湖南省のGDPを1,000億元以上押し上げ、年間150億元もの税収をもたらすだろうと述べている（Zhongguo Jinggong Bao 2014）。こうした主張は、湖南桃花江原子力発電公司、湖南省政府、そして（桃花江原発の建設予定地である）地元の桃江県政府が、内陸部における原子力発電所を容認するよう北京の中央政府に共同で圧力をかけ、またマスメディアなど公の媒体を用い、内陸部の原発がすぐにも完成するという期待を高めることにつながった（Xu 2014:24; Securities Daily 2015）。たとえば2014年9月、桃花江原子力発電公司の総経理は報道陣に対し、「桃花江原子力発電所の予備的作業は予定通り2016年に始まる見込みである」と語っている（Zhongguo Jinggong Bao 2014）。同様に、2015年3月に開催された全人代において、湖南省および湖北省選出の代議員は中央政府に対し、第13次5ヵ年計画の開始に合わせて内陸部における原子力発電所の建設を再開するよう求めるとともに、桃花江、咸寧、彭江の各プロジェクトはすでに建設準備が整っていると主張した（Zhongguo Hedian Wang 2015）。さらに、建設禁止が解かれることを見通して、内陸部で新たな原発予定地が計画されるという予兆もあった。2014年7月には、中国広核集団（CGNPC）が「中国南西部の貴州省で建設が予定されている2ヵ所の原子力発電所に対し、380億元（61億ドル）を投資することに同意した」と報道されている（Xinhua 2014）。だが福島原発事故の発生前に、同省における原発建設計画は存在していない（WNA 2010）。

　省政府と原子力業界はまた、内陸部における原発建設の禁止を解除するよう中央政府に圧力をかける手段として、国務院の発展目標をも利用しようと試みている。これは原発を新規に建設できる場所が沿岸部にほとんどないことを名目としており、ゆえに中国の原子力発電能力を向上させるには内陸部に新たな場所を求

めるしかない、というわけである。商業専門誌の*Nuclear Intelligence Weekly*は2015年に次のように分析している。

> 2012年に国務院が裁可した中長期核開発計画（2011-2020）は、2020年末の時点で稼働中の原子力発電所による発電容量が5万8,000メガワット（MW）、建設中の発電所による発電容量が3万MW、計8万8,000MWの発電容量を有することを打ち出している。これを達成するには、今後6年間で出力1,000MW規模の原子炉を年平均6ないし7基建造する必要があり、その合計はおよそ4万MWになる。沿岸部の建設可能用地がますます少なくなっているため、内陸部の用地も候補に入れなければこれは達成不可能である。事実、2007年に公表された国務院のデータには、原子力発電所の建設用地として40ヵ所がリストアップされているものの、そのうち少なくとも31ヵ所は内陸部に存在しているのである。(Yu 2015)[1]

　結果として、省政府と原子力業界はロビー活動を行なうにあたりこれらの古い目標値を使っている。湖南桃花江原子力発電公司が実施した実現可能性調査の報告書にも、建設可能な場所が限られているため、中央政府の原子力発電目標と、既存および建設中の原子力発電所による発電能力との間に「大きな隔たり」が存在すると記載されている（*Zhongguo Jinggong Bao* 2014）。同様に、2016年3月に開催された中国人民政治協商会議の期間中、CGNPCのトップを務める賀禹は報道陣に対し、中国の経済発展目標を達成するにあたり、既存の原子力発電能力は「いまだに低すぎる」と述べている（L. Wang 2016）。
　こうした強大な圧力と沿岸部における原発建設用地の不足にもかかわらず、中央政府は現在に至るまで内陸部での原発建設禁止を解除していない。2014年12月、国務院はエネルギー開発戦略行動計画（2014-20；以後「行動計画」と記す）

---

[1]　同様の原子力エネルギー目標は、2014年5月にNDRC、能源局、および環境保護部が共同で作成した「大気汚染の防止・抑制を強化するためのエネルギー産業行動計画」に記述されている。

を公表した。この行動計画に関する内部文書は、内陸部での原発建設にはさらなる調査と安全性の証明が必要だとしている (CNEA 2014b)。また行動計画の公表前後になされた各種報道も「中国内陸部の原発建設にはなお多くの議論が存在している」とする一方、CNEA幹部は報道機関に対し、内陸部の原発建設を進めるにあたっては「何度も繰り返し安全性を立証せねばならない」と述べている (CNEA 2014a)。

さらに2016年3月、ヌル・ベクリCNEA局長は天然資源防護協議会 (NRDC) 副議長と共同で発表を行ない、内陸部における原発建設を促進する目的で中央政府の数値目標を使ったとして、各省政府と原子力業界をあからさまに非難した。その中でベクリは、「第13次5ヵ年計画に取り入れられた原子力発電の増強目標 (58GW) を達成するには、沿岸部の原子力発電所で十分だ」と述べている (Xie 2016)。その上で、内陸部における原発建設を「再開する予定はない」と語り、CNEAとしては安全性が「絶対的に保証される」場合にのみ内陸部のプロジェクト再開を勧告するとした (Xie 2016)。こうした異例の厳しい発言——厳密に言えば、安全性の絶対的保証は不可能である——は二つのことを示唆している。第1に、沿岸部以外で原子力発電所を建設するにはいまだ大きな政治的障壁が立ちはだかっていること、そして第2に、NDRCと国務院は低調なエネルギー需要のおかげで、内陸部の建設再開を求める省政府および原子力業界の圧力に、より耐えられること、である。第2の点は、先に論じた石炭火力発電能力の余剰分の地域分布を検討することで裏付けられる。内陸部に位置する二つの地域送電網——北西部送電網と中央部送電網——において、提案中の石炭火力発電所が全て稼働を開始したならば、その合計発電量は4万1,010MWとなり、発電能力の余剰は4万7,300MWとなる (Yuan et al. 2016: 142)。

新型原子炉の設計に関する問題点

国務院が2011年から12年にかけての検討を経て布告した政策変更による第2の制限は、「新規に建設される原子力発電設備は、第3世代技術の安全基準を満たさなければならない」という規制である (Wen 2012)。これが原子力の急速な

拡張に突きつける問題は、第3世代型つまり最新型の原子炉が、中国だけでなく世界各国においてより高額なものとなり、しかも建造により多くの年月を要するようになっているという事実である（Schneider et al. 2015）。

福島原発事故の発生以前、中国政府の原子力部門担当者と政策決定者は、第3世代型原子炉の開発を、中国の原子力部門における主要な技術目標と認識していた。また政府が2005年に公表した「国家中長期科学技術計画（2006-2020）」でも、研究開発が優先的に行なわれる分野として「最先端大規模加圧水型原子炉」の国産化が挙げられている（Mu 2010: 380）。だがこうした目標にもかかわらず、福島原発事故時、中国は第3世代型原子炉技術の国産化をまだ進めている最中だった。2011年当時、中国で建設中だった27基の原子炉は、CNP-600、CPR-1000、AP1000、および欧州加圧水型原子炉（EPR）の各タイプで構成されていた（WNA 2011）。これらの中で中国製のCNP-600とCPR-1000は第2世代に分類されており、ヨーロッパ製およびアメリカ製のモデルに比べ安全性が低いと考えられていた。中央政府はこれを受け、西洋型モデル（この場合はAP1000）の改良型を基に国産の第3世代原子炉を開発すべく、「原子力発電自立プログラム」の策定を命じた。しかし福島原発事故のわずか1年前である2010年、清華大学の科学者2名は「中国は第2世代原子炉の技術を基本的に修得したが、第3世代型の開発に必要とされる研究開発はいまだ不十分である」とした（Zhou and Zhang 2010; 4283、傍点著者）。ゆえに福島原発事故当時、中国に独自の第3世代原子炉を建造できる能力がなかったことは明らかである。

にもかかわらず、中国の原子力業界は国民を安心させるべくすぐさま行動に移り、第3世代型原子炉を土台とする原子力発電の拡大は引き続き安全に行なわれると強調した。一例を挙げると、中国電力投資集団公司の総経理を務めるルー・チーチョウは「大地震に襲われた日本の原子力発電所で用いられている原子炉は

2————2010年の時点で第3世代原子炉に分類されているのは、AP1000、改良型沸騰水型軽水炉（ABWR）、高経済性単純化沸騰水型原子炉（ESBWR）、欧州加圧水型原子炉（EPR）、そしてロシア型加圧水型原子炉（VVER）のみである。このうちESBWRは2010年当時まだ認証を受けていなかった。

第2世代型であり、緊急時に冷却システムを作動させるには予備電源に頼らなければならない」とし、その一方「中国沿岸部で建設中であり、また広大な内陸部でも導入が予定されているAP1000原子炉は第3世代型なので、こうした問題を克服する安全策を備えている」と指摘している（Xinhua 2011）。

　こうした発言は、競争力強化を目指す中国原子力業界による一連の行動につながった。中国は第3世代原子炉を独自に建造できる能力をまだ有していないため、第3世代の技術を活用するには、AP1000をはじめとする西洋型のモデルに頼る必要があった。しかし「第3世代型原子炉技術を……受領するにあたり、外国組織と契約書を交わす」ために必要な政府の許可を得ているのは、国家核電技術有限公司（SNPTC）ただ1社だった（SNPTC 2011）。福島原発事故後の新規原子力発電所では第3世代原子炉のみが稼働を許されると中国国内で予測されたことを受け、SNPTCは2011年5月──事故からわずか2ヵ月後──にウェスティングハウス・エレクトリック社の幹部と会合を持ち、同社製の原子炉が中国の原子力市場を独占することになるだろうと述べた（Li and Tranum 2011）。

　中国の原子力業界におけるライバルたちが、自らの市場シェアを脅かしかねないこうした動きに反応するまで、それほど時間はかからなかった。同国の原子力部門を構成する他の有力2社、すなわちCNNCとCGNPCはただちに独自の原子炉開発を始めることでこれに対処した。両社によると、その原子炉は第3世代型の技術的な要求を満たすものだという。

　2011年11月、CGNPCはACPR1000新型原子炉の「完全な知的財産権」──輸出に必要不可欠な条件──を取得したと発表する。ACPR1000は「第3世代型原子炉テクノロジーの国際標準を満たす」にあたり福島原発事故の教訓を取り入れたと、同社は述べている（Pan 2011）。それから数ヵ月後の2012年1月に開催された第3回アジア原子力サミットでは、CNNCも独自のACP1000原子炉を発

3────各種報道も「中国が原子力技術の安全性により焦点を当てる中、アメリカのウェスティングハウス・エレクトリック社が開発したAP1000第3世代原子炉の技術を、将来建造する原子力発電所に導入する可能性が高い」という印象を広めている（Liu 2011）。

表した（Zhou 2012）。それらに加え、CNNCとCGNPCは華龍1号という第3世代型原子炉を共同で開発し、2014年に国家原子力安全局の認証を受けている（Hore-Lacy 2014）。華龍1号が単一の原子炉なのか、あるいはCNNCとCGNPCがそれぞれ別に設計した2種類の原子炉を同じ名前で呼んでいるのかについては、今も議論が分かれている（Yu 2016a; Thomas 2017）。

　こうした問題にもかかわらず、華龍1号は中国が誇る最先端の原子炉として国外への売り込みが熱心に行なわれており、2015年2月にはCNNCとアルゼンチンとの間で輸出契約が結ばれている（*World Nuclear News* 2015）。また2016年3月、CGNPCとCNNCは海外市場における華龍型原子炉の販売を促進すべく、対等出資で新会社を設立した（*World Nuclear News* 2016）。中国の原子力業界は華龍1号の海外展開をさらに拡大する手段として、習近平国家主席が打ち出した「一帯一路構想」の活用も始めている。2016年3月、CNNCの孫勤総経理は、原子力発電の開発を目指す「一帯一路」地域の40ヵ国以上において、華龍1号が20ないし30パーセントの市場シェアを獲得するという野心的な期待について語った（CNNC 2016）。

　CNNCとCGNPCがこれらの新型原子炉を開発するのに要した時間は、第3世代原子炉の安全基準を本当に満たせるかどうかに関する深刻な問題を提起している。両社が原子炉輸出市場への参入を目指し、福島原発事故以前から第3世代型原子炉の開発を公にしていたのは確かだが、ACPR1000、ACP1000、そして華龍1号の開発に対する真の原動力は、2011年の原発事故後に初めて生じたものである（*World Nuclear News* 2010）。なおウェスティングハウス社のAP1000原子炉は2012年2月にアメリカ国内での建設を認められた（Hargreaves 2012）が、アメリカ原子力規制委員会（NRC）が検査を行なった原設計の修正箇所は19しかない。さらに、AP1000自体がAP600原子炉の修正型であり、NRCはその13年前の1999年に「NRC職員、エネルギー省、電力研究所および支援機関、ウェスティングハウス社およびその下請け企業ならびにパートナー企業による、10年間にわたる数百万ドル規模の努力」を経てAP600に認可を与えていた（Westinghouse Electric Company 2000）。

　中国企業が第3世代型原子炉の開発に比較的短い期間しか要しなかったことは、

これらの中国製モデルが第3世代型と呼ばれているのは名目に過ぎないことを示唆している。事実、これら新型原子炉の開発を追い続けたアナリストたちは、そのいずれも福島原発事故以前から中国で数多く建造されている第2世代原子炉「CPR-1000の拡張版」に過ぎないとしている（Hinze and Zhou）。華龍1号はすでに認可されているが、その設計は「初期段階」にとどまっているという。[4]

中国ではより進化した原子炉（フランスおよびアメリカからの輸入）の建造が行なわれているものの、それに伴い巨額のコスト超過と長期の遅延に悩まされている。台山で建設が進められているEPR1号機と2号機は元来それぞれ「2013年末および2014年秋の稼働開始」を予定しており、フランスのアレヴァ社も「その時点でさらに多くの原子炉建設に取り掛かっている」ものと期待していた（Thibault 2010）が、どちらの望みも叶えられることはなかった。しかし2016年1月、台山1号機で冷態機能試験が実施される（Taishan Nuclear Power Joint Venture Co. 2016）。これは原子炉への燃料装荷前に完了することを義務づけられた使用前検査の一つである。そして同年3月、CGNPCの幹部は台山1号機の稼働開始を2017年と予測した（Chaffee 2016）。

中国は三門および海陽の両原子力発電所で第3世代原子炉AP1000を建造しているが、そのいずれも長期の遅延、巨額のコスト上昇、そして安全に関する問題の発覚など深刻なトラブルに見舞われている（Stanway 2014; Yap and Spegele 2015; Lok-to 2016）。これら原子炉の主たる問題の発生源は、アメリカのカーチス・ライト社が製造した冷却ポンプである。冷却ポンプは原子炉内で水を循環させ、炉心内の核分裂によって生じた熱を運ぶ役割を果たしているが、原子炉冷却ポンプに異常があると安全上重大な結果を引き起こしかねず、中国の原子力関係者も以前から懸念を表明していた。たとえば2013年には、CNNCの元副総経理がこう不満を漏らしている。「我が国の国家指導者は（原子力の安全性に）重点を置いているが、プロジェクトを遂行する各企業は同じ程度の認識を持っていないように思われる」（Ng 2013）。その結果が度重なる遅延だった。2017年1月の時点で4基のAP1000原子炉が年末までの稼働開始を予定していた（*World Nuclear News*

4―――2015年3月9日に送られたC・F・Yuの私信より。

2017）が、その通りになったとしても、AP1000による電力供給は当初の計画から4年も遅れているのである。

　緩慢な建設ペースは原子力発電の目標値を押し下げただけでなく、コストの上昇という結果ももたらした。中国原子力エネルギー局が行なった推計によると、第3世代型原子炉の建造費用（AP1000の場合、1キロワット（kW）あたり2,300ドル）は第2世代型原子炉の建造費用（CPR1000の場合、1kWあたり1,750ドル）に比べてはるかに高いとされる（IEA/NEA 2010: 48）。また最近では、華龍1号の開発副責任者が「華龍1号の建造費目標は……建造数が大規模になった時点で」1kWあたり2,500ドルに上ると予想している。「建造数が大規模になった時点で」という但し書きを入れたのは、初期の建造費用はそれよりはるかに高額で、キロワットあたり2,500ドルという水準があくまで将来の努力目標に過ぎないことをほのめかしている。さらに、他国における原子力発電所の建設を特徴づけているコスト上昇と消極的学習のパターン（Boccard 2014; Grubler 2010; Koomey and Hultman 2007）が中国でも繰り返されれば、キロワットあたり2,500ドルという目標は永遠に達成されないだろう。また別の新聞記事も、華龍1号の建造費用がキロワットあたり3,000ドルに達すると暗にほのめかすことで、第3世代型原子炉のコスト上昇の見通しをさらに裏付けている（Abe 2016）。

　こうした高額の建造費がもたらす影響として、需要の鈍化に直面した中国政府が原子力に代わるより安価なエネルギー源の採用を決める可能性が挙げられる。とりわけ風力および太陽光エネルギーの発電能力は急速な高まりを見せており、コスト低減も顕著である。ゆえに、2000年以降の10年間と比べ、原子力発電の拡大目標はより控えめなものになると予想される。

原子力政策を形作る世論

　中国において原子力発電所の新規建設を妨げている第3の要因は、原発立地に反対する世論の声に対し、政府がますます敏感になっていることである。福島原発事故以降、中国国民は原子力関連施設がもたらすリスクを強く認識するようになった。福島原子力発電所に最も近い江蘇省連雲港市の田湾原子力発電所の近隣

住民を対象に、2008年8月と2011年3月〜4月の2度にわたって実施された調査の結果、原子力発電所に対する支持は劇的に減少した（Huang et al. 2013）。「我が国は原子力発電を活用すべきである」という設問に賛成だった回答者の割合は68パーセントから32パーセントへ減少しており、「原子力発電所の数を直ちに増やすべきである」という設問についても、賛成した回答者の割合は40パーセントから17パーセントに減少していた。また「我が町」に原子力発電所を建設することに賛成だった回答者の割合が23パーセントから8パーセントに減る一方、「どちらとも言えない」と答えた者の割合も64パーセントから38パーセントに減っている。それとは対照的に、反対する者の割合は13パーセントから54パーセントに増加した。また調査の結果、原子力発電がもたらす利益への理解と、政府に対する国民の信頼が大きく減少する一方、原子力発電に関する知識が大幅に増えたことも判明している。

　他の地域で行なわれた同様の調査も、原子力の安全性と原発事故に対する国民の懸念が高い水準にあることを示している（Sun, Zhu, and Meng 2016）。また中国は、福島原発事故の前後における原発容認度の差異が世界で5番目に大きい国となっている（Kim, Kim and Kim 2013）。ある世論調査では回答者のうちの半数以上が、自宅と原子力発電所との距離が80キロメートル以上あれば安全だと答えた（He et al. 2014）。

　福島原発事故以降、中国における原発反対の声はますます高まりを見せている（Buckley 2015; Lok-to 2016）。とりわけ2016年8月には、連雲港市で市民による大規模な反対運動が発生した。連雲港は他の5ヵ所とともに、CNNCが1,000億元（150億ドル）の資金を投じ、フランス企業アレヴァの技術を用いて核再処理施設を建造する候補地とされていた（Green 2016）。週末にあたる2016年8月6日から7日にかけ、建設計画に反対する数千の市民が集まり、彼らはより大きな国民の支持を得ようとWeChatといった中国版ソーシャルメディアを広範囲に活用した（Liu 2016）。参加者は原子力全般に反対するだけでなく、福島原発事故と連雲港市を関連づけ、「地震活動が活発な地域」に放射性物質を貯蔵することは不適切で危険だと主張した（Green 2016: 4）。さらに、我が町に再処理施設を建設する政府の決定には透明性が欠けていると、彼らは苛立ちを募らせている。サウス・チ

ャイナ・モーニング・ポスト紙の記事によると、地元住民が再処理施設の立地を知ったのは、国家国防科技工業局が新聞発表を行なった後のことだという（Li 2016）。ある住民はこう語る。「政府はこのプロジェクトを秘密にした。国民がそれを知ったのはつい最近のことだ。だからほとんどの人が心配しているんだよ」（Hornby and Lin 2016）。

　再処理施設の立地に関する最終決定はまだ下されていないと、連雲港市当局が市民を安心させようとしたにもかかわらず、抗議運動は8月8日から9日にかけて続いた。そして翌10日、市当局は劇的な政策転換を行ない、「核燃料リサイクルプロジェクトの用地選定に関わる予備作業を延期する」と発表する（Li 2016）。それと同時に当局は反核運動のさらなる拡大を押しとどめる措置を強化した。連雲港市で予定されていた抗議運動の「噂を撒き散らした容疑」で少なくとも一人を逮捕すると同時に、港を運営する連雲港港口有限集団公司の労働者に対し、「噂を信じない」「噂を広めない」および「違法な集会に参加しない」ことを誓約する文書に署名させた（Henochowicz 2016）。

　中央政府も連雲港の動静に注目した。8月11日、政府当局は検閲指示を発令し、「連雲港核廃棄物プロジェクトの延期決定を注意深く歓迎する」と題した捜狐メディアグループの記事を削除し、かつ転載しないよう、各報道機関に命じた。捜狐の記事は原子力プロジェクトにまつわる政府の透明性の欠如を批判し、プロジェクトの延期決定を「正しい反応」と評価するとともに、「核廃棄物に反対する国民の声を過小評価」しないよう政府に警告する内容だった（Wade 2016）。

　連雲港プロジェクトの停止決定は、計画中の原子力関連施設が国民の反対を受けて中断に追い込まれた最初の例というわけではない。それ以前にも、山東省乳山の紅石頂原子力発電所、広東省江門市の核燃料サイクル工場、そして福建省の恵安原子力発電所プロジェクトが中止されている（Sheng 2014）。

　中国におけるこれら将来の原子力プロジェクトが中止された以上に大きな意味を持つ出来事として、国務院法制弁公室が2016年9月に「原子力発電管理規則（原電管理条例）」の改正案を発表し、新規原子力プロジェクトの用地選定にあたり世論を考慮に入れるよう初めて事業者に求めたことが挙げられる。この改正案が発表されたのは連雲港における抗議運動の直後であり、「日本の福島で発生し

た原発事故は、原子力の安全性に関する疑問を再び国民の間に引き起こし、また不安と反対の感情が時々生じる原因ともなった」と法制弁公室は記している（Stanway 2016）。NDRCとCNEAによって起草された改正案は事業者に対し、全ての新規原子力プロジェクトについてそれが「社会安定性」に与える影響を省政府と共同で評価するとともに、公聴会を通じて広く世論を吸い上げるよう命じている。それに加え、改正案は国民が原子力発電に関する政府の情報を閲覧できる権利を有しているとした（J. Wang 2016; Stanway）。そしてこの改正案は最終的に「原子力プロジェクトの建設および監視に国民がより深く関与できる」ことが目的であると、国務院は主張したのである（Stanway 2016）。

　この規則改正案は、再処理施設計画を中断させた連雲港市当局の決断と合わせ、中国における将来の原子力発電所計画において世論が第3の重要な制約要因になったことを示している。原子力発電に対する国民的な反対の高まりが全国規模の反体制運動を引き起こすのではないかと、中央政府と地方政府は懸念を募らせている。こうした懸念に対し、中央および地方政府の当局者たちは検閲、拘束、労働者の弾圧といった従来の方法を用いる一方、国民の懸念に一定の譲歩を示した。連雲港再処理施設プロジェクトの延期、原子力政策の意思決定における透明性の確保と国民参加の強化を目的とした規則改正がその例である。本章を執筆している時点で、実際に中国国民が意思決定過程により深く関われるかどうかを判断するのは時期尚早である。しかし連雲港市当局と国務院が見せた素早い対応は、政府が世論に敏感になっていることを如実に物語っている。福島原発事故後における中国国内の反核感情の高まりから判断して、世論はこれからも原子力発電の拡充を妨げる要因となるだろう。

結　論

　中国における原子力発電の将来像は、もはやこれまでのものとは異なっている。10年前、中国は原子力発電に関する極めて野心的な目標を設定し、それを達成した上、さらに野心的な目標を定めるという評判を得ていた。しかしそれは今や過去のものである。経済が本質的に変化した結果、エネルギー需要の増加率は著

しく減少した。それがあまりに急激だったため、中国は現在過剰な発電能力を抱えている。その結果、多くの発電所において稼働時間が以前よりも短縮された（前述の通り）。にもかかわらず、体制が抱える惰性的な性質により、原子力発電所を含むさらに多くの発電所が今後数年間で稼働を開始する。ゆえに、電力需要と発電能力の不一致はこれからさらに深刻さを増すと予想される。結果として、原子力発電の成長率も下がることが予想されるのである。

　中国国内におけるこうした変化は、原子力事業者や製造業者を原子炉の輸出へと突き動かす役割を果たした。とりわけこれら事業者が目標としているのは西ヨーロッパ市場への参入——イギリスのヒンクリー・ポイントC原発がその一例——であり、巨額の投資をもってそれを行なおうとしている。ある面から見れば、これは中国原子力産業の成熟と技術的能力の向上を示すものと言えよう。しかしそれとは異なる点から見てみると、国内市場の成長率鈍化に対する反応であるとも考えられる。ゆえに原子炉の輸出は、さらなる建造を続ける手段となったのである。しかし輸出市場への参入は容易なことでなく、とりわけ安全面で問題なく稼働する原子炉を中国が供給できるか否かについて数多くの疑問が残っている（Thomas 2017）。また中国は国外で原子力事業を行なった経験がほとんどない。ヒンクリー・ポイントC原発に対する投資はこうした懸念の一掃が目的であり、その実行には中国の経済的影響力が行使されている。その結果、イギリスは見返りとしてブラッドウェル原発における中国製原子炉の導入を認めるのではないかという観測がなされた。

　それに対する第1の反論として、中国は化石燃料とりわけ石炭への依存を減らす途上にあり、その手段として老朽化した石炭火力発電所を閉鎖し、再生可能エネルギーや原子力など、化石燃料を使わない新たな発電所の需要を生み出している、というものが挙げられよう。それは確かに間違いないが、本章の前半の記述は、原子力発電所に内在する制約——長期の建設期間、巨額の費用、原子炉設計の輸入にまつわる諸問題、そして何より、沿岸部における原発用地の不足——のため、化石燃料発電所は原子炉でなく再生可能エネルギー——風力および太陽光発電——の施設によって置き換えられる可能性が高いことを示唆している。

　第2の反論として、原子力エネルギーはベースロード電源とみなされているが、

太陽光や風力ではこのような機能を果たすことができない、というものがある。再生可能な電力源と原子力との間には重要な違いがいくつもあるが、中国経済の構造変化、およびエネルギーを大量に消費する製造業——鉄鋼業およびセメント業など[5]——からの脱却が進んだ結果、こうした主張は説得力を失いつつある。中国における電力需要のパターンを支配しているのは、産業面のエネルギー需要なのである。

　本論は示唆的なものであって断定的なものではないと、ここに改めて強調する。内陸部における原発建設を支持する勢力と、そうした動きに反対する勢力との間の政治的な権力バランスが変化し、新規原発の立地に関する制約が取り払われる可能性も当然ながら存在する。しかし現状を見ると、そうなる可能性は低い。内陸部での原発建設を支持する勢力が、エネルギー需要の低成長時代を迎える前に反対派を屈服させることができないとすれば、エネルギー需要の成長率がますます低くなり、かつ原発建設に地元住民が反対の声を上げるという状況の下、彼らの勝利の可能性はますます低くなる。

　こうした事態の推移や変化が意味するのは、中国が原子力から脱却しつつあるということではない。しかしこれまでの想定とは対照的に、中国が世界的な原子力拡充の推進力となる可能性もまた低いのである。

〔献辞〕

　本章は先行研究（King and Ramana 2015）の一部を土台にしているが、構成と論旨は完全に変えている。また2014年8月12日から14日にかけてキャンベラのオーストラリア国立大学で開催されたワークショップ「東アジアにおける原子力：費用と効用」に筆者らを招待し、本書の草稿に貴重な論評を加えたピーター・ヴァン・ネスに感謝したい。さらに、

---

5 ベースロード電源の重要性が失われつつある事実は、各国で実施された様々な研究調査によって実証されている。イギリスの例を挙げると、「英国における現在の電力需要パターンの下、同国の電力システムが、風力によって生み出される電力の平均およそ30パーセント、および太陽電池による電力の平均10パーセントを確保すれば、ベースロード電源の必要性は消滅する」ということが研究によって明らかにされている（Smith and Grubb 2016: 3、傍点は原文より）。

価値ある意見を送ってくれたウェイ・ペン、ビル・スウィート、スティーヴン・トーマス、C・F・イー、そしてデレク・アボットの各氏にも深い感謝の気持ちを捧げたい。

〔参考文献〕

Abe, Tetsuya, 2016. China nuclear industry: State-owned enterprises eye overseas power projects. *Nikkei Asian Review*, 5 January. asia.nikkei. com/Business/Deals/State-owned-enterprises-eye-overseas-power- projects (accessed 23 January 2017).

Aldrich, Daniel P., 2008. *Site Fights: Divisive Facilities and Civil Society in Japan and the West*. Ithaca, NY: Cornell University Press.

Boccard, Nicolas, 2014. The cost of nuclear electricity: France after Fukushima. *Energy Policy* 66(March): 450–61. doi.org/10.1016/j. enpol.2013.11.037

Bristow, Michael, 2011. China suspends nuclear building plans. BBC News, 17 March. www.bbc. co.uk/news/world-asia-pacific-12769392 (accessed 31 January 2017).

Buckley, Chris, 2015. China's nuclear vision collides with villagers' fears. *New York Times*, 21 November.

Chaffee, Phil, 2016. EDF faces British frustrations on Hinkley. *Nuclear Intelligence Weekly*, 24 March.

Chinadialogue, 2015. New 'ghost cities' typify out-of-control planning. 15 October. www. chinadialogue.net/article/show/single/en/8239-New- ghost-cities-typify-out-of-control-planning (accessed 23 January 2017).

China Electricity Council, 2016. Press release, 3 February. www.cec.org. cn/yaowenkuaidi/2016-02-03/148763.html (accessed 2 June 2016).

CNEA (China National Energy Administration), 2014a. Woguo Hedian Zhuangji Liang 2020nian Mubiao Bubian [No change in China's nuclear installation targets for 2020]. First published in Yicai. com, 20 November. www.china-nea.cn/html/2014-11/31338.html (accessed 23 January 2017).

CNEA (China National Energy Administration), 2014b. Guowuyuan Bangongting Guanyu Yinfa Nengyuan Fazhan Zhanlue Xingdong Jihua (2014nian-2020nian) de Tongzhi [State Council General Office circular concerning the publication of the Energy Development Strategy Action Plan (2014–2020)]. 3 December. www.nea.gov.cn/ 2014-12/03/c_133830458.htm (accessed 23 January 2017).

CNNC (China National Nuclear Corporation), 2016. Sun Qin Daibiao Tan: Zhan Zai Qianyan Lingyu Yinling He Gongye Fazhan [Talks with representative Sun Qin: At the forefront of the development of nuclear industry]. 1 March. www.cnnc.com.cn/publish/portal0/ tab664/info97004.htm (accessed 23 January 2017).

Cui, Zheng, 2012. Ex-officials battle plan to build nuclear plants. *Caixin Online*, 9 March. www.

chinafile.com/reporting-opinion/ caixin-media/ex-officials-battle-plan-build-nuclear-plants (accessed 30 August 2017).

Du, Fenglei, 2010. Site selection for nuclear power plants in China. Presentation to Common Challenges on Site Selection for Nuclear Power Plants. Technical meeting. Vienna: International Atomic Energy Agency, 6–9 July.

Green, Fergus, and Nicholas Stern, 2016. China's changing economy: Implications for its carbon dioxide emissions. *Climate Policy* 16 March (online): 1–20.

Green, Jim, 2016. Protests against proposed reprocessing plant in China. *Nuclear Monitor* 829(August): 4–7.

Groden, Claire, 2016. Exxon cuts China energy demand growth forecast. *Fortune*, 26 January. fortune.com/2016/01/26/china-energy-demand/ (accessed 23 January 2017).

Grubler, Arnulf, 2010. The costs of the French nuclear scale-up: A case of negative learning by doing. *Energy Policy* 38(9): 5174–88. doi. org/10.1016/j.enpol.2010.05.003

Hargreaves, Steve, 2012. First new nuclear reactors ok'd in over 30 years. *CNNMoney*, 9 February. money.cnn.com/2012/02/09/news/ economy/nuclear_reactors/index.htm (accessed 23 January 2017).

He, Guizhen, Arthur P. J. Mol, Lei Zhang, and Yonglong Lu, 2014. Nuclear power in China after Fukushima: Understanding public knowledge, attitudes, and trust. *Journal of Risk Research* 17(4): 435– 51. doi.org/10.1080/13669877.2012.726251

He, Zuoxiu, 2013. Chinese nuclear disaster 'highly probable' by 2030. *Chinadialogue*, 19 March. www.chinadialogue.net/article/show/single/ en/5808-Chinese-nuclear-disaster-highly-probable-by-2-3- (accessed 23 January 2017).

Henochowicz, Anne, 2016. Workers must pledge not to protest nuclear waste plant. *China Digital Times*, 16 August. chinadigitaltimes. net/2016/08/workers-pressed-pledge-nuclear-waste-plant-protest/ (accessed 23 January 2017).

Hinze, Jonathan, and Yun Zhou, 2012. China's commercial reactors. *Nuclear Engineering International*, February. belfercenter.ksg.harvard .edu /publication/21789/chinas_commercial_ reactors. html? bread crumb=%2Fexperts%2F2342%2Fjonathan_hinze (accessed 23 January 2017).

Hook, Leslie, 2012. China nuclear protest builds steam. *Financial Times*, 28 February.

Hore-Lacy, Ian, 2014. China's new nuclear baby. *World Nuclear News*, 2 September. www.world-nuclear-news.org/E-Chinas-new-nuclear- baby-0209141.html (accessed 23 January 2017).

Hornby, Lucy, and Luna Lin, 2016. China protest against nuclear waste plant. *Financial Times*, 7 August.

Hu, Angang, 2015. Embracing China's 'new normal'. *Foreign Affairs*, May/June. www.foreignaffairs. com/articles/china/2015-04-20/embracing- chinas-new-normal (accessed 23 January 2017).

Huang, Lei, Ying Zhou, Yuting Han, James K. Hammitt, Jun Bi, and Yang Liu, 2013. Effect of the

Fukushima nuclear accident on the risk perception of residents near a nuclear power plant in China. *Proceedings of the National Academy of Sciences* 110(49): 19742–7. doi. org/10.1073/pnas.1313825110

IEA (International Energy Agency)/NEA (Nuclear Energy Agency), 2010. *Projected Costs of Generating Electricity*. Paris: Nuclear Energy Agency, OECD.

Kim, Younghwan, Minki Kim, and Wonjoon Kim, 2013. Effect of the Fukushima nuclear disaster on global public acceptance of nuclear energy. *Energy Policy* 61: 822–8. doi.org/10.1016/j.enpol.2013.06.107

King, Amy, and M. V. Ramana, 2015. The China syndrome? Nuclear power growth and safety after Fukushima. *Asian Perspective* 39(4): 607–36.

Koomey, Jonathan, and Nathan E. Hultman, 2007. A reactor-level analysis of busbar costs for US nuclear plants, 1970–2005. *Energy Policy* 35: 5630–42. doi.org/10.1016/j.enpol.2007.06.005

Levi, Michael A., Elizabeth Economy, and Douglas Rediker, 2016. Can the world adjust to China's 'new normal'? *World Economic Forum*, 10 February. www.weforum.org/agenda/2016/02/can-the-world-adjust- to-china-s-new-normal/ (accessed 23 January 2017).

Li, Jing, 2016. Nuclear fuel plant on hold in eastern China after thousands protest. *South China Morning Post*, 10 August. www.scmp.com/print/ news/china/policies-politics/article/2001726/nuclear-plant-scheme- halted-eastern-china-after (accessed 23 January 2017).

Li, Zhen, and Sam Tranum, 2011. Candris says Fukushima will help AP1000 in China. *Nuclear Intelligence Weekly*, 16 May.

Lin, Jiang, Gang He, and Alexandria Yuan, 2016. Economic rebalancing and electricity demand in China. *The Electricity Journal* 29(3): 48–54. doi.org/10.1016/j.tej.2016.03.010

Liu, Wen Xin (Cindy), 2016. City suspends nuclear project after thousands protest. *China Digital Times*, 11 August. chinadigitaltimes. net/2016/08/city-suspends-nuclear-project-thousands-protest/ (accessed 23 January 2017).

Liu, Yiyu, 2011. New nuclear plants may get green light soon. *China Daily*, 12 August. www.chinadaily.com.cn/cndy/2011-08/12/content_ 13097545.htm (accessed 23 January 2017).

Lok-to, Wong, 2016. Safety fears cause concern amid delays to China's Taishan nuclear plant. *Radio Free Asia*, 7 March. www.rfa.org/english/ news/china/safety-03072016114147.html (accessed 23 January 2017).

Mu, Rongping, 2010. China. In *UNESCO Science Report 2010: The Current Status of Science Around the World*, 379–99. Paris: United Nations Educational, Scientific and Cultural Organization.

Ng, Eric, 2013. China nuclear plant delay raises safety concern. *South China Morning Post*, 7 October.

Pan, Wang, 2011. China rolls out new homegrown nuclear reactor. *People's Daily Online*, 18 November. en.people.cn/202936/7649438. html (accessed 23 January 2017).

Ramana, M. V., and Eri Saikawa, 2011. Choosing a standard reactor: International competition and domestic politics in Chinese nuclear policy. *Energy* 36(12): 6779–89. doi.org/10.1016/j.energy.2011.10.022

Schneider, Mycle, and Antony Froggatt, with Julie Hazemann, Tadahiro Katsuta, M. V. Ramana, and Steve Thomas, 2015. *The World Nuclear Industry Status Report 2015*. Paris: Mycle Schneider Consulting Project.

Securities Daily [Zhengquan Ribao], 2015. Shanghai Dianli Zhengshi Zhong Dian Tou Jituan Yu Guojia Hedian Jishu Gongsi Jiang Chongzu [Shanghai Electric Power confirms restructure of the CLP [China Power Investment] Group and the National State Nuclear Power Technology Corp]. East Money.com, 3 February. finance.eastmoney.com/news/1349,20150203474 829119.html (accessed 23 January 2017).

Sheng, Chunhong, 2014. A look at anti-nuclear protests in China. *Nuclear Intelligence Weekly*, 11 April.

Smith, Andrew Z. P., and Michael Grubb, 2016. Hinkley Point C and other third-generation nuclear in the context of the UK's future energy system. CEE Briefing Note 20160915 AZPS1. London: RCUK Centre for Energy Epidemiology, University College London.

SNPTC (State Nuclear Power Technology Corporation), 2011. *Introduction of State Nuclear Power Technology Corporation*. Vol. 2011. 22 January. Beijing: State Nuclear Power Technology Corporation.

Stanway, David, 2009. China struggles to fuel its nuclear energy boom. Reuters, 10 December. www.reuters.com/article/2009/12/10/uranium- china-nuclear-idUSPEK20761020091210 (accessed 23 January 2017).

Stanway, David, 2014. China says first Westinghouse reactor delayed until at least end-2015. Reuters, 18 July. www.reuters.com/ article/2014/07/18/china-nuclear-ap-idUSL4N0 PT0T820140718 (accessed 23 January 2017).

Stanway, David, 2016. China nuclear developers must seek public consent: Draft rules. Reuters, 20 September. www.reuters.com/article/ us-china-nuclear-safety-idUSKCN11Q18K (accessed 23 January 2017).

Sun, Chuanwang, Xiting Zhu, and Xiaochun Meng, 2016. Post- Fukushima public acceptance on resuming the nuclear power program in China. *Renewable and Sustainable Energy Reviews* 62: 685–94. doi. org/10.1016/j.rser.2016.05.041

Taishan Nuclear Power Joint Venture Co., 2016. Taishan Unit 1 CFT completed successfully. 1 February. en.tnpjvc.com.cn/n1623/n1624/ c1235803/content.html (accessed 23 January 2017).

Thibault, Harold, 2010. Construction schedule on Chinese third- generation nuclear plants races ahead of European models. *Guardian*, 28 December.

Thomas, Steve, 2017. China's nuclear export drive: Trojan Horse or Marshall Plan? *Energy Policy* 101: 683–91. doi.org/10.1016/j. enpol.2016.09.038

US NRC (Nuclear Regulatory Commission), 2011. AP1000 Design Certification Amendment. *Federal Register*, 30 December. www. federalregister.gov/articles/2011/12/30/2011-33266/ ap1000-design- certification-amendment#h-13 (accessed 23 January 2017).

Wade, Samuel, 2016. Minitrue: Delete article on nuclear project suspension. *China Digital Times*, 11 August. chinadigitaltimes.net/ 2016/08/minitrue-delete-article-lianyungang-nuclear-suspension/ (accessed 23 January 2017).

Wang, Jiayuan, 2016. Liang Bumen Ni Guiding: Hedianchang Xuanzhi Deng Shixiang Ying Zhengqiu Gongzhong Yijiang [Two departments draft rules: Must seek public opinion on nuclear power plant site selection]. *Sina*, 19 September. finance.sina.com.cn/ china/2016-09-19/ doc-ifxvyqwa3505314.shtml (accessed 23 January 2017).

Wang, Lu, 2016. Neilu Fazhan Hedian Yuqi Shengwen Nengyuan Ju Huiying: Chongqi Wu Shijian Biao [Inland nuclear power development expected to heat up energy agency response: No restart schedule]. *Jingji Cankao Bao* [Economic Information Daily], 7 March. news.xinhuanet. com/fortune/2016-03/07/c_128778398.htm (accessed 23 January 2017).

Wang, Qiang, 2009. China needing a cautious approach to nuclear power strategy. *Energy Policy* 37(7): 2487–91. doi.org/10.1016/j. enpol.2009.03.033

Wen, Bo, 2014. Inland provinces: Nuclear at crossroads. *China Water Risk*, 13 August. chinawaterrisk.org/opinions/inland-provinces- nuclear-power-at-crossroads/ (accessed 23 January 2017).

Wen, Jiabao, 2012. Wen Jiabao Zhuchi Zhaokai Guowuyuan Changwu Huiyi [Wen Jiabao chairs executive meeting of the State Council]. Central People's Government of the People's Republic of China website, 24 October. www.gov.cn/ldhd/2012-10/24/content_2250357. htm (accessed 23 January 2017).

Westinghouse Electric Company, 2000. Westinghouse AP600 receives design certification from US NRC; Company to aggressively market advanced/passive reactor throughout the world; Technology offers improved safety features. health.phys.iit.edu/extended_archive/0001/ msg00154.html (accessed 4 September 2017).

WNA (World Nuclear Association), 2010. Nuclear power in China. London: World Nuclear Association.

WNA (World Nuclear Association), 2011. Nuclear power in China. London: World Nuclear Association.

Wong, Kimfeng, 2016a. Coal loses more market share to nuclear, renewables. *Nuclear Intelligence Weekly*, 19 February.

Wong, Kimfeng, 2016b. A radical solution to loosen coal's grip. *Nuclear Intelligence Weekly*, 5 August.

World Nuclear News, 2010. China prepares to export reactors. 25 November.

World Nuclear News, 2015. Hualong One selected for Argentina. 5 February.

World Nuclear News, 2016. Hualong One joint venture officially launched. 17 March.

World Nuclear News, 2017. Construction milestones at new Chinese units. 5 January. www.worldnuclear-news.org/NN-Construction-milestones- at-new-Chinese-units-0501175.html (accessed 6 February 2017).

Xie, Wei, 2016. Guojia Dian Tou Dongshi Zhang Wang Binghua: Neilu Hedian Yao Jian, Dan Yao Bawo Shiji [State Power Investment Chairman Wang Binghua: We must build inland nuclear power, but we must grasp the opportune moment]. *Zhongguo Jingji Zhoukan* [China Economic Weekly], 14 March. www.ceweekly.cn/2016/0314/144250. shtml (accessed 23 January 2017).

Xinhua, 2011. China not to change plan for nuclear power projects: Government. 12 March. news. xinhuanet.com/english2010/china/2011- 03/12/c_13774519.htm (accessed 31 January 2017).

Xinhua, 2014. CGN invests $6b on nuclear power in Guizhou. *China Daily,* 14 July. www. chinadaily.com.cn/china/2014-07/11/ content_17736464.htm (accessed 23 January 2017).

Xinhua, 2016. China sets energy use target for 2016. 1 April. news.xinhuanet.com/english/2016-04/01/c_135244392.htm (accessed 23 January 2017).

Xu, Yi-Chong, 2008. Nuclear energy in China: Contested regimes. *Energy* 33(8): 1197–205. doi. org/10.1016/j.energy.2008.03.006

Xu, Yi-Chong, 2014. The struggle for safe nuclear expansion in China. *Energy Policy* 73: 21–9. doi. org/10.1016/j.enpol.2014.05.045

Xuyang, Jingjing, 2012. Not in my backyard. *Global Times,* 17 February. en.people. cn/90882/7731890.html (accessed 23 January 2017).

Yap, Chuin-Wei, and Brian Spegele, 2015. China's first advanced nuclear reactor faces more delays. *Wall Street Journal,* 15 January.

Ying, Li, 2016. China's power sector and the economic 'new normal'. *Chinadialogue,* 25 January. www.chinadialogue.net/article/show/ single/en/8558-China-s-power-sector-and-the-economic-new-normal- (accessed 23 January 2017).

Yu, C. F., 2015. Inland nuclear developers await policy change. *Nuclear Intelligence Weekly,* 2 January.

Yu, C. F., 2016a. CNNC and CGN launch Hualong JV. *Nuclear Intelligence Weekly,* 8 January.

Yu, C. F., 2016b. Construction on inland plants unlikely before 2020. *Nuclear Intelligence Weekly,* 1 April.

Yuan, Jiahai, Peng Li, Yang Wang, Qian Liu, Xinyi Shen, Kai Zhang, and Liansai Dong, 2016. Coal power overcapacity and investment bubble in China during 2015–2020. *Energy Policy* 97: 136–44. doi. org/10.1016/j.enpol.2016.07.009

Zheng, Xiaoyi, and Qi Wu, 2010. China advances in independently tapping nuclear power. Xinhua, 18 February. old.csr-china.net/en/ second.aspx?nodeid=ddd0b45c-b7c4-4947-b2e3-e20374708733&pa ge=contentpage&contentid=23c48153-ebb7-4af5-855e-fff6e8ec4b67 (accessed 11 September 2017).

Zhongguo Hedian Wang, 2015. Hunan, Hubei Huyu Chongqi Neilu Hedian Xiangmu Anquan Xing

Rengyou Zhengyi [Hunan, Hubei call for the restarting of inland nuclear power projects – Safety still controversial]. ChinaPower.com, 16 March. np.chinapower.com.cn/ 201503/16/0044739.html (accessed 23 January 2017).

Zhongguo Jinggong Bao, 2014. Xiang E Gan Li Tui Hedian Neilu 'shou He' 2016 Nian Huo Kaizha' [Hunan Hubei Jiangxi push to open the 'first nuclear' inland power station, probably in 2016]. 9 September. www.heneng.net.cn/index.php?mod=news&action=show&article_id=31982&category_id=9 (accessed 23 January 2017).

Zhou, Sheng, and Xiliang Zhang, 2010. Nuclear energy development in China: A study of opportunities and challenges. *Energy* 35(11): 4282–8. doi.org/10.1016/j.energy.2009.04.020

Zhou, Yun, 2012. China's nuclear energy industry, one year after Fukushima. Policy Brief, Belfer Center's Technology and Policy Blog, 5 March.

Zhu, Yue, 2014. China's nuclear expansion threatened by public unease. *Chinadialogue*, 23 September. www.chinadialogue.net/article/show/ single/en/7336-Chinese-protesters-threaten-nuclear-expansion (accessed 23 January 2017).

第5章

韓国原子力産業の政策と慣行への反対運動

ローレン・リチャードソン

要 旨

　2011年3月（3.11）に日本を襲った一大危機は、反核運動が世界中で再燃する契機となった。それは日本に最も近く、福島からの放射性降下物が観測された韓国も例外ではない。本章では、3.11後に政府が下した原子力エネルギー生産の拡大決定に対し、韓国の反原発運動が一見無力だった理由を検証する。韓国における反原発運動の限界は、エネルギー政策の意思決定が高度に不透明化されていること、政府の掲げる「グリーン成長戦略」に原子力が組み込まれていること、そして反原発運動の戦略に不十分な点があることに起因する。こうした阻害要因にもかかわらず、反原発運動は原子力業界に最近及んだ国内的な衝撃を見事に利用し、韓国政府の原子力エネルギー目標をわずかではあるが削減させるという、大きな結果を生み出したのである。

序　論

　2011年3月（3.11）に日本の北東部を襲った大地震と、その後福島第1原子力発電所で発生したメルトダウンは、世界の原子力業界に大きな影響を与えた。震災直後、ドイツやスイスなど遠く離れた諸国さえも、原子力エネルギー計画の完全な停止を選択した。被災地により近い台湾では政府主導で段階的な脱原発が進められており、同国で4番目となる原子力発電所の建設計画も中断された。これらの政策転換は、福島の危機を受けて発生した全国的な反原発運動によって引き起こされたものである。しかし、いささか意外なことに、日本に最も近い韓国は全く逆の反応を見せた。福島からの放射性降下物が自国の領域にまで達したにもかかわらず（Hong et al. 2012参照）、韓国政府は3.11以降も原子力エネルギー計画を加速させ、原子力技術の輸出大国となる計画を推し進めたのである。事実、李明博大統領は震災からわずか数ヵ月後、国内の原子炉を倍増させるという政権がそれまで掲げてきた目標を繰り返すとともに、原子力技術は引き続き重要な輸出分野であると強調した。

　この反応はいくつもの点で不可解であった。はじめに、ドイツやスイス、台湾と同じく、韓国の反原発運動も福島原発事故を受けて前例のない規模に拡大したが、表向きはまったく成果を挙げていない。反原発運動の高まりは原子炉の安全性に対する国民の信頼が揺らいだためであることは明白であり、運動家たちは原子力エネルギー政策に大きな課題を突きつけている。さらに、長きにわたって国家を支配した独裁政権が1980年代後半に終焉を迎えた後、韓国の市民社会は様々な政策分野に強い影響力を及ぼすようになっているが、原子力の発電能力を増強するという政府の決定の前に、運動家たちは無力に思われる。福島原発事故が起きた年、韓国の市民団体が日韓で検討されていた防衛協定を中止に追い込んだこと、および「元慰安婦」らが外交部に対し、より強い姿勢で日本政府との外交交渉に臨むよう圧力をかけたこと——いずれも政治的影響力をふるった多くの例のうちの二つに過ぎない——を考えれば、これはやや不可思議に思える。

　ならば、韓国の反原発運動が原子力政策に関する政府の決定を覆せなかったの

はなぜなのか？　表向き成果を挙げていないのは、韓国の原子力エネルギー政策に運動が影響力を有していないからなのか？　その力を妨げている要因は一体何か？　本章では、韓国の原子力エネルギー産業が1980年台後半から2016年にかけて維持してきた政策および慣行を変えようとする反原発運動の分析を通じ、これらの疑問に対する解答を求める。反原発運動が直面している課題の一部は、韓国における原子力エネルギーの構造的発展から生じたものであり、本章ではまずこのプロセスの進行過程を概説する。次いで福島原発事故前後における反原発運動の実効性を検証し、その目標と戦術について言及する。そして反原発運動に対して政府が無関心を装った理由の検証を行ない、最後に原子力エネルギー政策に対する二つの差し迫った阻害要因を検討して本章を締めくくる。

　ここで本章における3つの主要な論点を提示する。第1に、核廃棄物処理施設の建設を防ぐにあたり、反原発運動は新規原子力発電所の建設を阻止する戦略よりもかなり多くの成果を挙げた。第2に、反原発運動が原子力発電を廃止に追い込めなかったのは、韓国におけるエネルギー政策の意思決定が高度に不透明化されていること、政府の掲げる「グリーン成長戦略」に原子力が組み込まれていること、そして反原発運動の戦略に不十分な点があることに起因している。第3に、こうした制約にもかかわらず、反原発運動は原子力産業に最近及んだ国内的な衝撃を見事に活用し、政府の原子力発電目標を縮小させるという結果をもたらした。

韓国における原子力エネルギー政策の発展

　朝鮮戦争（1950〜53）後に始められた韓国のエネルギー政策は、経済成長を実現し、輸入への依存を最小化し、長期にわたるエネルギー安全保障を確保する必要性によって進められてきた。1950年台後半、韓国政府は戦争によって壊滅状態となった経済を復興させるべく、その手段として原子力発電計画の推進を決定する。原発はエネルギーの安定供給をもたらし、輸出主体の経済成長を容易にするとともに、価格の高い石油、石炭、ガスの輸入に対する依存を軽減するものと、政府幹部は想定していた。この目標に向け、韓国は1957年に国際原子力機関（IAEA）に加盟、その後1958年に核エネルギーに関する法律第483号を施行する

とともに、翌1959年には原子力院を新設した。

　1960年代から1980年台後半まで続いた独裁政権による強権の下、原子力政策の遂行が国民の反対運動に妨害されることはほぼなかった。事実、朴正熙政権（1961-79）は反共産主義法および国家安全保障法を盾にデモ参加予定者の弾圧に乗り出し、催涙ガスや戒厳令といった手段で彼らを制圧した。その裏では1962年に同国初の原子炉となる小型研究炉が臨界に達している。それからおよそ10年後、朴政権は港湾都市釜山に古里原子力発電所を建設するよう指示し、1978年に運転が開始された（Hwang and Kim 2013: 196）。

　独裁政権が続いたことに加え、アメリカ合衆国との同盟関係も原子力エネルギー発展のさらなる原動力となった。韓国政府が原子力エネルギー計画に乗り出した結果、アメリカの原子力業界、韓国の複合企業（財閥）、そして韓国政府の間で利害の一致が生じたのである。アメリカの各原子力関連企業は反共諸国に原子力技術の導入を進めるという明確な目標を掲げており、韓国を魅力ある潜在的市場とみなした。事実、1978年に韓国初の原子炉——古里1号——を建造したのはコンバッション・エンジニアリング（後にウェスティングハウス・エレクトリック社に吸収）というアメリカ企業であり、黎明期にあった韓国原子力産業に技術的ノウハウをもたらす結果となった。

　一方、アメリカ政府は同盟国の原子力エネルギー政策に対し一定の影響力を確保したいと望んでいたが、このことは韓国に独自の核兵器開発を諦めさせた事実によって裏づけられている。北朝鮮による軍事的圧力の増大と、1971年に実施された米軍数千名規模の一部撤退は、朴大統領に核兵器の開発とその拡大という野望を抱かせた（Hayes and Moon 2011）。1972年に締結された「核エネルギーの民間利用に関するアメリカ合衆国政府と韓国政府との間の協力合意」を通じ、韓国に対する核物質および原子力技術の提供は発電目的に限ると宣言することで、アメリカ政府はこうした野望を抑え込もうと試みる。またこの合意文書は、ウラン濃縮を禁じるとともに、燃料サイクル計画および原材料の供給を制限することで、韓国の核兵器保有能力を一層低くした。1970年代中盤、韓国原子力研究所はベルギーから再処理施設を購入することで合意内容の抜け道を見つけようとしたが、アメリカ・カナダ両政府は韓国に金融面で圧力をかけて取引を潰し、さら

にアメリカ政府は原子力エネルギー計画に対する支援打ち切りをほのめかした（Hayes and Moon 2011: 51-3）。こうした圧力の結果、朴大統領は1970年代末に核兵器の開発・拡大計画を断念している。

1980年代初頭から中盤にかけ、韓国における原子力発電の拡大は市民の反対にほとんど妨害されることなく進められた。これは民主化の達成が国民の意識の大半を占めていたことが大きい（Leem 2006）。こうした状況の下、韓国電力公社（KEPCO）はアメリカ原子力企業の支援を受け、新たに原子炉8基の建造を監督した。その結果、1980年代末の時点で韓国の原子力業界は電力総需要の45パーセントを供給するまでに発展し、技術面でも事実上の独立を果たした。かくして原子力発電は、韓国の急速な工業化と経済発展に深く結びつくようになったのである。

原子力に反対する草の根運動

しかし1980年代後半に民主化運動が始まる中、原子力産業は大きな社会的抵抗運動に直面する。独裁政権に対する市民の暴動が10年にわたって続いた後、韓国国民は朴政権下の発展モデル、とりわけ原子力への傾倒に疑問の声を上げ始めた。この声は政治的自由の拡大とともに一層大きくなり、初期の反核運動を徐々に引き起こしていった。初めの頃、こうした運動は原子力発電所の周辺地域にとどまっていたが、福島原発事故に刺激されて全国的に拡大する。韓国から原子力を一掃するという反核運動の最大目標は結局実を結ばなかったものの、核廃棄物処理施設の建設を各地で中止に追い込むことには成功した。本節では3.11の前後それぞれで反核運動が用いた戦術を検証する。

第1段階：福島以前

韓国の反核運動は様々な環境保護団体やその他市民団体の融合体として生まれた。1980年代末に多数発生したチェルノブイリを含む原発関連の事故に刺激され、さらなる環境破壊を防ぎ、着実に悪化している国内の公害を食い止めるべく、国民は力を集め始めた。その第1段階として原子力廃絶国民本部が設立され、原

子力発電に反対する草の根運動が始められる。こうした運動が初めて大きな成果を挙げたのは、放射性廃棄物の処理問題においてである。国内電力の50パーセント近くが原子力によって賄われていた1980年代当時、使用済み燃料の保管施設は満杯に近づきつつあり、放射性廃棄物の保管が重要な課題として現われつつあった。運動家たちはこうした状況を、環境面の一大危機と認識する。1986年に政府が核廃棄物処理施設の候補地を初めて公表したところ、激しい反対運動が起きた――こうした例はその後幾度も繰り返される。市民は放射性物質の危険性を叫びつつ、政府機関や処分場の候補地で大規模な反対運動を繰り広げた。このような初期の草の根運動は大成功を収め、8年間で12の核廃棄物処理施設を建設中止に追い込んでいる（Sayvetz 2012）。

　国民によるさらなる反対を乗り越えるべく、韓国政府は処理施設の候補地として遠く離れた場所に注目し始めた。1990年代中盤、政府は同国西岸の堀業島という小島を候補地に選定する。しかしこの計画は秘密裏に進められたため、計画の存在が明らかになった結果、怒りの抗議運動が展開された。この時、建設反対運動の中核となったのが韓国環境運動連合（KFEM）である。会員数1万3,000名以上を誇るKFEMは様々な市民団体と共同で運動を進め、住まいの近くで放射性廃棄物が処理されることに強く反対する堀業島の住民を支援した（Sayvetz 2012）。また建設反対が広範囲にわたっていることを示すため、KFEMは市民集会を主催するとともに、数千名が署名した嘆願書を提出している。

　政府が遅ればせながら候補地に関する公聴会の開催に同意した際、市民団体の代表者らは堀業島に活断層が存在していると懸念の声を上げた。しかし彼らの不安は表向きには聞き入れられなかった。結果的に世論の圧力はますます強まり、1995年春、堀業島に程近い徳積島の住民――同じく処理施設の将来的影響を恐れていた――300名がソウルの科学技術部庁舎前で抗議運動を行なう。激しい反対に直面した政府はIAEAから専門家を招き、候補地の調査を行なうことを余儀なくされた。その結果、活断層の存在が確認され、核廃棄物の保存に適さないという住民の声が正しいことが立証された。こうした事態の進展を受け、政府は1995年11月に堀業島への建設計画を断念している。

　1990年代から21世紀初頭にかけ、こうした運動はその後も放射性廃棄物処理

場の建設に反対し続けた。しかしその試みは本質的に一地域内にとどまる傾向が強く、計画を中止に追い込んだ後は解散してしまうのが常だった。

第2段階：福島以降

　福島で発生した原子炉3基のメルトダウンを受け、韓国の反原発運動は一種の復活を遂げた。今回の運動はより多様な団体および個人の参加と、活動範囲の広がりによって特徴づけられる。三重のメルトダウンに至った福島第1原発の映像がメディアを通じて韓国全土に流れる中、様々な宗教団体、労働組合、生活協同組合、職業団体、非政府組織、学会、そしてPTAが結集し、核のない未来を訴えた。さらに3.11危機は、同じ志を持つ周辺諸国の活動家と協力することで、反原発運動が多国籍化する原動力となった。その推進役は韓国のカトリック団体であり、日中の反原発運動家とともに東アジア市民社会ネットワークを形成すると宣言している。このネットワークの目的は、現在これら三国間で高まっている緊張状態にかかわらず、原子力産業に対抗すべく統一戦線を形成するというものである。その設立趣意書には次のように謳われている。「原子力の危険性に関する知識を共有し、自然エネルギーについての技術と英知を広めることで、東アジアは対立でなく平和の中心に、破壊でなく生命の中心になるだろう」（East Coast Solidarity for Anti-Nuke Group 2012）。東海岸反核団体共同体と命名されたこのグループは福島原発事故のちょうど1年後に結成され、311名の市民が参加したと発表されている。この事実は韓国の反原発運動がもはや原発周辺にとどまる国内現象ではないことを物語っている。

　参加者の拡大に伴い、福島事故以降の反原発運動はその活動対象を広げている。運動家たちは廃棄物処理施設や発電所の建設阻止という当初の枠にとどまらず、原子力発電の廃止に向けてより広範な活動を行ない、既存の原子力発電所をも対象とするようになった。福島以降の反原発運動を支える論理は、本質的に次の4点から成る。（1）ウランは最終的に枯渇するため、原子力が恒久的なエネルギー源となることはない。（2）先進国の大半はもはや原子炉を新規に建造しておらず、また福島原発事故を受けて原子力政策を真剣に見直している。（3）社会的なコストを考慮すれば、原子力が経済的であるとは考えられない。（4）ウランの採掘・

精製段階で二酸化炭素（CO_2）が放出されるため、原子力が環境に優しいエネルギー源であるとはみなせない。以上の4点に加え、反原発運動を特徴づける最も重要な論理は「3.11事故により原子力発電所は安全でないと立証された」というものである（Nagata 2012）。

　3.11後における反原発運動の最初の目標は、韓国で最も古い原子炉2基——古里1号機および月城1号機——の寿命延長を阻止することだった。このうち古里1号機は技術的な寿命をすでに超えており、2011年春に多数の問題が発生した結果、一時停止状態に置かれた。しかしその直後、原子力当局は運転に問題はないと宣言し、発電再開を許可した。また1983年に慶尚北道の原子力発電所で稼働を開始した月城1号機も、長期にわたる補修管理のため2009年6月に運転を一時停止した。運転免許の期限が2012年だったため、韓国水力原子力（KHNP）はその寿命を延ばすべく、5,600億ウォン（5億900万ドル）を投じて原子炉の改修を行なった。その結果、2011年6月に再稼働の許可が下りている。

　当局によるこれらの決定はいずれも福島原発事故の直後になされたものであり、同様の事故が近くで起きるのではないかという不安を地元住民の間に引き起こした。「原子力のない社会に向けた集団運動」というグループが掲げる旗印の下、地元住民は原子炉の寿命延長を取り消すよう求めた。この目標を実現すべく、参加者は原子炉の命運を握る原子力安全保安委員会（NSSC）の前で抗議活動を行ない、反原子力のスローガンを謳い上げた。だがこうした反対の声にもかかわらず、当局は古里1号の運転継続を認める。さらに、2012年11月に寿命を迎える月城1号の廃炉を一旦は決定したものの、後にそれを覆し、2015年2月から10年間の運転継続を許可した。これら二つの決定は、反原発運動にとって大きな痛手となった。

　反原発運動は老朽化した原子炉の糾弾に加え、新規原子力発電所の建設阻止というこれまでの任務も続けている。その対象とされたのが韓国東岸の三陟および盈徳という2ヵ所の原発建設予定地であり、政府は計8基（各4基）の原子炉建造を計画していた。三陟市当局はもともと2010年に原子力発電所の建設を認めていた。しかし福島原発事故を受けて同市でも原発反対の市民感情が高まり、「三陟原子力発電所の建設中止を求める汎市民連合」が結成されるに至る。原子力発

電所を巡り中央政府に対する市民の態度が変わったことを裏づける事実として、反原発を公約に掲げて市長選に立候補した金良鎬が当選したことが挙げられる。当選後、金は反原発の声を集めるべく2014年に住民投票を行なう。そして予想通り、市民の大半は原発建設に反対の姿勢を見せた。有権者の69.8パーセントが投票を行なったこの住民投票において、85パーセントが建設計画に反対したのである。しかし法的な根拠がないことから、政府は住民投票に拘束力はないと宣言し、その結果を無視した。

　第2の建設候補地・盈徳でも同様の事態が発生している。海沿いの地方郡である盈徳は過疎化が進み、経済的にも苦境に立たされていたため、住民は当初、原子力発電所がもたらすであろう経済効果を熱烈に歓迎していた。原発が建設されることになれば待望の雇用機会が生まれるだけでなく、将来的な危険性に対する補償として60年にわたり総額1兆5,000億ウォン（13億5,000万ドル）が支払われると政府から約束されていた。2005年に低レベル放射性廃棄物保管場の誘致に失敗した経験を持つ盈徳の住民は、原子力発電所のもたらす恩恵にとりわけ敏感だった。しかし日本で発生した原発事故を受け、そうした熱意は一瞬で消え去る。事実、建設候補地に名乗り出た当時、発電所が津波に襲われる事態を住民は予想していなかった。福島原発事故の後、地域住民は計画を中止に追い込むべく住民投票を求める。しかし郡当局が支援に消極的だったため、住民は独自に投票を組織した。だが当局の支援が得られなかったためか、法的拘束力を有するのに必要な有権者の3分の1の投票を得ることはできなかった（Kim 2015）。いずれにせよ、中央政府のプロジェクトが地方の住民投票の結果に左右されることはないという立場から、韓国政府は三陟と盈徳いずれの結果も無視している。

　韓国の反原発運動における圧力による戦術が一長一短の結果を生み出したことは明らかである。初期の反対運動は、核廃棄物処理施設や少数の原子力発電所を建設中止に追い込んだという点で一定の成果を挙げた。しかし福島事故以降の反原発運動は、老朽化した原子炉の寿命延長を阻止し、新規原子力発電所の用地決定を覆すという目標をほとんど達成できなかったのである。

限定的な政策転換

　福島原発事故の衝撃と、それに続く反原発運動の巨大な圧力にもかかわらず、韓国の原子力政策は減速の兆しを見せていない――少なくとも表面上は。福島原発事故を受けた政府の対応は、日本で発生したメルトダウンによる将来的な汚染に対処し、また国内原発の安全性を高めるという、限定的なものに過ぎなかった。3.11以降の2ヵ月間、日本から海路および空路で韓国に入国した3万人は全て放射能検査を受けたが、除染が必要だと判断されたのはわずか2名だった（Korean Government 2012）。また同じ期間、韓国政府は原子力関係機関に対し、国内の全原発に対する特別保安検査を実施するよう命じたものの、異常は発見されなかった。そして2011年6月、国会は国民の健康と安全の維持を任務とする規制機関NSSCを創設する法案を通過させた。

　これらの方策が3.11後における韓国政府の対応を形作っており、また結果的に反原発運動を生じさせることとなった。韓国は今なお世界第6位の原子力エネルギー消費国であり、アジアでは日本に続き第2位である。国内で24基の原子炉が稼働しており、他に5基が建設中である。政府は現在も原子力の安全性と費用対効果の高さを強調しており、その一方で再生可能エネルギー源の開発に消極的である。原子力産業の拡大は今日においても韓国の重要な国家戦略であり、そのことは科学技術部が2006年に策定した原子力開発に関する第3次包括的計画（2007-11）によって裏づけられている。政府はこの報告書の中で、2030年までに国内総発電量の59パーセントが原子力によって生み出されると予測した。

　こうした国内的な野心に加え、原子力技術は韓国の主要な輸出産業へと進化を遂げている。知識経済部（訳注：現・産業通商資源部）は2030年までに原子炉80基の輸出を目指しており、その総額は4,000億ドルに上る。外国との大規模な取引に初めて成功したのは2009年のことであり、原子炉4基を400億ドルで建設する契約がKEPCOとアラブ首長国連邦（UAE）との間で結ばれた。福島原発事故にもかかわらず、李明博大統領は2011年3月13日――日本の危機が表面化したわずか2日後――にUAEを公式訪問し、エネルギーにおける将来的な協力関係

を再確認した。また韓国はUAEとの取引に加え、1億7,300万ドルで研究炉を建設する契約をヨルダンとの間で、総額20億ドルで原子炉数基を建設する契約をサウジアラビアとの間で締結している。さらに韓国の原子力産業が輸出を目指している国として中国、フィンランド、ハンガリー、インドネシア、マレーシア、トルコ、そしてベトナムが挙げられる。

　韓国の反原発運動が原子力の発展を止められなかったのはなぜか？　政策転換が限定的なものにとどまったのは、圧力戦術だけでは説明できない。むしろ以下に挙げる3つの要因が複合的に作用し、原子力に関する実質的な改革を妨げたのである。(1) 原子力政策の立案・決定における高度な不透明性とトップダウン的性質——これによって運動家たちは政策決定に影響を与えるために動員できる法的手段を制限された。(2) 韓国政府が打ち出した「グリーン成長戦略」における原子力の優位性。これは原子力のさらなる発展を許している要因である。(3) 反原発運動の圧力戦術に内在する欠陥。具体的には、原子力に代わる実現可能な代替エネルギー戦略を打ち出せなかったことである。

原子力政策の立案・決定における不透明性

　反原発運動が直面している第1の障壁は、エリート主導で行なわれる原子力政策の立案・決定である。市民の実質的な参加が認められている他の政策分野と異なり、原子力に関する意思決定は今も高度に隔離された環境の中、政府幹部と技術官僚が独占的に行なっている。このプロセスに関わる主要な機関として、産業通商資源部、未来創造科学部、NSSC、および財閥各社や各種行政機関が挙げられる。これらの機関は原発賛成派の政治家や技術官僚から構成されており、国民を排除した意思決定における鉄のトライアングルを形作っている。このトライアングル構造は2008年に李明博——かつての財閥幹部（現代）——が大統領に就任したことで一層強化された。

　こうしたエリート主導型プロセスによる当然の結果として、原子力政策はトップダウン型の力学を通じて実行されている。これを特徴づけるのが「決定-発表-弁明」という一連の流れ（Norman and Nagtzaam 2016: 250）であり、政府はまず政策を実行に移し、次いで地方自治体や住民にそれを課し、そして経済的補償

などの見返りによって反対を鎮めようとするのである。こうした流れは堀業島の一件で如実に表われている。しかしこの戦略は過去幾度となく有効ではないことが証明されたため、政府は2004年以降、市民の声を取り入れる方向へとわずかではあるが舵を切った。とはいえ、原子力政策が形作られる中で、運動家は今も巨大な障壁に直面している。エリートが主導するトップダウン型の政策決定過程のため、反原発運動の圧力戦術が政府へのロビー活動の形をとることはなく、実際には政策の実行を妨害するという、より実効性の高い戦略を採用しているのである。

「グリーンエネルギー」としての原子力

　反原発運動を妨げているもう一つの要因として、韓国政府が打ち出したグリーン成長戦略に原子力も組み込まれていることが挙げられる。これは本質的に、韓国における原子力政策の立案・決定にさらなる不透明性を加えるものである。

　過去数十年間の急速な工業化の結果、韓国における温室効果ガスの排出量は1990年から2005年にかけてほぼ倍増した——これは経済協力開発機構（OECD）加盟国の大半を上回る増加量である。それに伴い、ソウルの年間平均気温も摂氏1.5度上昇しており、0.7度という世界平均を超えている（von Hippel, Yun, and Cho 2011）。こうした事態は、気候変動への速やかな対処が必要であるという世界的潮流と合わせ、CO_2排出削減策の立案を韓国政府に迫ることとなった。そして韓国政府にとっては、低炭素と経済性を同時に達成できる原子力こそが国内の環境・気候問題を解決する便利な手段であり、かつ増大するエネルギー需要を満たす手段としても魅力的に映った。かくして2009年、李明博政権は3つの主要な目標から成るグリーン成長戦略を発表した。それらは、化石燃料消費の削減、温室効果ガスの追跡、そして新規原子力発電所の建設である。再生可能エネルギーはごくわずかな地位しか与えられなかった。

　国家の環境・気候戦略に原子力を組み入れることは政府の「グリーン成長5ヵ年計画」（2009-13）と「低炭素のグリーン成長に向けた枠組み条例」（2010）によって制度化された。こうした流れの末、原子力を巡る政治構造は運動家にとって不利なものとなっている。炭素排出量の削減とエネルギー面の独立を両立させる手段として原子力が幅広く組み入れられたことは、国内における原子力発電を

拡大させ、原子力技術の輸出を促進するという政府の計画を法制化することを可能にした。事実、李明博大統領も支持者に対し、UAEに対する原子炉4基の輸出は「炭素排出量の4,000万トン削減」に匹敵すると述べている（Lee 2010: 11-12）。

政府のこうした姿勢に対抗すべく、反原発運動家は原子力を環境に優しくないエネルギー源と位置付けようとした。前述の通り、ウランの採掘・精製によってCO_2が放出されると運動家らは主張している。さらに、使用済み燃料の再処理を禁じ、結果として環境に悪影響を及ぼす放射性廃棄物処理場の必要性を生み出すこととなる米韓核エネルギー合意の条文を強調した。また韓国の原子力発電所の多くはたびたび地震に襲われる沿岸部に立地していることから、運動家はフクシマ型の事故が起きる可能性も指摘した。しかしこうした異論は、より多くの国民に原子力の損益分析を浸透させるに至っていない。事実、政府が主張するように、原子力こそ気候変動を解決する鍵であるという信仰は、韓国社会にいまだ強く根付いているのである。

反原発運動における戦術的欠陥

原子力エネルギー開発政策の転換が限定的なものにとどまったのは、反原発運動の戦術面における欠陥も原因の一つだったと考えられる。運動家らは原発反対運動を行なう中で、現実的な代替エネルギー源を提示することがなかった。つまり新たな政策を求めるのでなく（Hermanns 2015: 276）、終始政策の実行を妨害し、原子力に内在する危険性を強調するという反動的戦術になりがちだったのである。韓国には天然資源が少なく、製造業を中心に経済が構成されていることを考えれば、こうした手法は脱原発を進める上で問題が多かった。原子力に頼らず国家のエネルギー需要を——エネルギー安全保障とさらなる工業化の見通しを両立させつつ——どう満たせるか、それを説明する戦略がない以上、韓国政府が原子力を主要なエネルギー源から外すことは考えられない。韓国の高い人口密度、比較的狭い国土、そして山の多い地形はいずれも、集合型風力発電所をはじめとする再生可能エネルギーの活用を他国と比較して難しいものにしており、これらの点に照らした戦略を形成することがさらに必要となるのである。

また福島原発事故以降、反原発運動の活動領域は大きく広がったものの、その

圧力戦術は原子力に対する国民の意見に目立った影響を与えていない。韓国原子力庁が毎年行なっている世論調査によると、韓国国民はここ数年にわたって原子力発電に関して一貫した見方を保っており、福島原発事故以降も原子力発電所に対する支持率は80ないし90パーセントを維持している。これが原子力プログラムの拡充を謳う政府の方針をさらに後押しした。しかし3.11事故が韓国における原子炉の安全性や放射性廃棄物の処理問題についての印象を悪くしたのは確かであり、これらの問題について信頼を示した者の割合はそれぞれ39パーセントおよび24パーセントという結果にとどまっている。加えて、福島原発事故の1年前と1年後に実施された世論調査を比較すると、原子力発電所を地元に受け入れてもよいと答えた者の割合は28パーセントから20パーセントへと8ポイント下落している（Dalton and Cha 2016）。これらの数字は、発電所や廃棄物処理場の立地する地方など原子力への反対が極めて地域的なものにとどまる一方で、電力関係者が大勢住み原子力発電所が存在しないソウルなどの大都市では原子力への支持が高水準を維持していることを指し示すものである。

　実際、原子炉の安全性に対する地域的な支持と自信が失われたことは、韓国政府の政策実行を難しくしている。だがそれと同時に、原子力発電に対する広範な支持が保たれていることは、反原発運動の圧力戦術を弱体化させる要因となったのである。

韓国の原子力業界が直面する新たな課題

　韓国のエネルギー政策を形作る上で反原発運動が限られた役割しか果たせなかったにもかかわらず、近年になって政府の原子力戦略に対し二つの新たな課題が浮上した。これらは原子力産業の内外に衝撃を与え、政府が原子力発電の拡大目標を引き下げることを余儀なくさせた。一方、反原発運動の側はこの衝撃を好機と捉え、原子力に対する反対の声を国民の中でさらに盛り上げようとしている。

不祥事

　これら課題の第1は原発関係者が関わった一連の不祥事と、これに伴う原子力

規制に対する国民の信頼喪失である。原子力発電能力を拡大させる政府の取り組みの一環として、2012年から2021年にかけて11基の新規原子炉が建設される予定になっていた。しかしこの計画は、古里原子力発電所において運転管理者による原子炉故障の隠蔽が通常監査で明らかにされたために頓挫した（KHNP 2012）。問題の原子炉が電力を失った際、緊急用ディーゼル発電機が作動せず、重大な事態に陥る危険がいくつも生じた。しかし運転管理者は国民の反発を招くことを恐れ、また「発電所の信用を悪化させ」たくなかったため、この故障を故意に報告しなかったのである（IAEA-NSNI 2012: 3）。

　古里原発は韓国第2の都市釜山の近郊に位置しており、この隠蔽工作は規則遵守に関する国民の不安をかき立てるというまたとない機会を、反原発運動に与えることとなった。そして論争が巻き起こる中、KFEMと反核釜山市民対策委員会は予想される影響を突き止めるべく、原発敷地内でチェルノブイリ級の放射能漏れが発生した場合のシミュレーションを行なった。その結果は報告書の形で公表され、こうした事故が起きた場合、釜山市内でおよそ90万名の死者が発生し、損害は628兆ウォン（5,330億ドル）に上ると推計された（Yi 2012）。福島第1原子力発電所における安全規制の失敗を想起させるこのシナリオは、広く市民の間に強い不安を与えた。IAEAから派遣された複数の専門家が2基の原子炉を安全と宣言したものの、原子力関係者に対する信頼を失った地元住民の懸念を和らげることはできなかった（IAEA 2012）。

　この直後に二つめの不祥事が発生し、韓国の原子力発電所における規制面の不透明さがさらに浮き彫りとなる。2012年11月、霊光原子力発電所の原子炉で用いられている部品のうち少なくとも5,000点が適切な認証を受けておらず、また少なくとも60点の品質保証証明が偽造されたものであることが、監査によって発覚した。KHNPは公式調査を行ない、2003年から2012年にかけて納入された部品のうち7,682点に偽の品質証明が添付されていたと発表する（LaForge 2013-2014）。この結果を受け、KHNPは問題となった部品の交換が終わるまで、原子炉6基のうち2基の運転停止を余儀なくされた。市民の反対運動が起こる中、当局は全国で稼働中の原子炉23基全てで用いられている部品の検査を実施した。その結果、古里および月城両発電所で大量の偽造証明書が発見される。そのため

古里2号機と新月城1号機は2013年6月に運転を停止し、古里1号機と新月城2号機についても無認可の部品がすべて交換されるまで運転の一時中止を命じられた。これら不祥事により贈収賄容疑で起訴された者は100名に上ったが、その中にはKHNP元社長とKEPCO副社長も含まれていた（LaForge 2013-14）。

いずれの出来事も、韓国における反原発のうねりを引き起こすことになった。国民は安全証明の偽造問題を原子力産業を覆う秘密主義によるものと考えた。それは霊光原発の一時停止を受けて発生した2,500名規模の反対集会で明らかになった。原発の安全性の全体的見直しを求める集会参加者はKHNPを模した人形を燃やし、「我々は不安だ！」と記したプラカードを振りかざした。大衆の怒りを鎮めるため、チョ・ソクKHNP社長は2013年9月公式に謝罪し、これら不祥事は原子力業界が直面している「最大の試練」であることを認め、企業文化の改革を約束した。

これらの不祥事はいずれも、原子力発電事業の規制役である政府の能力に対する国民の信頼を失う事態をもたらした。さらに、福島第1原発における規制面の欠陥と、自国の原子力発電所におけるそれとが比較されることで、より大きな影響が出ることは必至であった。

原子力発電所に対するサイバー攻撃

韓国の原子力産業が直面している第2の課題は、サイバー攻撃の形をとって現われた。2014年12月、国内で稼働する原子炉3基の一部の設計図と運転マニュアル、さらにKHNP職員1万名の個人データがハッカーによって流出する（Baylon, Livingstone, and Brunt 2015）。情報はまずブログで、次にツイッターで暴露され、アカウントのプロフィール欄には「反原発グループ総裁」と記されていた。正体不明のハッカー（韓国政府は北朝鮮の犯行と疑っている）は、3基の原子炉——古里1号機、同3号機、および月城2号機——をクリスマスまでに閉鎖しなければ、いずれも組織的に破壊され、またさらなる情報がネットに流出するだろうと脅迫した。「こうした設計図、据付図表やプログラムが、それらを喉から手が出るほど欲しがっている国々に公開されたら、お前たちは責任を取るのか？」と、ハッカーは韓国語で脅迫している。問題の原子炉3基はいずれも人口

密集地域に近いことから、かねてより反原発運動の標的にされてきた。

　だがハッカーは原子炉の設計図とマニュアルを入手したにもかかわらず、施設に関する重要な技術データを盗むことはできなかった。事実、こうしたデータは、社内のネットワークから切り離されたKHNPの制御監視システムに安全に保管されている。にもかかわらず、政府はサイバー危機レベルを「注意」——5段階の2番目——に引き上げ、各原子力発電所でサイバー攻撃の模擬演習を実施した。政府や原子力関係者にとってさらなる悩みの種は、サイバー攻撃とそれに伴う脅迫が反原発運動に油を注ぎ、古里および月城の近隣住民の間にさらなる社会不安をもたらしたことである。地元住民から見れば、KHNPの社内サーバーがサイバー攻撃に晒されたことは、原子力発電にまつわるさらなる危険の一つと映る。近隣住民は直ちに避難すべきとハッカーが言明したことで、こうした不安はますます高まった（McCurry 2014）。

　こうした課題は韓国の原子力エネルギー計画にどのような影響を及ぼしたか？　一言で言えば、不祥事による反原発感情の高まりは、本質的に政府の原子力に対する野心を抑制する役割を果たした。国内原子力発電所の安全基準や規制遵守に対するかつてない批判に直面した産業通商資源部は、原子力発電目標の大幅な引き下げを余儀なくされた。当初の目標は2030年までに総発電量の59パーセントを達成するというものだったが、不祥事を受けて（2035年までに）22〜29パーセントと控えめな数字になっている（Ministry of Trade, Industry, and Energy 2014: 40）。この下方修正の理由として原子力の「過度の拡大」を避ける必要性が挙げられているものの、国民の懸念の高まりが背景にあることは間違いない。さらにKHNPも、政府の勧告に従い古里1号機を2017年6月に停止すると発表した。それが実現すれば、古里1号機は同国で廃炉段階に入った初の原子炉となる。またこれらの問題はKHNPに巨額の財政負担を強いる結果をもたらした。2013年10月に開かれた議会公聴会では、古里1号機の廃炉費用が28億ドルに上ると推計されている（Cho 2013）。

　不祥事がもたらした最も重要な影響は、国民に対するより一層の説明責任が韓国の原子力業界に課せられたことである。こうした趨勢は、朴槿恵政権に対する最近の汚職容疑と、それに続く大統領弾劾手続きによってさらに明確なものとな

った。朴大統領——朴正熙の娘——が友人と共謀して多額の税金を着服したという疑惑を受け、100万人以上の国民が抗議集会に参加した。国民が大統領の謝罪を受け入れずあくまで辞任を求めたことは、政府の不正行為に対する社会的許容度が低下したことを示す何よりの証拠である。

結論——韓国の反原発運動が福島原発事故以降にもたらしたもの

　2011年3月に発生した福島原発事故は、原子力発電所が壊滅的被害をもたらす可能性があることを全世界に明確に思い起こさせた。原子力発電所の安全性に対する懸念が国民の間に広がる中、各国政府は原子力エネルギー計画を中止するか、大幅にその速度を落とした。しかしこれまで見たように、韓国は3.11後も原子力大国になるという野望に向かって突き進んでいる。その一方で、反原発運動はかなりの勢いを獲得し、これまでの政策や慣行を改めさせようと力を合わせている。本章の目的は、福島事故前後における反原発活動の検証を通じ、運動が限られた成果しか挙げられなかった理由を説明することだった。

　その結果、原子力が反原発運動の発生以前から韓国政府のエネルギー政策に深く根を下ろしていたため、運動は初期段階から巨大な構造的障壁に直面していたことが明らかになった。原子力の優位性は、数十年にわたる独裁政権、米韓同盟、そして朴正熙元大統領によって進められた輸出志向型の経済発展の結果として生じたものである。原子力に反対する運動家同士の初期における協力関係は、主に二つの要因によって妨げられた。それは独裁政権が強権的支配を続けたこと、そして国民の関心が民主化運動に集中したことである。

　1980年代後半に産声を上げた反原発運動は、さまざまな原子力政策と戦う中で成果を挙げることもあればそうでないこともあった。活動の初期段階、運動家たちは新規原子力発電所や放射性廃棄物処理施設の建設を中止に追い込むなど、一定の成功を収めた。しかし廃炉が予定されている原子炉の寿命延長を阻止し、新規原発の立地を認める地方レベルの協定（3.11以前に発効されたもの）を覆すという福島原発事故以降の運動目的は、その大半を果たすことができなかった。

　本章では、政策転換が限定的なものに終わったことは反原発運動に内在する欠

陥だけでは説明できないと論じた。むしろ原子力政策の立案・決定に内在する不透明さとトップダウン的性質、および政府のグリーン成長戦略に原子力が組み込まれたことなど、様々な要因が重なり合い、反原発運動にとっての機会を制限したのである。一方の運動側は、長らく韓国の経済成長を支えてきた原子力に代わる現実的な代替案を提示しようとしなかった。

　反原発運動は韓国における脱原発の実現にこそ失敗したものの、その努力がなんら実を結ばなかったという結論は正しくないだろう。事実、運動は原子力を政治問題化した上、国民的な支持基盤を弱めることに成功している。この過程は、近年多数が明るみに出た業界内部（さらに言えば政府内部）の不祥事と、より悪名高き原子炉を標的とするサイバー攻撃によって一層促進された。反原発運動はこれらの不祥事を好機と捉え、反原子力の感情をさらに盛り上げ、規制に対する国民の不信を煽ることに成功した。結果として、原子力発電を拡大させるという韓国政府の政策は、独裁政権時代とは対照的に、ますます敵対的な国内情勢に直面している。さらに反原発運動は、業界に透明性の拡大、既存原子炉の安全性の改善、そして国民による監視を課すことによって、原子力にまつわる政府の独占に楔を打った。しかしおそらく反原発運動がこれまでに残した最大の成果は、政府が原子力発電の目標値を30パーセントも引き下げる素地を作り出したことである。

　にもかかわらず、韓国は今なお原子力大国への道を歩み続けている。反原発運動がこうした現状を変えるには、フクシマの教訓を例に挙げるなど常に圧力をかけ続けるとともに、原子力に代わる現実的な代替案を提示する必要があるだろう。そのことはまた、経済成長とCO_2削減を両立させるため原子力に依存していることと、有権者の間で反原発の声が高まっていることとのジレンマを韓国政府が解決する一助ともなるはずだ。

　国民の声を十分取り入れる制度を持たないまま韓国政府がこれからも原子力の開発を続けようとすれば、反原発運動はさらに激しさを増すに違いない。KFEMのヨン・ヒョンチョルはこう述べている。

　　原子力発電所は住民の生命に直接結びついているにもかかわらず、政府は市

民の意見を無視し、原発拡大政策にこだわり続けてきた。市民のこうした
(反原発の) 考えを確認できた今、我々は老朽化した原子力発電所の閉鎖を
求め、全国の新規原子力発電所の建設を阻止する活動に、より積極的に関与
するつもりだ。(Choi 2014)

〔参考文献〕

Baylon, Caroline, David Livingstone, and Roger Brunt, 2015. Cyber security at civil nuclear facilities: Understanding the risks. Chatham House Report. London: Royal Institute of International Affairs.

Cho, Mee-young, 2013. Stung by scandal, South Korea weighs up cost of nuclear energy. Reuters, 28 October.

Choi, Seung-hyeon, 2014. Referendum on Samcheok nuclear power plant ends in overwhelming opposition, a true victory for citizen autonomy: Expected to accelerate anti-nuclear movements in other regions. *Kyunghyang Shinmun*, 10 October.

Dalton, Toby, and Minkyeong Cha, 2016. South Korea's nuclear energy future. *The Diplomat*, 23 February.

East Coast Solidarity for Anti-Nuke Group, 2012. Pamphlet. Seoul. Hayes, Peter, and Chung-in Moon, 2011. Park Chung Hee, the CIA, and the bomb. *Global Asia* 6(3): 46–58.

Hermanns, Heike, 2015. South Korean nuclear energy policies and the public agenda in the 21st century. *Asian Politics & Policy* 7(2): 265–82. doi.org/10.1111/aspp.12179

Hong, G. H., M. A. Hernández-Ceballos, R. L. Lozano, Y. I. Kim, H. M. Lee, S. H. Kim, S.-W. Yeh, J. P. Bolivar, and M. Baskaran, 2012. Radioactive impact in South Korea from the damaged nuclear reactors in Fukushima: Evidence of long and short range transport. *Journal of Radiological Protection* 32(4): 397–411. doi.org/10.1088/0952- 4746/32/4/397

Hwang, Hae Ryong, and Shin Whan Kim, 2013. Korean nuclear power technology. In *Asia's Energy Trends and Developments*, vol. 2, edited by Mark Hong and Amy Lugg, 193–204. Singapore: World Scientific. doi.org/10.1142/9789814425582_0010

IAEA (International Atomic Energy Agency), 2012. IAEA completes expert mission to Kori 1 nuclear power plant in Republic of Korea. Press release, 11 June.

IAEA (International Atomic Energy Agency)–NSNI (Division of Nuclear Installation Safety), 2012. Report of the expert mission to review the station blackout event that happened at Kori 1 NPP on 9 February 2012, Republic of Korea. 4–11 June. kfem.or.kr/wp-content/uploads/2012/07/1419321177_zkGfGz.pdf (accessed 6 February 2017).

KHNP (Korea Hydro & Nuclear Power), 2012. IAEA completes expert mission to Kori 1 nuclear power plant in Republic of Korea. Press release, 13 June. www.khnp.co.kr/eng/board/ BRD_000201/boardView. do?pageIndex=6&boardSeq=1604&mnCd=EN0501&schPageUn it= 10&searchCondition=0&searchKeyword= (accessed 6 February 2017).

Kim, Se-jeong, 2015. Referendum on nuke plant turns invalid. *Korea Times*, 13 November.

Korean Government, 2011. Policy Issue 0: Report of the Korean government response to the Fukushima Daiichi nuclear accident. www.oecd-nea.org/nsd/fukushima/documents/ Korea_2011_ 08Policy00GovernmentResponsetoFukushimaAccident.pdf (accessed 25 January 2017).

LaForge, John, 2013–14. Defective reactor parts scandal in South Korea sees 100 indicted. *Nukewatch Quarterly* Winter: 7.

Lee, Myung-bak, 2010. Shifting paradigms: The road to global green growth. *Global Asia* 4(4): 8–12.

Leem, Sung-Jin, 2006. Unchanging vision of nuclear energy: Nuclear power policy of the South Korean government and citizens' challenge. *Energy & Environment* 17(3): 439–56. doi.org/10.1260/ 095830506778119425

McCurry, Justin, 2014. South Korean nuclear operator hacked amid cyber-attack fears. *Guardian*, 23 December.

Ministry of Science and Technology, 2006. Je 3-cha wonjaryeok jinheung jonghap gyehoek [Third comprehensive plan for nuclear energy development]. Seoul: Ministry of Science and Technology.

Ministry of Trade, Industry, and Energy, 2014. Je 2-cha eneoji gibbon gyehoek [The second national energy plan]. Seoul: Ministry of Trade, Industry, and Energy.

Nagata, Kazuaki, 2012. Fukushima puts East Asia nuclear policies on notice. *Japan Times*, 1 February.

Norman, Andrew, and Gerry Nagtzaam, 2016. *Decision-Making and Radioactive Waste Disposal*. Abingdon: Routledge.

Sayvetz, Leah Grady, 2012. South Koreans stop plan for nuclear waste dump on Gulup Island, 1994–95. Global Nonviolent Action Database. nvdatabase.swarthmore.edu/content/south-koreans-stop-plan-nuclear- waste-dump-gulup-island-1994-95 (accessed 25 January 2017).

von Hippel, David, Sun-Jin Yun, and Myung-Rae Cho, 2011. The current status of green growth in Korea: Energy and urban security. *Asia-Pacific Journal* 9(44)4: 1–15.

Yi, Whan-woo, 2012. Potential nuclear risk. *Korea Times*, 21 May.

第6章

統制か操作か？ 台湾における原子力発電

グロリア・クアン＝ジュン・スー

> **要旨**
> 　過去30年にわたり、台湾における原子力エネルギー開発は秘密の兵器開発プログラムから民間利用、原子力発電の拡大から核のない将来へと移行した。しかしかつての台湾と同じく、民間プログラムを通じて核兵器を保有しようと望む国は今も存在する。軍が関与する時代はとうに過ぎ去ったが、その過去は原子力の分野にいまなお長い影を落としている。昔からの原子力文化は今も消えず、安全規制よりも原子力発電の発展のほうが優先されているのだ。安全性が正当な地位を与えられることなく現在の慣習をこれからも続ければ、運転上の安全は脅かされ、廃棄物処理も混乱に陥るだろう。台湾では多数の原子力関連事故が長年にわたって発生しており、内外の透明性を通じて厳密に運用される抑制と均衡の仕組みを持つことの重要性を示している。

序　論

　台湾の金山原子力発電所1号機は2014年12月から稼働を停止しており、運転再開は燃料部品の取っ手破損に関する公聴会の結果次第である。台湾で稼働中の原子炉6基のうち、4基の使用済み燃料プールはすでに満杯であり、緊急時に炉心全体を抜き取る余地がない。にもかかわらず、これらの原子炉は現在も運転を続けている。また使用済み燃料の乾式貯蔵プログラムも、基本的な安全措置を欠いていると非難されたため、地方政府によって保留状態に置かれている。

　2016年5月20日、民主進歩党（民進党；DPP）の蔡英文が台湾総統に就任した。総統選挙に先立ち、蔡は2025年までに台湾の脱原発を完了させると公約した。2016年1月の総統選から2日後、台湾電力公司（台電；Taipower）はすぐさま電力不足の将来見通しを改定し、台湾で脱原発が実施された場合のリスク水準を高から低に引き下げた（Lin 2016a）。その2ヵ月後、台電の黄重球会長はこうした電力見通しの変更を否定した上で、原子力に頼ることなく十分な電力供給を行なう保証はできないと述べた（Huang 2016）。当時、台電が一見矛盾する発表を行なったことは、専門的な判断力を欠いた政治的な対応だと批判された。

　2016年5月、台電はあたかも黄の言葉を証明するかのように、電力不足が起こり得るという警告を発した（Lin 2016b）。台電の働きかけを受けてのことと思われるが、林全行政院長（首相）も蔡英文の総統就任からわずか2週間後、何かと問題の多かった金山原発1号機を電力不足を解消するために再稼働させる意向を表明する。これによって市民だけでなく、蔡総統の脱原発公約が反故にされたと激怒した民進党議員からも激しい反発を招いた。林行政院長は翌日にこの発言を撤回している。

　これらの出来事は、台電と原子能委員会（原能会；AEC）との複雑な関係、および過去40年間にわたり両者が台湾の電力政策に果たした役割について、行政府が限られた知識しか持ち合わせていないことを明らかにした。政府が体制の外部から助言を求めようとしない限り、危険かつ急を要する原子力関連の問題は多くが未解決のまま残されるだろう。そして「脱原発」も単なるスローガンに終わ

るだろう。

　本章ではまず、電力配分とその裏側で働いた心理的要素を理解するため、初期に行なわれた秘密の核兵器開発プログラムについて記述する。次いで平和利用への段階的移行、近年増大した台電の影響力、第4の原子力発電所（龍門原発）を巡る論争と現状、そして将来的課題について述べた後、核廃棄物問題、多数の建物で放射能汚染が判明した問題、蘭嶼の低レベル放射性廃棄物処理施設、そして使用済み燃料再処理に関する最近の問題を検討する。そして最後に、一連の不幸な出来事が起きた理由と、台湾の新たな政策決定者が歴史の繰り返しを防ぐために多大な努力をしなければならない理由について論ずる。

台湾における初期の核兵器開発プログラム

イスラエルとの結びつき、そしてアメリカによる反対

　物語は台湾を支配する国民党（KMT）と中華人民共和国との軍拡競争から始まる。1962年3月、中国が北西部で核兵器開発を行なっている事実をアメリカ情報機関から知らされた蔣介石総統は、共産主義者に遅れを取るまいと独自の核兵器開発プログラムを決定した。唐君鉑将軍の招きを受けたイスラエル原子力委員会委員長のエルンスト・バーグマン博士が1963年に台湾を秘密訪問し、蔣総統および唐将軍とリゾート地の日月潭で3日間を過ごした（Wang 2010）。

　1964年春、原子力、ロケット、および電子工学の研究を目的とし、軍が運営する中山科学研究院（CSSI）の設立が正式に発表される。唐将軍が準備室長に就任、バーグマン博士は外国人顧問の座に就いた。また国防省も核兵器開発プログラムを推進すべく、最先端の科学および技術分野の学位取得を目指して有能な軍人を海外に派遣し始めた。

　1964年10月、中国が初の核爆発に成功する。新竹計画と名付けられた台湾の核兵器開発プログラムはバーグマンの支援を受ける形で始められ、重水炉、重水生産工場、および再処理工場が開発対象となった。中山科学研究院は1969年7月に業務を開始し、核能研究所（INER）を含む3つの研究部署が設けられた。

1967年、蒋介石総統は高名な物理学者である呉大猷を行政院国家科学委員会の主任委員に指名し、核兵器開発プログラムを支援させようとした。しかし呉博士は1万字に上る文書を提出し、その考えを断固拒否している。一方、西側情報機関はなんらかの企みが行なわれているのではないかと疑い始めた。イスラエルのハアレツ紙も、1965年12月に台湾の原子力物理学者が訪れたことを初めて報道する[1]。そして彼らの接触先こそがバーグマン博士だったことが、後に判明した。

　1966年初頭、台湾政府はシーメンス社から50メガワット（MW）規模の重水炉を購入すべく、西ドイツに接近する。西ドイツにとってはこれが同国初となる原子力設備の輸出だったことから、政府は重要部品を国際原子力機関（IAEA）の安全装置によって保護するという条件のもと、取引に積極的な姿勢を見せた。台湾政府の公式発表によると、原子炉は経済的な実現可能性を調査するのが目的であり、政府企業の台電ではなく経済部傘下の聯合工業研究所が運転を担当することとされた[2]。原子炉購入と核兵器研究との間になんら関係はないと、台湾代表は繰り返し主張している。だがアメリカ政府は容易に納得せず、ドイツ製原子炉の台湾への販売に強く反対した。

　同じ1966年、IAEAの専門家4名が台湾を訪れ、450MW級原子力発電所の用地選定に関わった。候補地の一つは本島の北部に、もう一つは南部に所在していた。用地選定の間、台電代表はさらに1ヶ所、200MW級試験炉の用地として新竹または石門ダム近隣のどちらかを許可するよう求めた。台電によると、この試験炉は大学およびその他政府機関の「共同事業体」が資金援助を行なうという。しかしアメリカ大使館はすぐに軍の関与を疑った[3]。在台湾アメリカ大使館への

---

[1]———在テルアビブ・アメリカ大使館「中華民国の核専門家がイスラエルを訪問」無線電報793号、1966年3月19日（Burr 1999より）。

[2]———在台北アメリカ大使館「中華民国政府が50メガワット（MW）級重水炉の購入を検討中」無線電報第566号、1966年4月30日（Burr 1999より）。

[3]———在台北アメリカ大使館「中華民国政府がIAEAの専門家に対し、軍事研究機関が用いる可能性のある原子炉の場所選定について助言を求める」無線電報第813号、1966年4月8日（Burr 1999より）。

電文でも、核兵器開発を進める台湾の意図が確かめられる[4]。

新竹計画は1969年に中止された。内外の圧力が重なり合った結果だと思われる（Albright and Gay 1998）。呉博士も費用があまりに高くつくこと、および人口密集地域に近すぎることを理由に、核兵器プログラムに強く反対していた。また台湾当局は、核資源の入手が国際社会の圧力によって阻まれ、さらにはアメリカと直接対立する事態になることを恐れた。

欺瞞に満ちた方向転換

新竹計画が中止された後、バーグマンは蒋介石総統に対し、原子力の民間利用を考えることで台湾の核戦略を修正するよう説得した。その軍事的色合いを薄めるべく、INERは呉博士の提案を受けて軍傘下の中山科学研究院から離れ、原能会の関係機関に転換する。また中山科学研究院のトップには国立台湾大学の総長が指名された。その直後に純粋な民間プログラムが開始され、行政院は1969年8月に同国初の原子力発電所プロジェクトを認可する。それを受け、ゼネラル・エレクトリック社（GE）製の軽水炉（LWR）2基が1970年に導入される。また1974年には沸騰水型原子炉2基の導入が検討された。これらの民用原子力開発は、台湾が方向を転換したと一部のアメリカ情報関係者に納得させた。「この種の原子炉は、兵器目的のプルトニウムを製造するにあたり最適な選択ではあり得ない」と、アメリカ大使館職員は記している[5]。

同じ頃、台湾は「桃園」というコードネームの新たな秘密プロジェクトを開始する。しかしアメリカから再処理施設を購入するという台湾のこの試みは、リチャード・ニクソン政権によって1969年に拒否された。INERは代わりに40MW級の重水炉をカナダから購入し、こちらは1973年4月に臨界に達した。また台湾はアメリカ、フランス、およびドイツなどから購入した装置を組み合わせ、小

　4───在台北アメリカ大使館「中華民国政府が核兵器開発を継続する予兆あり」無線電報第1037号、1966年6月20日（Burr 1999より）。

　5───在台北アメリカ大使館「中華民国の核に関する意向について」国務省への電文第2354号、1973年4月20日（Burr 1999より）。

規模再処理施設、プルトニウム化学実験室、そして天然ウラン燃料の製造工場を作り上げた（Albright and Gay 1998）。フランスから再処理工場を購入する計画は、費用が天文学的数字に上ること、または中国政府の圧力、もしくはその両方が理由で頓挫した。[6] 1972年、台湾政府が再処理工場の部品購入先として西ドイツの企業に目を付けたことを、アメリカ政府は察知する。しかし当時は米中関係正常化が実現されようとしており、中国も台湾も刺激したくなかったことから、アメリカは何の行動も起こさなかった。

しかしアメリカ政府は台湾への圧力を着実に強め、核兵器プログラムを放棄させようとした。また台湾が天然資源を節約できるよう、アメリカなど他国で使用済み燃料の再処理を行なうならば支援すると申し出ている。[7] しかし1973年、台湾はアメリカの反対にも関わらず西ドイツ企業UHDE社と契約を結び、使用済み燃料再処理施設を購入する。マーチン・J・ヒレンブランド駐西独アメリカ大使と沈昌煥外交部長（外相）との間で激しいやり取りが行なわれ、その中で沈外交部長は、台湾は再処理問題に関する決定を下していないと主張し、核兵器開発プログラムの存在を否定した。しかし西ドイツ外務省とアメリカ政府の圧力を受け、UHDEは2月に契約を破棄する。そして翌日、台湾外交部はアメリカ大使に再処理工場の購入中止を通知した。

1973年3月、原能会のヴィクター・チョン事務局長はアメリカのリチャード・スネイダー極東問題担当国務次官補代理に対し、台湾政府は「友人に対して原子力の秘密を隠す」ことはしないと語り、INERで建設が進められている実験室規模の再処理施設に関する進捗報告書を提示した。この再処理施設は年間およそ300グラムのプルトニウム抽出能力を有することになっていた。[8] しかしアメリカの見積もりはそれと異なり、台湾が購入したカナダ製研究炉を最大限に稼働させ

6――――アメリカ国務省「中華民国の再処理工場向け部品輸出における安全対策についてドイツが照会を行なう」1972年11月22日の会話メモ（Burr 1999より）。

7――――アメリカ国務省「中華民国向け再処理工場の提案について」在ボン、ブリュッセル、台北大使館向け電文第2051号、1973年1月4日（Burr 1999より）。

8――――アメリカ国務省「中華民国の原子力研究について」在台北および在東京アメリカ大使館向け電文第51747号、1973年3月21日（Burr 1999より）。

れば、核実験に充分な量のプルトニウムを1年で抽出できるとした。また1976年にIAEAの監察チームが訪台したことは、INERが再処理目的で使用済み燃料の一部を秘密裏に確保していたのではないかという疑惑を生んだ。同年9月、アメリカはレオナルド・S・アンジャー大使を通じて正式な外交要求を行ない、台湾に核兵器の開発中止を求める。そして17日、蔣経国行政院長は公式声明を発表し、台湾は「核兵器開発に人的資源および天然資源を用いる意図はない」、そして使用済み燃料の再処理技術を獲得するつもりもないと厳粛に宣言した(*United Daily News* 1976)。

1977年4月、INERが再処理技術を巡ってオランダ企業と接触していたことをアメリカは突き止める。アメリカの主たる懸念は重水生産とINERの「ホットラボ」(訳注：放射能の強い物質を安全に取り扱える施設を有する実験室)だった。3月、燃料タンクに安全装置のない排出口が設けられているのをIAEAの査察官が発見する。しかし使用済み燃料が流用された事実は見つけられなかった。それを受けアメリカは台湾に対し、核燃料サイクル活動の全面的中止、諸施設の平和的利用への転換、そして同国が保有するプルトニウムのアメリカへの移送を要求した。アメリカから専門家チームが到着し、疑惑の施設を残らず解体した上で桃園計画を廃止に追いやった。同時に原能会のチョン事務局長はワシントンを訪れ、同国初となる発電用原子炉のライセンス契約について話し合った。アメリカの度重なる干渉にもかかわらず、疑惑は一掃されなかった。1978年9月、サイラス・バンス国務長官は蔣経国総統に書簡を送り、CSSIでの疑わしい活動に懸念を表明する。蔣総統は明らかに困惑し、「台湾は脆弱な立場にあり、またアメリカと独特な関係にある。それでアメリカは、他の国々なら我慢ならないようなやり方でROC (中華民国) を扱っているのだ」と述べた (*United Daily News* 1976)。

1988年1月12日、INERの張憲義副所長が大量の機密資料とともにアメリカへ亡命する。数日後、張はワシントンで開かれた非公開の公聴会に姿を見せた。これを取り仕切ったのは中央情報局 (CIA) だが、台湾当局はこの時まで張の亡命を知らなかった。一方、1月13日に蔣経国総統が死去する。そして2日後、アメリカの専門家チームがINERを訪れ、全ての重水を抜き取るとともに核兵器関連施設を残らず破壊した。張は事件の20年前からCIAに雇われアメリカのために

活動していた疑いがあり、その亡命劇は台湾の核兵器開発プログラムを中止に追い込み、CIAが成功を収めた数少ない秘密工作活動の一つとして賞賛された（Weiner 2007）。しかし台湾人の多くは張を裏切り者とみなしている。

民間利用

原子力発電所の新設

　核開発の組織的な枠組みが確立されたのは1955年のことであり、国立清華大学原子科学研究所が人材の供給源となった。原子科学研究所は本土中国から新たに移転した清華大学が擁する唯一の研究所だった。また同年7月18日、台湾はアメリカとの間で「原子力の民間利用に関するアメリカ合衆国政府と中華民国政府との協力合意」を締結し、原子力技術および物資の移転を図った。さらに同じ年、暫定組織という形ながら国の規制機関として原能会が新設され、他省庁出身の人物がその大半を占めた。1964年には国立清華大学に原子力科学部を新設、学生の募集が始まった。これは新竹計画の開始およびCSSIの設立と時期が一致している。

　先に触れた通り、原子力発電所の用地選定は1964年に始められた。そして1969年、IAEAの専門家チームによる支援によって、候補地が金山と鹽寮の2ヵ所に絞り込まれ、最終的に前者に決定した（CEPD 1979）。また建設用地の選定と機械設備の導入に加え、技術的・経済的な実現可能性調査について支援を受けるべく、ベクテル社との間で契約が結ばれた。その結果、金山原子力発電所に導入する原子炉として出力636MWのGE製軽水炉2基が推奨され、1969年8月に行政院の正式認可を受けた。これは「台湾十大インフラプロジェクト」の一つとなり、後に父の跡を継いで総統となる蒋経国行政院長の功績とされた（Small and Medium Enterprise Administration, Ministry of Economic Affairs n.d.）。

　第2（国聖）、第3（馬鞍）の原子力発電所も議論を引き起こすことなく建設が進められた。馬鞍発電所が本格稼働を開始した1985年、台湾の原子力発電所の総出力は5,144MWに上った。第4の原子力発電所プロジェクトとなる龍門発電

所は1980年9月に認可され、1994年の発電開始を目指すものとされた。

　原子力発電所には核兵器開発から注意を逸らす役割があり、そのため台湾当局は電力需要の実勢にほとんど注意を払わなかった。その結果、馬鞍発電所が電力供給を開始した1985年、供給予備率——電力需要がピークに達している時期であっても余剰となっている発電出力の比率——が55パーセント急上昇している（Control Yuan 2012）。またこの年の大半において発電能力の70パーセント以上が待機状態だったと推計されている。2基の巨大な原子炉の追加は完全に不必要だった。事実、国民党所属の議員55名が龍門発電所計画の中止を求める緊急動議を提出している（Legislative Yuan, Atomic Energy Council 1985）。運転上のリスク、核廃棄物の処理問題、そしてエネルギー安全保障といった国民党議員の懸念は、今日の反原発運動が用いるレトリックを先取りするものだった。行政院長はこの動議に従い「全ての疑いが晴れるまで運転を開始する必要はない」と述べ、かくして龍門プロジェクトは頓挫した（Legislative Yuan, Atomic Energy Council 1985）。

指揮系統のぶれと党派対立的な政治問題

　INER副所長の亡命、蒋経国総統の死、そして核兵器開発プログラムの全面的放棄は1988年初頭の1週間以内に発生した。これらは台湾の核兵器推進論者に思いもよらぬ衝撃を与えたのみならず、大きな政治的変化をもたらすものと予想された。あまりに当惑したのか、あるいは原子力の将来に意を払っていられないほど権力闘争に明け暮れていたのか、軍関係者はこの時以来原子力への関与を打ち切っている。かくして他の勢力からの掣肘がなくなった今、巨大な資産を有する台電が都合よく意思決定の役割を引き継いだのである。

　それから数年間、発電設備容量はなぜか減少に転じ、1986年から91年にかけて推計3.8ギガワット（GW）もの発電容量が失われた（台湾電力の公開情報に基づく計算）。結果として供給予備率も55パーセントから4.8パーセントに急減する。突然の停電が日常茶飯事となり、その頻度も時が経つにつれますます高くなっていった（Central News Agency 1991a, 1991b, 1992a, 1992b）。そのため、台湾を電力不足から救う最も現実的な選択肢として龍門発電所が息を吹き返す。しかし中華経済研究院が行なった分析（Wang 1991）は、こうした思考の誤謬を明らか

にしている——大部分の停電は原子力発電所の不具合が原因だった。台電は原子力発電拡大への支持を得るべく故意に電力不足を引き起こしたと非難された（Central News Agency 1994, 1995）。にもかかわらず、当局は2020年までに龍門の2基を含めて8基の原子炉を導入しようと計画した（Gi 1998）。

　1986年に発生したチェルノブイリ原発事故を受け、人々は原子力に伴うリスクを認識し始めた。龍門原子力発電所計画が1990年に復活した際も、大衆の間から疑問の声が沸き起こっている。多くの人々が原子力の安全問題について声を上げるようになったのだ。1986年9月に台湾初の本格的野党として誕生した民進党も、「原子力発電所のいかなる新規建設計画にも反対し、代替エネルギー源の開発を促進する。また国内原発の完全廃止に向けた工程表を策定する」ことを党是に掲げている（Democratic Progressive Party Principles and Guidelines n.d.: 13）。1992年6月、立法院（議会）の多数を占める国民党が原子力プロジェクトに対する8年間の予算案を打ち出すと、民進党が強く反対する龍門発電所計画は政党対立の火種となった。2000年5月の総統選挙では民進党の陳水扁が勝利し、龍門発電所建設予定地の近隣住民に約束した通り、10月27日に建設計画を中止した。

　この中止決定は、陳が国民党の連戦主席と会談した後に発表された。連は陳の決断を事前に知らされておらず、大衆の面前で侮辱されたと感じる。かくして国民党は中止決定に対して全面的な反対運動を展開するのみならず、国民党が多数を占める立法院において罷免決議案を主導する。結局陳総統は圧力に屈し、龍門発電所計画は2001年2月に再開された。[9] 計画中止の試みが失敗に終わったことは与党民進党にとって大きな痛手となり、その後主要な政治家は龍門計画に関する問題への関与を避けるようになった。

9———張俊雄行政院長と王金平立法院長が建設再開の合意文書に署名し、その決定は翌日に発表された。

問題に満ちた龍門原子力発電所の歴史

建設上の欠陥

　龍門原子力発電所の建設は規制機関である行政院の原能会と事業者である台電との緊張関係を浮き彫りにした。既存の3つの原子力発電所はアメリカのコンサルタント企業エバスコおよびベクテルの監督下で完成したが、経験に乏しい台電はGE社の設計図を用いて龍門原発の建設を行なった。また同じく経験の少ない原能会は1997年1月に規制委員会を設置、龍門原発の品質および進捗の監督にあたらせるとともに、実際の工事が始まった2002年からは短い月次監督報告書を公開している。建設の初期段階で発覚した欠陥の多くはすぐに修正された。なお最初の大きな欠陥は、原子炉の基礎に施された溶接が必要強度に達していないという、匿名の情報がきっかけで発覚している（AEC 2002）。原能会が2002年4月に追跡調査を行ない問題を確認した結果、基礎は作り直された。

　その後も建設が進むにつれてますます多くの欠陥が突き止められた。原能会の報告書に記載された主要な問題として、格納容器のアンカー部の強化鋼材が誤って切断された事故（AEC 2007）、および建築業者の不注意によって設置済み配管の上に直接足場が組まれた結果、錆や凹みが生じ、さらには穴が空いたという事故が挙げられる（AEC 2008a, 2008b, 2010）。また工事日報には、1日で終えるのは不可能なほど多くの作業が記載されていた（AEC 2009）。さらに、原子炉建屋内の接合部がテフロンテープで密閉されるという不十分な施工事例も数多くあった（AEC 2011）。

　しかし内部関係者によって指摘されたより深刻な問題の中には、原能会によって「安全性に関連はない」と分類されたものがある（AEC 2008c）。ニュースの見出しを飾った設計の変更や、組織的に資材の角を落としていたというのがその一例である（Wang and Wei 2008）。台電は龍門原子力発電所の設計に395もの変更を加えていたが、その中には原能会もしくはGE社に相談することなく緊急冷却システムの支持構造を修正した事実も含まれる。加えて、台電は仕様書の指示に

反し、プルボックスや金属管取付具に炭素繊維ではなく合成ゴムのガスケットを用いていた。炭素繊維は最大1,000度の熱に耐えられるが、合成ゴムはライターの火で燃え上がってしまう。また溶融亜鉛メッキの施された鋼材が電気亜鉛メッキの鋼材に置き換えられたことも判明している。溶融亜鉛メッキの皮膜は電気亜鉛メッキのそれより25倍厚く、沿岸部であっても50年以上もつ。台電の龍門工事責任者はジャーナリストの質問に対し、原子力発電所は湿気の多い環境ではないので電気亜鉛メッキで十分だと答え、また炭素繊維は燃える時に有毒な煙を放出すると述べた。しかしこれほどの高温に耐えられる人間はいないので、そうした懸念は的外れと考えられた（Wang and Wei 2008）。

2008年4月、原能会は台電に50万元（約1万6,700ドル）の罰金を課した上で、変更箇所の安全性を見直し、原能会の同意なくこれ以上の変更を行なわないよう求めた。[10]だが数ヵ月後、台電が原能会に通知せずおよそ700の変更を新たに加えていたことを、原能会は突き止める。これで罰金の総額は350万元（約11万7,000ドル）に上った。[11]しかし2011年中盤にもさらなる未認可の変更が発覚している（Lee 2011）。今度は原能会も1,500万元（50万ドル）という、より高額の罰金を課すだけでなく、責任者の台電幹部を刑事告訴すると発表した。[12]台電が原能会を軽視しているのは明らかである。

責任逃れの連鎖

台電は電力事業を独占する政府企業だが、経営を管理する省庁はないに等しい。2008年6月に行なわれた雑誌の取材の中で、台電幹部数名が龍門原子力発電所における設計変更の理論的根拠を明らかにした（Lee 2008）。それによると「過度に保守的なGEの設計」が全ての問題の原因だという。[13]幹部らによれば、GE社の

10─── 原能会のウェブサイトには、原発の運転および建設に関する確認済みの違反行為や異常事態について、その処分内容と罰金額が記載されている。

11─── 2008年11月19日発行、違反番号0970020065号および0970020065号。

12─── 2012年1月16日発行、違反番号1010001075号。

13─── インタビューに応じたのは馬鞍山原発総経理（所長）シー・フンギー、龍門原発の技術主任、および台電副議長。シーは2009年の定年後も龍門原発のアド

設計は「プロジェクトが本当に必要とする数十倍から数千倍（の資材）」を要求するものだと述べ、そのため「工事が難しくなり」「コストを押し上げている」とした。またアメリカがここ30年間で新規原発を一つも建設しておらず、その間に「GE社は原子力技術の大半を失ってしまった」ことを理由に挙げ、GEの設計は信頼性に欠けるとも語った。その上で、建築中に「数多くの矛盾点」が突き止められたことで「プロジェクト全体に遅延が発生しないよう、即座に変更を行なうより他になかった」と主張した（Lee 2008）。

　原能会はいくつかの重要な問題を見逃していた。たとえば2007年5月および8月に公表された監査報告書は、両原子炉の格納容器におけるセメント作業の不備にしか触れていない。それによると、格納容器の強化コンクリートの壁から鉄くず、煙草の吸殻、そしてペットボトルが発見されたとしているが、写真は添付されていない。また一部の場所では鉄筋が部分的に露出していた。さらに1号機の内部では、使用済み燃料プールの空間を確保するために、作業員が強化鋼材40本を切断するなど、新たに建造された格納容器の一部が削り取られていた。しかし格納容器の壁に埋め込まれたペットボトルの写真が2013年4月に公開されて初めて、これが将来的にどのような厄災をもたらすか、人々は認識し始めた。

　原能会によると、台電には40万元（約1万3,000ドル）の罰金が科され、また格納容器の壁はペットボトルを取り除いた上で、同等の強度を持つコンクリートで穴が塞がれたという。こうした補修を行なった後も格納容器の強度が損なわれることはないと、原能会は説明している（AEC 2014）。しかしそれから2週間も経たずして、2014年2月26日から3月5日にかけて実施された1号機の集中漏洩率試験および総合構造試験の結果が不合格だったと報告書で明らかにされた（Tang and Chien 2014）。漏洩は相当な量であったが、場所の特定は困難を極めた。格納容器の壁の中に残るペットボトル、中古のバルブ、そして原子炉施設内部の浸透防止シールにおける施工不良など、様々な原因が疑われた。加えて、恐らく

　　　バイザーを務めていた（Lee 2008）。
　14───台電社内の龍門原子力発電所進捗監視部を率いるリン・チュンロンによる説明（Lee 2008）。

不適切な取り扱いのせいで壊れた部品を置き換えるために、197点もの部品が2号機から1号機へ移されたことも、記録から明らかになっている。

龍門発電所の建設が始まってからというもの、不祥事が時おり明るみに出るものの、国民の反応は概して穏やかだった。2008年、原発建設を推進する国民党の馬英九が総統選挙に当選、龍門原子力発電所の稼働に向けて熱心な取り組みを始める。原子力は気候変動対策プログラムになくてはならない要素と位置付けられ、原子力発電のさらなる拡大が示唆された（Ho 2008）。稼働開始は幾度となく遅延しているが（Central News Agency 2014）、それでも工事は続けられた。

龍門原子力発電所の死

2011年3月に発生した福島原発事故がこうした状況を一変させる。とりわけ地震が多発するなど、大衆は突如として台湾と日本に数多くの共通点があることを悟り、こうした先進技術を持つ理性的な社会がかくも無力となり、同じ状況に置かれたら台湾はどうなるのだろうと、多くの人々が困惑した。原能会の直後の対応はそうした不安を鎮めるものではなかった。福島事故からわずか2日後、なんら検証が行なわれていないにもかかわらず、原能会副委員長は「台湾における全ての原子力発電所は、壇に座す仏陀の如く安定している」と宣言した（Now News 2011）。またフィリピン、ベトナム、中国など近隣諸国はいずれも福島からの放射性物質を検知したが、原能会は3月31日に至るまで何も検知されていないと主張している。[15] その結果、原能会の観測機器の感度に人々から疑問符がつけられた（Yen et al. 2011）。

2013年2月、国民党は龍門原子力発電所の将来を決定すべく人民投票の実施を提案する。台湾の「公民投票法」によると、人民投票が法的拘束力を持つには50パーセント以上の投票率に加え絶対過半数の賛成が必要である。2006年に公

15———放射性物質が台湾に飛来するかどうかという議員の質問に対し、原能会副委員長のファン・チントンはこう答えた。「放射性物質が台湾に届くとは考えられません。当の日本でもさほど観測されていないのですから」（Tung Sen News 2011）。

民投票法が通過して以降、6度の人民投票が行なわれたものの、投票率が26〜45パーセントにとどまりいずれも否決された。現行の法律では、設問をどのようにするかが結果の鍵を握る。国民党は次のように提案した。「台湾第4の（龍門）原子力発電所の建設を止め、稼働させないことにあなたは賛成しますか？」行政府は投票日を2013年末とすることで、多くの人々はわざわざ投票に来ないだろうから、プロジェクトは合法化されるはずだと目論んでいた。

　その一方で原能会はヨーロッパ連合（EU）に対し、台湾の「圧力試験」を投票予定日の1ヵ月前までに完了させるよう要請した。権威ある国際評価は国民の支持を増やすに違いなかった。中には、圧力試験は安全性の検証でなくプロパガンダが目的だと考える者もいた。事実、原能会が作成した圧力試験報告書で用いられている地理的情報は、すでに知られているものを大幅に短くしたものであることが、非政府機関の代理人らによって突き止められている。近くの断層と原子炉との距離は見逃されたか、あるいは報告書に全く記載されていなかった（AEC 2013; Tsai 2013; Hsu 2013）。その結果、原能会は丁重ながら玉虫色の評価報告書を受け取った（ENSREG 2013）。しかし抗議デモが全国規模で繰り広げられた。その中には20万人以上が参加した2013年3月9日の反原発抗議集会も含まれている。

　有権者の圧力を受け、国民党政府は人民投票の提案を取り下げた（Shih 2013）。だが国民党が直後に中国と締結したサービス業に関する協定が大きな議論を呼び、2014年3月の大規模デモにつながった。4月22日、元民進党主席で長年反原発運動に携わった経歴を持つ林義雄が龍門原子力発電所の建設中止を求めてハンガーストライキを行なう。こうした圧力を受け、馬英九総統はプロジェクトに関する譲歩を余儀なくされ、1号機の建設および密閉を一時中断するとともに、2号機の建造を完全に中止した（M.-S. Huang 2014）。なお2号機の決定は、稼働の可能性が非常に低いと判断されたためだと思われる。林はこれを受けて4月30日にハンガーストライキを終了した。

建物の放射能汚染

　商品が放射能に汚染されているか否かを確かめることは世界各地で行なわれているわけではないが、台湾では不動産業者が日常的に提供しているサービスである。1992年以降、1,600戸の住居を含む300以上の建物で高水準の放射能汚染が確認された。住居にまで蔓延する放射能汚染の原因は、原能会が10年以上にわたり無視と隠蔽を繰り返したことだった。原能会が鉄筋の放射能汚染を最初に確認したのは1983年1月のことである。金山原子力発電所向けに購入された棒鋼が高レベルの放射能に汚染されており、その数値は70マイクロシーベルト毎時（μSv/h、環境放射線の平均水準およそ0.1μSv/hの約700倍）に上った。[16] 製造者の金山鉄鋼は桃園にある製鉄所から鋳塊を購入しており、原能会による調査の結果、棒鋼2トンを金山原子力発電所に、29.9トンをチェン・カン建設に販売したことが判明、後者は中国国際商業銀行の職員寮建設に使われていた。1983年3月時点において、建設現場で未使用のまま保管されていた棒鋼の放射線量は50μSv/hであり、工事中の寮で用いられていた棒鋼のそれは1～5μSv/hだった。

　原能会は建設会社に対し、放射能に汚染された鉄骨を取り除くよう直ちに求め、3月26日にはチェン・カン建設と金山鉄鋼に対し、使用済みの棒鋼17.2トンと未使用の棒鋼12.7トンを金山鉄鋼の倉庫に保管、また輸送の際にはかならず原能会の許可を得ることを約束させた。しかし翌年5月24日に原能会の監査官が金山鉄鋼の倉庫を訪れたところ、未使用の棒鋼が残らず消えていた。原能会の同意を得ることなく販売したものと思われるが、金山鉄鋼の経営者は原能会の追及に対し、棒鋼は全て実用に適さないほど錆びついてしまったので、敷地内に埋めたと述べた。原能会はこれに納得したらしく、追跡調査が行なわれることはなかった。

　1992年8月15日、国民は自由時報紙の記事を通じて「放射能住宅」の存在を初めて知る（Chang, Chan, and Wang 1997）。組織に不満を抱く原能会職員から情

　16――台湾における原発作業員の上限許容量は5年間で100ミリシーベルト（mSv）であり、600μSv/hは年間5.26シーベルト（Sv、5,260mSv/year）に相当する。

報提供を受けた記者がミンシャン荘という名の建物に赴いてみると、骨組みから放出される放射線量は600μSv/hに上った。これは原子力施設で働く労働者の許容量のおよそ300倍である。この後すぐ、原能会の委託を受けた業者が新規に開業する歯科医院のレントゲン装置を検査した1985年3月から、原能会がこの事実を把握していたことが判明する（Wang 1996）。レントゲン装置のスイッチを切ったところ、放射線量は280μSv/hだった。検査官は直ちに、建物がその放出源だと認識する。そして歯科医には何も言わぬまま、放射能の簡単な分布図とともに原能会へ戻った。放射能に汚染された鉄骨が、1年前に金山鉄鋼から消えた棒鋼ではないかと恐れた原能会は事実の隠蔽を行なった。[17]歯科医に対しては通常のレントゲン装置許可証を発行するとともに、この建物でのサンプリングは今後行わないと決定する。また委託業者やレントゲン装置の販売業者を含む関係者全員に対し、これらの測定結果を口外しないよう約束させた。その後この歯科医に対する原能会の許可証は何度か更新されている。

　自由時報の記事を読んだ原能会は、ミンシャン荘で確認された放射線量は「環境放射線量をわずかに上回る程度」と発表することでその深刻さを覆い隠そうとした (Central News Agency 1992c)。しかし主要メディアにさらなる情報がもたらされ、原能会は渋々ながら、確認された線量は半減期5.2年のコバルト60から放出される環境放射線量の1,000倍に上ると認めた（Central News Agency 1992d）。かくして半狂乱とも言える全国規模の放射線測定が始まった。放射能汚染が確認された建物には、オフィスビル、幼稚園、学校、そして住宅が含まれる。およそ1万3,300人が被曝していた。さらに、建て直しにあたって原能会がさしたる支援を行なわず、かつ複数の基準を設定した結果、[18]建て直された建物の割合は現

17――― 中国国際商業銀行に比べてミンシャン荘の数値の方がはるかに高かったため、多くの人間がこれに異議を唱えている。

18――― 年間25mSvを超える線量が確認された住居は政府が買い取っており、5～25mSvの線量が確認された住居で暮らす住人には20万元（およそ6,667ドル）の補償金が支払われる。また5mSv未満の場合補償金は支払われない。さらに、線量5mSvシーベルト以上の住居が20パーセントを占める建物に限り、建て替えの際より有利な容積率が認められる。

時点で7パーセントに過ぎず、鉛遮蔽体を設置したり鉄骨を交換するなどした建物の割合もわずか15パーセントである。放射能に汚染された建物の80パーセントが今もそのままで、ミンシャン荘もその一つである。報道から20年後の現在も、3,600人が放射能に汚染された住宅で暮らしている。[19] この面倒な悲劇の解決は自然に任せようと、原能会は望んでいるかのようだ。

放射能に汚染された物資の出所

これら放射能に汚染された物質の出所はどこだったのか？　棒鋼の大半は1982年から83年にかけて桃園郡のシンチュン製鉄が屑鉄から生産したものである。シンチュン製鉄の主張によると、その期間海外から輸入した屑鉄は使用していないという。また原能会の調査報告書はシンチュン製鉄に程近い陸軍化学歩兵学校が疑わしいとしている（Lee 1984）。この学校では1982年9月に放射能23.8キュリー相当のコバルト60を1個紛失しており、放射能に汚染された棒鋼が初めて市場で見つかったのはその1ヵ月後だった。ゆえに原能会は都合のよいことに、化学歩兵学校から消えたコバルト60は1個だけでないのではないかと疑い、シンチュン製鉄にさらに近い核能研究所が放射能汚染の源である可能性を強く否定した。一方の陸軍も疑惑を否定している（Lin 1984）。

この公式報告書に異議を唱えたのが、放射能安全改善機関という非政府組織である。[20] 同機関の試算によると、2個の放射性物質で放射能に汚染される鉄材はせいぜい数百トンであり、これは原能会がすでに確認していた7,000トンよりもはるかに少ない。また外部に流出した原能会の秘密資料の中には、1985年に発生したミンシャン荘事件の内部調査で押収した、1982年から83年にかけてのシンチュン製鉄の在庫記録も含まれており、それによってシンチュン製鉄が1982年10月29日に台電から屑鉄604トンを購入していたことが明らかになった。同社

---

[19]———半減期が5.2年ならば、線量は当初（20年前）の6.7パーセントに減少する。したがって当初の放射線量は、原能会が初めて問題を把握した7年前の線量の2.54倍になる。

[20]———放射能安全改善機関の現議長はワン・イーリン。

は11月にその屑鉄から製造した棒鋼を様々な取引先に販売しているが、そのいずれも放射能に汚染されていたことがのちに判明している。3ヵ所の原子力発電所で毎年実施される補修管理の後、集められた屑鉄の量はおよそ6,000トンに上る。売却された屑鉄は放射能に汚染された配管ではないと台電は主張したが、その行方については説明がなかった。

　ミンシャン荘の住民は政府監察院と共同で原能会に対して訴訟を起こした。1994年6月、監察院は原能会幹部の弾劾を決定する（Control Yuan 1994）。被告は公務員懲戒委員会に送られ、最高検察庁が行政責任ないし刑事責任、あるいはその両方の捜査を実施するよう要請された。しかし裁判所は、「当該棒鋼は原能会の管理下になく、また放射能に汚染された鋼材でもない」ことを理由として、原能会幹部に無罪の判決を下した（Control Yuan 1994）。

蘭嶼の低レベル放射性廃棄物

　原住民のタオ族が暮らす蘭嶼は台湾の南東部に位置している。1978年、魚の缶詰工場を装った低レベル放射性廃棄物[21]一時貯蔵施設が同島に建設され、82年5月に稼働を開始した。当初は蘭嶼に隣接する深い海溝に廃棄物を捨てる予定だった。しかし「廃棄物その他の物質の投棄による海洋汚染の防止に関する条約」の1993年改訂版に低レベル放射性廃棄物が追加され、海洋投棄計画は中止された（Lan Yu BiWeekly 1996）[22]。

　ところが、低レベル放射性廃棄物はその後も蘭嶼に送られ続け、液体状の廃棄物が労働者によって周辺に撒き散らされたのではないかと疑われた。当初の計画では廃棄物を深海に沈めることになっていたため、使われていたドラム缶は普通

21——原能会の定義によると、使用済み燃料を除く全ての放射性物質は、燃料に直接触れた器具や物資を含め低レベル放射性廃棄物に分類される。

22——この条約は1972年に採択され、75年8月30日に発効した。また1993年の改定以前、ソビエト連邦が日本海に低レベル放射性廃棄物900トンを遺棄しており、それを知ったアメリカと日本は低レベル放射性廃棄物の海洋投棄の禁止に合意している。あらゆる放射性廃棄物の海洋投棄禁止は1994年に発効した。

の鉄製だった。温暖湿潤かつ海に近いこの環境で、1995年初頭までにドラム缶のおよそ3分の1が明らかに錆びついていた。地元住民からは癌による死亡者数と学習障害を持つ子供の数の増加に不満の声が上がった。また台湾の公式保健統計でも、蘭嶼の癌による死亡率は同国で最も高いことが示されている（Chiu, Wang, and Liu 2013）。政府に騙され見放されたと感じたタオ族は1988年に抗議運動を始め、それはすぐに勢いを得た。そして1996年4月27日、台電の低レベル放射性廃棄物を載せた船の着岸阻止に成功する。それ以降、蘭嶼への廃棄物輸送は行なわれていない。その時点で放射性廃棄物が詰まったドラム缶の総数は9万7,672個に上っていた。

　台電は当初、低レベル放射性廃棄物の永久処分地を1996年に決定し、2002年までに蘭嶼の放射性廃棄物を完全に撤去すると約束していた。この目標は龍門原子力発電所の環境影響評価（EIA）をクリアする条件の一つでもあった。しかし台電は2001年7月に提出したEIAの見直し文書の中で、低レベル放射性廃棄物の永久処分は龍門原発の稼働にも、その周辺の環境にも関係がないと主張し、上記の条件は取り消されるに至った。この見直しは、50年間政権の座にあった国民党が総統選挙で敗れた直後に行なわれたもので、その後の政治的混乱の中で台電のEIA見直しはほとんど注目されなかった。

　台湾当局は低レベル放射性廃棄物の永久処分地を決定すべく数多くの試みを行なった。1998年、台電の調査団はまず金門県烏坵郷を最適な候補地として選定する。しかし2000年に民進党が総統選挙で勝利を収めた後、新任の原能会委員長は、中国に近く不要な緊張を引き起こしかねないとしてこれに反対した（Liu 2002）。議員の中には蘭嶼の先住民に金を払って同島から退去するよう求め、そこを永久処分地として使ったらどうかと提案する者もいた。当局はこうした計画の存在をすぐさま否定している（Lo 2002）。また廃棄物の輸出も真剣に検討された。1997年、台電は北朝鮮と協定を結び、台湾からドラム缶6,000個の低レベル放射性廃棄物を輸送、同国内で貯蔵することを取り決めた。しかしこの協定は効力を発揮しなかった。北朝鮮の施設は完成しておらず、また韓国から激しく抗議されたためである。

　低レベル放射性廃棄物の貯蔵に中国が支援を申し出るのではないか、あるいは

ソロモン諸島かマーシャル諸島に輸送されるのではないかという推測もあったが、具体的な解決策が提示されることはなかった。なお台電は2000年から廃棄物貯蔵施設の土地賃貸料として3年ごとに2億2,000万元（730万ドル）の支払いを始めている（Taipower n.d.b）。また2002年5月には行政院の下部組織として蘭嶼貯蔵施設移転委員会が設置された。その一方、蘭嶼で保管されているドラム缶の状態は悪化の一途を辿っていた。

　かくして2008年に再封入プログラムが始まる。大半の容器は錆びるか穴が空いており、中には粉々に壊れていたものもあった。廃棄物はいずれも10年以上にわたり蘭嶼で保管されていたが、サンプルとして抽出されたドラム缶の放射線量は毎時2〜4ミリシーベルト（mSv/h）だった。数時間の被曝で、原発作業員の年間被曝量の上限を超える水準である。しかし再封入作業に携わった者の多くは未熟練の臨時作業員であり、放射線防護服でなく簡素な防塵服しか与えられなかった。また減圧室が用いられることもなく、全ての作業は露天で行なわれた。再封入済みの容器に新たな塗料を塗る時も、作業員は通常の衣服を着て行なっている。現場の周辺に「塵」はないというのが台電の言い分だった。労働環境がかくも劣悪だったことは行政院の公聴会で明らかになっている。原能会委員長は当初、古い情報に基づいているとして議員たちを嘲笑していた（CTI 2012）が、十分な証拠が突きつけられると自らが間違っていたことを認めるに至った（AEC 2012）。

　原能会が怠慢かつ無能だったため劣悪な労働環境に気づかなかったのか、あるいはこの件を故意に隠蔽しようと試みていたのかは明らかでない。いずれにせよ、蘭嶼では深刻な無関心がはびこっていたのである。再封入されたドラム缶の数は10万277個に上った。また13年が経過した今も完了期日は先延ばしを繰り返され、タオ族は低レベル放射性廃棄物に囲まれながら暮らしている。彼らの体験は、放射性廃棄物が地域に保管された際に生じ得る問題をまざまざと映し出した。

高レベル放射性廃棄物——利益相反

　過去30年間にわたり、原子力発電所で生み出された全ての使用済み燃料は、原子炉に隣接する使用済み燃料プールに貯蔵されてきた。現在のところ、原子炉

4基の使用済燃料プールはそれぞれ9、7、34、146個の燃料部品しか受け入れられる容量がない（AEC 2016）。ゆえに、緊急事態が発生した際に原子炉から炉心を完全に抜き取るのは不可能である。福島原発事故を受け、原能会と台電はいずれも4基の燃料プールが満杯であるという深刻な状況を十分認識している。その一方で、原子炉の稼働はなぜか続けているのだ。

　台電は20年前から使用済み燃料の貯蔵容量が不足する事態を予測していた。1995年3月に提出された「金山および国聖原子力発電所における使用済み燃料の乾式中間貯蔵に関するEIA報告書」には、使用済み燃料を内部保存する4種類の乾式キャスクが記載されており、1995年6月に認可を受けた。台電によると、乾式キャスクの契約にあたって1995年から4度にわたる国際入札が行われているという。しかし「合理的な」価格を提示した入札者はいなかった。従って契約はINERが勝ち取ることとなり、原能会はこの契約を合法だと主張している。INERは台湾唯一の原子力研究所であって、規制に従って活動しているわけではない。乾式キャスクプロジェクトに関わるINER職員はEIAの過程から排除されており、利益相反は発生していないと原能会が主張する根拠となっている（INER 2015）。

　2005年、台電は先に作成したEIAを再検討する形で[23]、環境変化ならびにその対策に関する報告書を提出し、金山および国聖原子力発電所でコンクリートキャスクを導入することとした（Taipower 2005）。この報告書は2008年9月に認可を受けている。改定された計画では、今後生み出される使用済み燃料を全て貯蔵できる数の乾式キャスクを用意するどころか、全体の5分の1も貯蔵できない[24]。この変更は、乾式キャスク計画の目的は原子炉の廃炉でなく寿命延長ではないかという疑いをさらに強めた（Wei 2005）。なお金山原子力発電所の寿命延長の申請

---

[23] 法律の定めによると、EIAを通過してから3年以内に開始されなかったプロジェクトを再開するには、環境変化ならびにその対策に関する報告書を提出して再評価されなければならない。

[24] 今後貯蔵される使用済み燃料の本数が8,448から1,680に減少した（Environmental Protection Administration, Taiwan 2008）。翌年にはその本数が1万3,840から2,400に減少している（Environmental Protection Administration, Taiwan 2009）。

は2009年に行なわれている（Chung 2009）。

　台電が採用したコンクリートキャスクは厚さ1.59センチ容量304リットルのステンレス製容器と、2層の強化コンクリートで構成されている。台電によると、この乾式キャスクは海沿いの露天でも40年以上無傷のままだという。そのため、各キャスクに温度計を設置し、30ユニットの全保管スペース1箇所に一つの放射線検出器しか設けないというほど、台電の自信は大きかった。全ての過程はコンピュータによるシミュレーションで検証され、実証実験は不要だとして却下された。また予備計画やそれに関する施設も必要ないとされた。地元住民は、こうした中間貯蔵施設がいつの間にか高レベル放射性廃棄物の永久処分場にされてしまうのではないかと不安視している。新台北市は市民の懸念を受け、乾式キャスク貯蔵施設に対し、土壌および水質の維持に関する許可証の発行を2013年以来保留している（Lai 2013）[25]。その一方、金山および国聖両原発の使用済み燃料プールは今も埋まり続けている。

　また近年、アメリカが1955年の原子力協力協定を利用する形で台電に別の選択肢を提供するという予想外の出来事が起きた。この協定はアメリカ原子力法の第123節に基づくもので、核拡散防止に関する9つの基準が記載されている。そこでは、台湾は機密の核関連施設の運用、および機密の核関連技術に関する活動を禁じられていた[26]。この合意は2014年1月6日に改定され、6月22日に発効している[27]。その結果、照射済み（使用済み）燃料物質や特殊な核分裂性物質を貯蔵

---

[25]───法律の定めによると、乾式キャスク貯蔵施設の用地選定にあたっては、地元自治体が定める土壌ならびに水質の保護に関する規定を全て満たさなければならない。2013年7月、台電は金山原発における乾式キャスク貯蔵施設の土地整備を行なった後、新台北市に免許の申請書を提出した（Lai 2013）。

[26]───1955年に締結された協定において、機密を要する原子力技術は、「主としてウラニウム濃縮、核燃料の再処理、重水の生産、あるいはプルトニウムを含む核燃料の製造のために開発・利用される」情報ないし施設と定義されている。これらのプロセスは民間の発電事業だけでなく核兵器の製造にも活用し得るものである。

[27]───この協定は、大使館が置かれていない台湾においてアメリカの利益を代表する米国在台湾協会と、駐米国台北経済文化代表処（TECRO）との間で締結され

ないし再処理目的で台湾からフランスなどの国々へ輸送することが初めて可能になった。またアメリカ原子力法第123節にも同種の条文が最近になって追加され、アメリカ合衆国とアラブ首長国連邦との協定文書にも記載された。

いわゆる「新・米台123協定」の下、台電は春節（旧正月、2015年2月17日）前最後の平日に核燃料再処理事業に関する競争入札の案内を行なった。このプロジェクトに予算が割り当てられていないのを認識した上で、である。こうした台電の動きは立法院の両派から反発を招いた。その結果、予算の見直しが済むまで入札を禁じる決議がなされる。しかし公共調達サイトには、再処理プロジェクトの公募入札案内が2015年4月9日を期限日として掲載され続けた。結局国民による反発の高まりを受け、台電と経済部は2015年4月1日に公募を取り消した。

総合的に見れば、原子力協力協定に記載された法的拘束力のある価値基準が、民間の原子力プログラムに濃縮および再処理は必要ないという国際的前例を確立する一助となるだろう。しかし再処理を経てもなお相当量の高レベル放射性廃棄物が残るため、慎重な対処が必要である。再処理は高レベル放射性廃棄物にまつわる現在のジレンマを解消するものでなく、世界的に見れば分裂性核物質の量をさらに積み上げ、テロリストの標的になったり、国際情勢をさらに緊張化させたりするリスクを増大させるに過ぎない。再処理が持つ唯一の利点は、高レベル放射性廃棄物に関する問題を20ないし30年ほど先延ばしにできることだけである。不愉快な問題はそのようにして将来の世代へと引き継がれるのだ。

結論

これまでに述べた意思決定における不合理さと滑稽さ——規制機関は責任を放棄し、原発事業者は原子力を過度に追求しているかのようである——は、失敗に終わった核兵器開発プログラムの遺物である。1960年代初頭、原子力工学は栄光に満ちた名誉ある地位を占めており、最も優秀な学生だけがそこに加わること

たものである。1979年に制定された台湾関係法によって、アメリカは第123節協定のような行政合意文書をTECROとの間で締結している。

ができた。研究機関、政府組織、あるいは電力事業者など、数多くの就職先が彼らを待っていた。やがて政府は原子力の軍事利用を諦め、その結果就業機会が減少する。チェルノブイリとスリーマイル島で発生した原発事故によって、数多くの有望な学生がこの分野から離れていった。国立清華大学の原子力科学部は学生を確保するために1995年と97年の2度にわたって名前を変え、現在ではエンジニア・システム科学部と呼ばれている。

　原能会や台電の幹部職員はいずれも最優秀の学生であり、キャリアの最初から原子力への熱意に満ちていた。しかし彼らのキャリアは国内外の情勢によって不幸にも妨げられてしまう。中には、自分たちは犠牲者であると感じ、世を拗ねる者もいた。また秘密兵器開発プログラムという長年にわたる努力を打ち砕いた「傲慢なる」アメリカ人に敵意を抱く者もいた。さらには、龍門原子力発電所の建設でGEの設計書を変更した人物のように、自信と熱意が有り余り、自分たちはアメリカ人の能力を超えることができると証明しようとする者もいた。総体的に見て、これらの人々は「義和団心理」にやや取り憑かれていたように思われる。[28] その一方、有能な人材の確保がますます困難になるにつれ、能力的に劣るより少数の人間が、複雑さを増す運転管理や規制の全てに対処しなければならなくなった。蘭嶼の低レベル放射性廃棄物再封入プログラムで見られたように、未熟な労働者が原発の維持管理や廃棄物の処理といったことを日常的に請け負わされている。プロジェクトが契約に至ると、台電は作業員の資格、現場の安全性、あるいは労働環境といったことをほとんど把握しようとしなかった。原子力にまつわる安全性の確認は全て少数の原能会監査官に委ねられたのである。

　台湾の規制機関である原能会は、基本的に対外的な連絡機関として1955年に

---

28 ———「義和団心理」とは、装備の劣った人々ないし集団が、長期にわたる搾取、侮辱、あるいは抑圧と対決するにあたり、非合理的かつ原始的な行動に頼ることをいう。西洋の帝国主義とキリスト教に対抗すべく1898年から1901年にかけて発生した義和団の乱を由来とするこの表現は、中国語を話す人々の間で広く使われている。義和団の武器は貧弱だったが、銃弾を跳ね返す超能力があると主張していた。しかし彼らは、外国勢力との開戦を望む清王朝の皇后（訳注：西太后）に利用されていたのである。

設立された。名目上は、原子力の研究開発促進や原子炉および核燃料の評価から、放射能の測定や免許発行まで、原発の運転を除くあらゆることを担うものとされている。だが実際には軍がCSSIを運営しており、上層部から直接命令を受け取った上で原子力の研究開発に関する主要な決定を下していた。CSSIからINERを引き継いだ原能会も補助的な役割しか果たしていない。

　張INER副所長の亡命、蒋経国総統の死、そして核兵器開発プログラムの全面的廃止という1988年初頭に起きた事態のため、軍の関与は終わりを迎えた。その後原子力の推進は台電が主導する。「原子力だけが台湾を電力不足から救う」というレトリックが、これまで龍門原子力発電所プロジェクトの復活劇、原子力論争の最中（Lin 2011）、そして総選挙前の数ヵ月間（Huang 2015）で繰り返された。2015年には、夏の初めに深刻な電力不足が生じ得るという警告が台電から発せられている（Chen 2015）。だがこうした警告は、需要がピークを迎える5月から9月にかけ、2.9GWもの電力供給容量を有する発電所群が定例整備に入る予定だと発覚したことで、説得力を失った（Wang 2015）[29]。

　民進党が政権を奪取した2000年以降、8基の原子炉を新規建設するというかつての望みは消え去った。原子力の支持者にとっては、龍門発電所の稼働開始と既存原子炉の寿命延長が次善の策だった。しかし2014年4月、馬英九総統が龍門発電所の計画中止を渋々決断したため、原発支持者にとって「原子力の発展」の選択肢は既存原子炉の寿命延長に絞り込まれた。原能会委員長さえも、電力の安定供給には原子炉の寿命延長が必要だと述べている（Tang 2014）。

　2025年までに台湾の脱原発を完了させるという蔡英文総統の公約は、原子炉の寿命延長がもはやあり得ないことを意味している（C.-W. Huang 2014）[30]。しかし原子力産業からの完全撤退と見なされることを恐れたためか、使用済み核燃料プールが満杯であるにもかかわらず、台電は寿命を迎えていない原子炉の閉鎖に消極的である。おそらく原子力支持者にとって状況があまりに耐え難いものとな

29　　発電に関する最新情報はTaiwan Power Company（n.d.）を参照のこと。

30　　張家祝経済部長は、台湾が脱原発を完了させた場合国民は停電の事態を受け入れるのかと疑問を発している。

ったため、そうした事態を防ぐべく社会全体を危険に晒しているのだ。

　秘密主義はもう一つの問題である。それは核兵器開発プログラムを前進させ、また外国の干渉を排除する上で極めて重要な要素だった。外部の人間に何も漏らしてはならず、真の意図を隠すために、さらには外国勢力を欺くために、過去には偽情報作戦までもが用いられた。否定することが習慣となり、国民の健康、安全性、信頼性、およびその他の社会的問題ははるかに優先順位の低い位置に置かれた。ある程度の犠牲が必要とみなされ、政策の遂行に必要ならば原能会はいかなることもしたのである。

　核兵器開発プログラムは30年近く前に息の根を止められたが、秘密、否定、そして欺瞞の文化は今なお盛んである。これまで挙げた例でも見られたように、原能会幹部の大半はいまだ古い習慣にしがみついている——原能会の権限を独自に振るうよりも、深く根づいた習慣に固執するほうを好んでいるのだ。かくして原能会は圧力試験報告書に古い情報を記載し、蘭嶼の再封入プロジェクトにおける実情を無視し、龍門の放射能汚染を過小に発表し、ミンシャン荘の記録などを隠蔽したのである。一般市民の福祉は、過去においてもまた現在も高い優先順位を与えられていない。現状維持が最優先なのだ。だが結果として、政府に対する不信が募り、政策実行への障壁をさらに作り上げたのである。

　現実において、この種の秘密主義は現場環境に対する無関心を招き、安全規則を弱め、事故を誘発し、社会全体を危険に晒す。数多くの危険な事態がおそらくは辛うじて間に合って明るみに出たのは、状況が悪化するのを事前に防ごうと、何百もの関係者や有志たちが違法行為の証拠を提供したためである。しかし過ちを正すにあたってもっぱら内部告発者や有志に頼るのは、台湾にとって政治的にも社会的にも好ましいものではない。さらに、それらは偽情報や怠慢に対する監視機能としては不十分であり、これを人々の安全を保証する存在とみなすのはあまりに危険である。

　現在、原子力業界は大きな曲がり角を迎えている。一方では、一部の先進国が福島原発事故を受けて脱原発を決断した。また他方では、技術力と透明性に劣る多くの国が民間原子力プログラムを導入、あるいは拡大させようとしている。原子力の管理は他の電力源のそれに比べはるかに複雑である。あらゆる局面で不断

の注意と用心深さが要求され、優秀な人材を多数揃えて初めて維持することができる。すでに多くの原発先進国では、十分な訓練を受けた人材が急速に減少しつつあるという事態に直面しており、核廃棄物処理や廃炉だけでなく、通常運転の維持までもが困難になっている。新たに原子力を持とうとする国家に原発建設や安全管理を監督するだけの技術的能力があるのか、という不安はますます大きくなっている。そしてさらに大きな問題として、抑制と均衡の機能が国家の枠組みの中にしっかり確立されているか、というものがある。原発新興国の中には、数十年前の台湾と同様の政治体制を持つ国もある。規制機関に十分な権限が与えられず、事業者の意のままになるようであれば、台湾の経験がそこでも繰り返され、場合によってはそれより悪い事態も生じ得るだろう。

　原子力エネルギー計画に携わる全ての者が絶えず警戒を怠らず、かつ責任感を持つようにさせるには、台湾を含めた全ての政府が意思決定過程に透明性を組み込み、あらゆる文書を全て公開し、外部の人間に自分たちの作業を検証させることが必要不可欠だと、過去に幾度も指摘されている。また原子力の透明性に関する国際的な枠組みの策定は、国家間の協力関係や情報交換を促進させるだけでなく、将来的な核兵器保有の野望を封じ込める一助にもなるはずだ。

〔参考文献〕

AEC (Atomic Energy Council), 2002. Brief on quality control of manufacturing reactor base level 2 to 5 of the KMNP unit one. Yonghe City: AEC, 10 June.

AEC (Atomic Energy Council), 2007. Regulatory Committee Report. Yonghe City: AEC, April.

AEC (Atomic Energy Council), 2008a. Regulatory Committee Report. Yonghe City: AEC, February.

AEC (Atomic Energy Council), 2008b. Regulatory Committee Report. Yonghe City: AEC, April.

AEC (Atomic Energy Council), 2008c. Regulatory Committee Report. Yonghe City: AEC, January.

AEC (Atomic Energy Council), 2009. Regulatory Committee Report. Yonghe City: AEC, April.

AEC (Atomic Energy Council), 2010. Regulatory Committee Report. Yonghe City: AEC, February.

AEC (Atomic Energy Council), 2011. LMNP unit number one prefueling joint preparatory inspection with USNRC. AEC Report No. NRD-LM-100-05. Yonghe City: AEC, 18 July.

AEC (Atomic Energy Council), 2012. Investigation report on misconducts in Orchid Island LLW

第6章 統制か操作か？ 台湾における原子力発電

repackaging. Atomic Energy Council Report. Yonghe City: AEC, 7 November.
AEC (Atomic Energy Council), 2013. Taiwan stress test national report. 28 May.
AEC (Atomic Energy Council), 2014. Containment strength OK. Press release, 30 April.
AEC (Atomic Energy Council), 2016. Dry storage control: Regulatory dynamics. www.aec.gov.tw/核物料管制/管制動態/核電廠放射性廢棄物--6_48_169.html (accessed 7 September 2017).
Albright, David, and Corey Gay, 1998. Taiwan: Nuclear nightmare averted. *Bulletin of the Atomic Scientists* 54 (November–December): 54–60. doi.org/10.1080/00963402.1998.11456811
Burr, William, ed., 1999. *New Archival Evidence on Taiwanese 'Nuclear Intentions', 1966–1976.* National Security Archive Electronic Briefing Book No. 20. Washington, DC: George Washington University. nsarchive.gwu.edu/NSAEBB/NSAEBB20 (accessed 2 February 2017).
Central News Agency, 1991a. Both CSNP and KSNP tripped, China Petroleum was forced to reduce consumption. 23 April.
Central News Agency, 1991b. Rolling blackout tomorrow due to malfunction in MSNP. 25 July.
Central News Agency, 1992a. Power shortage looming for the coming summer. 15 April.
Central News Agency, 1992b. Rolling blackout in Kaohsiung this afternoon, caused by Taichung Power Plant malfunction. 4 August.
Central News Agency, 1992c. AEC: Slightly above background radiation level found in part of Ming Shan Villa. 22 August.
Central News Agency, 1992d. AEC: Radiation level in Ming Shan Villa is high. 28 August.
Central News Agency, 1994. Legislator Lu requests an investigation on whether Taipower purposely lower electricity supply. 1 June.
Central News Agency, 1995. Legislator Hsieh accuses Taipower creating electricity shortage. 12 July.
Central News Agency, 2014. NPP4 test run expected end of 2013. 27 November.
CEPD (Council of Economic Planning and Development), 1979. Assessment report of the ten major infrastructure projects. Council of Economic Planning and Development Publication. Taipei: CEPD.
Chang, Wushou, Chang-chuan Chan, and Jungder Wang, 1997. Co-contamination in recycled steel resulting in elevated civilian radiation doses: Causes and challenges. *Health Physics* 73(3): 465–72. doi.org/10.1097/00004032-199709000-00004
Chen, Wei-Ting, 2015. Economic Ministry: Electricity supply will be tight in coming May. Central News Agency, 16 April.
Chiu, I-jun, Hsiu-ting Wang, and Ly-zen Liu, 2013. Orchid Island has the highest cancer death rate in Taiwan. *Liberty Times*, 7 June.
Chung, Yun Shuan, 2009. First time ever, application for CSNP lifetime extension submitted. Central News Agency, 20 October.
Control Yuan, 1994. AEC misled public and authorities on Ming Shan Villa incident, seriously

damaging government reputation. Control Yuan Publications no. 5667. 21 June.
Control Yuan, 2012. Evaluation on the electricity reserve margins set by Taiwan Power Company. Investigation Report no. 101000001. 4 January.
CTI, 2012. Embarrassing! Legislator uses photos taken three years ago. CTI Television, 26 October.
Democratic Progressive Party Principles and Guidelines, n.d. Article 64. www.dpp.org.tw/upload/history/20160728102222_link.pdf (accessed 6 March 2017).
ENSREG (European Nuclear Safety Regulators Group), 2013. EU peer review report of the Taiwanese stress tests. 13 November.
Environmental Protection Administration, Taiwan, 2008. Analysis of environmental variations on the spent fuel interim storage project of the first nuclear power plant. Document number 0971283A.
Environmental Protection Administration, Taiwan, 2009. Analysis of environmental variations on the spent fuel interim storage project of the second nuclear power plant. Document number 0980243A.
Gi, GinLing, 1998. Additional nuclear reactors may be part of Taipower's future electricity plan. Central News Agency, 9 July.
Ho, HungRo, 2008. Adding reactors to the existing nuclear plants should be considered. Central News Agency, 5 April.
Hsu, Kuang-Jung, 2013. Comments on Taiwan stress test report by Taiwan environmental protection union. 25 September.
Huang, Chiaw-Wen, 2014. Without LMNP, lifetime extensions of existing reactors must proceed – Minister said. Central News Agency, 17 April.
Huang, Chiaw-Wen, 2015. Economic Ministry warns possible blackouts next year if go nuclear free. Central News Agency, 26 January.
Huang, Chiaw-Wen, 2016. Chair Huang denied Taipower changed its power shortage assessment under nuclear free condition. Central News Agency, 23 March.
Huang, Min-Shi, 2014. Mothball and terminating reactors construction of LMNP. Central News Agency, 27 April.
INER (Institute of Nuclear Energy Research), 2015. News (in Chinese). Press Release. www.iner.gov.tw/index.php/2015-11-17-03-21- 34/3400/40-核研所承接台電委託計畫，涉及球員兼裁判.html (accessed 7 September 2017).
Lai, Hsiaotung, 2013. Land and water conservation license not in sight, CSNP dry storage plan is put off. *Liberty Times*, 11 September.
LanYu BiWeekly, 1996. No docking for ElectricLight I–Taipower ship. 28 April.
Lee, Ming-Yang, 2008. Current status and challenges of Taiwan nuclear energy. *Scientific American* (Taiwan ed.) June: 88–9.
Lee, Tsong-You, 1984. Possible origin of radioactive steel. *China Daily Evening News*, 27 December.

Lee, Tsong-You, 2011. More NPP4 design alternations, Taipower executives were sent to court. *China Daily News*, 20 June.

Legislative Yuan, Atomic Energy Council, 1985. Meeting report of the 75th Session. 11th Meeting, 9 April.

Lin, Mon-Ruh, 2016a. Under nuclear free condition, power shortages are rare, Taipower says. Central News Agency, 18 January.

Lin, Mon-Ruh, 2016b. Warning! Low on electricity reserve. Central News Agency, 30 May.

Lin, Shaw-yu, 1984. Army has nothing to do with radioactive contaminated steel. *China Daily Evening News*, 27 December.

Lin, Su-Yuan, 2011. Economic Ministry: Blackouts are expected in eight years of nuclear free. Central News Agency, 25 March.

Liu Ly-Zen, 2002. Where Taiwan's nuclear waste will end up. *Liberty Times*, 7 July.

Lo, Ru-Lan, 2002. Legislators suggest government purchase lanyu for permanent LLW site. *China Daily News*, 22 November.

Now News, 2011. Taiwanese nuclear plants are as safe as Buddha sitting on platform? 15 March.

Shih, Hsiu-Chuan, 2013. Nuclear referendum on ice: KMT caucus. *Taipei Times*, 27 September.

Small and Medium Enterprise Administration, Ministry of Economic Affairs, n.d. Taiwan's economic development. www.moeasmea.gov.tw/ ct.asp?xItem=72&CtNode=263&mp=2 (accessed 7 September 2017).

Taipower, n.d.a. Peak load and standby capacity rate of Taipower. data. gov.tw/node/8307 (accessed 7 February 2017).

Taipower, n.d.b. What are feedbacks to local communities after the low level nuclear waste site established. www.taipower.com.tw/content/ new_info/new_info-e47.aspx?LinkID=18 (accessed 5 March 2017).

Taipower, 2005. NPP1 interim spent fuel storage plan: Report of environmental changes and countermeasures: Environmental Impact Assessment No. 0960067020.

Taiwan Power Company, n.d. Household electricity consumption guide. www.taipower.com.tw/content/new_info/new_info_in.aspx? LinkID=27 (accessed 2 February 2017).

Tang, Jian Ling, 2014. AEC: U-turn for not extending reactor lifetime policy. *Liberty Times*, 4 November.

Tang Jia-lin, and Yi-lo Chien, 2014. NPP4 containment leaks. *Liberty Times*, 12 May.

Tsai Chuen-horng, 2013. Atomic Energy Council special report on overall geological survey of operating NPPs and the fourth NPP to the economic committee, Legislative Yuan. Report to the Economic Committee, Legislative Yuan, 17 April.

Tung Sen News, 2011. Worry about radiation? AEC: Koreans do not worry even though they are closer. 14 March.

United Daily News, 1976. Executive Yuan solemnly declares no intention to develop nuclear weapon.

17 September.

Wang, Fong, 2010. Israeli nuclear expert secretly assisted Chiang Kai-Shek developing nuclear weapon. *Yazhou zhoukan* [Asia Weekly], 18 April.

Wang, To-Far, 1991. Does LMNP have to be built? *China Times*, 7 January.

Wang, To-Far, 2015. The curious illness of power shortage. *Taiwan People News*, 6 June.

Wang, Yu-Lin, 1996. Radioactive Formosa: Unearth the radioactive waste scandals. Radiation Safety Improvement Organisation.

Wang, Yu-Su, and Bin Wei, 2008. NPP4 hidden dangers: Taipower altered nuclear power plant design without permission. *Apple Daily News*, 8 February.

Wei, Su, 2005. Nuclear power plant lifetime extension, Atomic Energy Council will thoroughly check its safety. Central News Agency, 10 January.

Weiner, Tim, 2007. *Legacy of Ashes: History of the CIA*. New York: Doubleday.

Yen, Zo-jin, Hsiao-Kuang Shih, Wen-Hua Hsieh, Jia-Chi Lin, and Ji- Hsien Fang, 2011. Radioactive dusts make turns? Scholars question AEC instrument sensitivity. *Liberty Times*, 31 March.

第7章

ASEANにおける原子力協力関係の拡大
―― 地域的な規範および課題

メリー・カバレロ゠アンソニー、
ジュリウス・セザール・I・トラヤーノ

要　旨

　安全面の懸念にかかわらず、2011年に発生した福島の核惨事が東南アジア諸国の原子力発電所建設計画の勢いを止めることはなかった。多くの国々が原子力をエネルギー安全保障と気候変動緩和という二重の目的を達成させる代替エネルギー源とみなしている状況にあって、原子力開発への飽くなき関心は戦略的思考によって突き動かされている。本章では、原子力の安全と保安を推進し、同時に核兵器の拡散を防ぐために東南アジア諸国連合（ASEAN）が打ち出した、より強固な地域的規範の枠組み構築の構想を検証する。政治面および安全保障面での共同体を築こうとするASEANの構想について、原子力の活用を計画している加盟国は、法制面と規制面の枠組み、人材育成、放射性廃棄物の処理、核の安全性、緊急時の行動計画、そして保安および物理的防護策といった重要な問題に取り組む必要があると、我々は論じるものである。また2015年にASEAN経済共同体が発足したことを受け、「原子力規制機関のASEANネットワーク」（ASEANTOM）に代表されるような、原子力に関する2015年以降の地域的枠組み強化の展望について検証を加える。

はじめに

2011年3月に福島原発事故が発生した時、アジアの原子力産業は成長段階を迎えていた（IAEA PRIS 2014）[1]。しかし当初の「成り行きを見守る」時期が過ぎた後も、東南アジアにおける原子力開発計画は、安全面の懸念にもかかわらず、大半がそのまま継続された。10ヵ国から成る東南アジア諸国連合（ASEAN）の一部加盟国は長期エネルギー計画に原子力を組み込もうとしているが、これは各国政府が原子力発電を、エネルギー安全保障および気候変動緩和という二重の目標を達成する一助となる代替エネルギー源とみなしていることの表われである（Nian and Chou 2014）。

自国のエネルギー供給を安定的かつ安価なものにし、その上で環境的な持続可能性を確保すべく、ASEAN各国は電源構成の分散化を進めており、化石燃料への過度の依存を軽減しつつ、長期エネルギー計画に原子力を徐々に組み込んでいる（表7-1参照）。

表7-1 ASEANの電源構成

燃料	割合	
	2013（%）	2040（%）
石炭	32	50
石油	6	1
ガス	44	26
原子力	0	1
再生可能エネルギー（水力、地熱、バイオ燃料など）	18	22
合計	100	100

出典：IAEA（2015: 39）。

1――――2014年時点で、31ヵ国計439基の原子炉が稼働していた。また建設中の原子炉69基のうち3分の2がアジアのもので、中国を筆頭にインド、韓国と続く（IAEA PRIS 2014）。

ASEANにおける原子力エネルギー計画

　東南アジアの数ヵ国は電源構成の分散化によってエネルギー安全保障の強化を図る中で、原子力への関心を明らかにしている。ベトナムは同国初となる原子力発電所の建設を決定した2009年から、主にコスト上昇のため計画中止を決断した2016年11月まで、ASEANにおける原子力開発の急先鋒だった。計画中止以前、出力2,400メガワット（MW）のニントゥアン第1原子力発電所が（数度の遅れを経て）2028年ないし29年の稼働開始を、出力2,000MWのニントゥアン第2原子力発電所が2030年の稼働開始を予定していた。ロシアの国有原子力企業ロスアトム社が第1原発の建設を受注する一方、第2原発の建設は日本原子力発電が主導する日本の原発企業連合が請け負うものとされた（Pascaline 2016）。ところが、政府は原発プロジェクトの中止を決定したにもかかわらず、原子力発電の「促進」を継続しようとしている（Kyodo News 2016）。ベトナムはそのために、原子力科学技術センターという名の新たな研究炉を建設しようと計画しており、原子力専門家や学生のスキル向上と技術的ノウハウの蓄積を図っている。

　インドネシアはかなり以前から将来的な原子力の活用に取り組んでおり、3基の研究炉を建設した。1965年にバンドンで建造したトリガ2000原子炉を皮切りに、1979年には出力250キロワット（kW）のカルティニ原子炉をジョグジャカルタに、1987年には出力30MWのRSG-GASをセルポンに建造している。国際原子力機関（IAEA）が2006年に発表したところによると、インドネシアは原子力プログラムの本格化を進める知識基盤がすでに整っているものの、原子力発電所の建設に進むか否か政府はなんら決断を下していないという。またエネルギー鉱物資源省は「2014年から2024年にかけてバンカ・ブリトゥン州で建設が予定されている5,000MW級NPP（原子力発電所）に関する白書」を作成し、国内電力消費の急増に対処すべく原子力発電の導入を求めた。なおインドネシアの電力需要は2025年の時点で150ギガワット（GW）に増大するものと見込まれており、原子力という新たなエネルギー源は、同国の電力供給能力を押し上げる主要な代替エネルギーとみなされたのである（Taryo 2015）。

インドネシア原子力庁（BATAN）は2027年までに原子力発電所を建造すべきと以前から勧告しており、バンカ・ブリトゥン島、西カリマンタン、そしてジャワ島のムリアおよびバンテンといった場所で原発立地の実現可能性調査を実施した。そのうちスマトラ島に程近いバンカ・ブリトゥン島が、同国の地震帯と火山帯のいずれにも含まれていないことから、同国初となる原子力発電所の建設地とされた。原子力の活用に関する公式決定はなされていないものの、BATANが2014年に行なった全国規模の世論調査によると、72パーセントのインドネシア国民が国内における原子力発電所の建設に賛成したという[2]。

マレーシアでは増加する電力需要が原子力開発を正当化する理由とされており、ナジブ・ラザク首相は2009年に小規模原子炉の建造計画を公表した。なお2010年度における同国半島部の電源構成はガス54.2パーセント、石炭40.2パーセント、水力5.2パーセント、石油0.4パーセントである（Ramli 2013）。原子力発電は第11次マレーシア計画2016-2020の中で触れられてはいるものの、電源構成に占める割合の見通しは記されていない（Economic Planning Unit 2015参照）。

マレーシアにおいて原子力発電は常に国民の強い反発を受け[3]、政府主催のものを含む多数のフォーラムで市民グループから反対の声が上がっている[4]。こうした情勢にもかかわらず、マレーシア政府は原子力という選択肢を完全には捨てていない。2014年、マー・シウ・コン首相府長官は、今後10年以内の原発建設に向けた実現可能性調査と、国民の反応を含む包括的調査の実施を発表し、専門家や非政府組織（NGO）の意見も取り入れると述べた（Bernama 2014）。政府はすでに総合的な実現可能性調査を始めているものの、それがいつまでに完了し国民に公表されるかは定かでない。

2016年11月、フィリピンのロドリゴ・ドゥテルテ大統領はエネルギー省に対

2———2015年10月30日、シンガポールで行なわれたBATAN職員へのインタビューより。

3———詳細についてはConsumers Association of Penang（n.d.）およびマレーシア反核連合に支持されているCare2 Petitions（n.d.）を参照のこと。

4———2014年9月10日、ペナン消費者組合職員との電子メールでのやり取りより。

し、出力621MWのバターン原子力発電所の再稼働に向けた実現可能性調査の許可を与え、任期中は原子力の活用を行なわないとする以前の立場を翻した。しかし建設から30年を過ぎたこの原発を稼働させるにあたり、安全と保安の確保に特別な注意を払うよう明確な指示を出している（Lucas 2016）。

　2016年5月、カンボジアとロシアは原子力情報センターの設立と、核エネルギーの平和的利用に関する合同ワーキンググループの結成という二つの協定に署名した。ロスアトム社によると、原子力情報センターは学生をはじめとするカンボジア国民が原子力発電の原理をよりよく理解し、原子力発電事業ならびに関連業界の重要な発展状況を詳しく知る一助となるという。また核エネルギーの平和利用に関する合同ワーキンググループの覚書には、共同プロジェクトを明確化し実行すべく両国の専門家による定期的な会合を実施することが明記されている。またロシアは協定文書の条件の下で、技術、研究、および教育訓練を提供することになっている。カンボジアのフン・セン首相は以前、同国が原子力発電を推し進めることはないと述べたものの、政府内には周辺諸国の関心や行動に突き動かされる形で、原子力発電の推進を求める声が存在している。合同ワーキンググループの覚書と情報センターの設置は、カンボジアが原子力発電の推進を決めた場合、将来的なプロジェクトの土台となるだろう（Tan 2016）。

　こうした事態の進展に対し、本章では、安全と保安の促進、および地域内における核兵器拡散の防止に向けた、より強力な地域的規範の枠組みが形作られる見込みを検証する。ASEANはすでに原子力の安全（safety）、保安（security）、および防護措置（safeguards）の3Sに関する相互協力の規範を確立させているが、こうした規範の枠組みが地域内でどの程度まで維持・拡大されるかは、原子力の活用に関心を持つ加盟国がそれぞれの原子力発電プロジェクトを進める準備段階において、インフラ整備の問題をいかに解決するかが依然として鍵を握っていると、我々は論じるものである。既存の原発インフラ問題が解決されなければ、これらASEANの規範はいくつもの課題に直面するだろう。我々はASEANの3ヵ国——ベトナム、インドネシア、マレーシア——に的を絞り、これら各国の主な原発インフラ問題を説明する。これらの問題は法制面および規制面の枠組み、人材育成、放射性廃棄物の処理、核の安全性、緊急時の行動計画、そして保安および物理的

防護策に関するものである。また2015年にASEAN経済共同体が発足したことを受け、「原子力規制機関のASEANネットワーク」(ASEANTOM) に代表されるような、原子力に関する2015年以降の地域的枠組み強化の展望について検証を加える。

核エネルギーの安全かつ平和的な利用に関するASEANの枠組みの拡大

　ASEAN加盟国が遵守しなければならない核エネルギーの平和的利用に関する規範とはどのようなものか？　ASEANが核の安全性と拡散防止に関する地域的な規範を最初に構築したのは、東南アジア非核兵器地帯条約（バンコク条約）が調印された1995年のことである。この条約は主に、核兵器の開発、製造、および所有を加盟国に禁じることを目的としているが、とりわけ経済発展や社会的発展といった平和目的で原子力エネルギーを活用する権利を各加盟国に認める条項も存在している。また原子力の活用を決めた加盟国の道しるべとなる地域的な規範の枠組みも、条約の中で確立されている。

　バンコク条約によって確立された主な地域的規範は以下の通りである。すなわち、原子力エネルギーを活用しようとする国は、(1) 国内における核関連物資および施設の利用を平和目的に制限しなければならない。(2) 健康を保護し、生命・財産に対する脅威を最小化すべく、IAEAが勧告した各種ガイドラインおよび基準に沿う形で、自国の原子力開発プログラムを厳格な安全性評価の対象としなければならない。(3) 他の加盟国に求められた場合、安全性評価の結果を伝えなければならない。(4) 核不拡散条約およびIAEAの安全防護システムに厳格に従うことで、国際的な不拡散体制を維持しなければならない。(5) 放射性廃棄物その他の放射性物質を処分する際には、IAEAの基準と手続きに従わなければならない（ASEAN 1995）。

　ASEAN加盟国は年1度の首脳会議でこれら規範の遵守をうたっているが、中でも重要なのがエネルギー閣僚会合であり、そこでは民間の原子力利用における能力向上と安全性確保に関する地域的な協力関係の拡充が重要課題として強調されている。「ASEANプノンペン宣言：一つの共同体、一つの運命」（ASEAN 2012b）において、ASEAN首脳は以下のことに合意した。

IAEAなど適切な関係機関と協力して原子力の安全性を高め、また平和利用目的の原子力エネルギー開発における安全と保安についてIAEAが定めた各種基準を維持・促進する国際的な取り組みに関し、それに貢献し得るASEANの統一的アプローチを構築する。（ASEAN 2012a）

また「ASEAN政治・安全保障共同体に向けた青写真2025」（B.5.2節）においても、IAEAなどの関連国際機関と共同で原子力の安全性を強化すべく、地域的アプローチの構築が謳われている。しかしそれより重要なのは、この青写真がASEANTOMの強化を促していることであり、そうすることでASEANTOMが原子力の安全性に向けた地域的アプローチ構築を効果的に主導できるとしていることである（ASEAN Secretariat 2016参照）。

地域的協力関係の強化におけるASEANTOMの新たな役割

またASEAN首脳は次のように宣言した。

東南アジア各国の原子力規制機関から成るネットワークを構築し、それによって各国規制機関が原子力に関する情報や過去の体験を交換し、また原子力の安全、保安、および防護措置に関する協力関係を拡大させ、かつ能力を向上させることを可能にする。（ASEAN 2012a）

この点に関し、タイ原子力平和利用事務局（OAP）は2011年に非公式会合の場でASEANTOMの創設を提案し、ASEAN各国の規制機関から好意的な反応を得た。この提案は同年のASEAN首脳会議で提案され、加盟国から高い評価を得ている（ASEANTOM 2014a）。そして2015年、ASEAN憲章補足第1条に定められたASEAN政治安全保障共同体要綱の下、ASEANTOMはASEANの分野別傘下機関に指定される（ASEAN 2015）。現在、その活動は加盟各国の外務大臣に報告され、ASEAN首脳会議の議長声明にも含まれている（Biramontri 2016）。福島の惨

事を受け、原子力の安全性を個別に維持するのは不可能だと認識したASEAN各国は、原子力の安全・保安維持の文化を制度化する地域的枠組みの構築の一環として、ASEANTOMを通じた協力および情報共有の必要性を認めたのである。

　ASEANTOMは相互利益に関する4つの問題に焦点を合わせている。すなわち緊急事態への対策および対応、環境放射線の監視、原子力の保安、そして原子力の安全である（Biramontri 2016）。2012年、ASEAN各国の規制機関による予備会合がOAPを議長として開催され、原子力の平和利用における3S（安全、保安、防護措置）の実現を目指して知識および資源の拡充を図るべく、ASEANTOMの付託条項を取り決めた。なおASEANTOMはすでに3度の年次会合を開いている。最初の会合（2013年プーケット）では、原子力の3Sに関する加盟国同士の情報交換と相互協力が促進されるとともに、ネットワーク作りの作業計画が定められた。2回目の会合（2014年チェンマイ）においては、過去1年間の活動が見直されると同時に、2015年から16年にかけての活動計画が話し合われた。これらの活動には、緊急事態への対策および対応、原子力発電の保安体制、安全性、および管理について行なわれた多数の地域内ワークショップや教育訓練課程が含まれる（ASEANTOM 2014a）。3回目の会合（2015年ケダ）では、ASEANTOMがASEAN政治安全保障共同体傘下の分野別機関に指定され、また原子力の3Sに関する協力体制と共同事業をさらに強化すべく、IAEAとの主要連絡機関とすることが定められた（Biramontri 2016）。

　2014年、地域内早期警報ネットワークおよびデータセンターの構築に向けた情報交換を促進し、かつその機会を探るべく、タイとベトナムは環境放射線の共同監視に関する地域会合を主催した。マレーシアは原子力の規制確立と、現在および将来における規制面・法制面の国家的枠組みに関するワークショップを主催し、またシンガポールはヨーロッパ原子力共同体（Euratom）とASEANTOMの会合を主催しており、その中でEuratomは原子力に関係する自らの体験を共有した（ASEANTOM 2014a）。ASEANTOMという枠組みの下、マレーシアとタイは2015年から国境を越えた原子力の保安訓練を実施しており、机上演習と実地訓練が行なわれている。その訓練には両国の原子力規制機関、税関、警察、そして緊急対策チームが参加している。さらに、放射性物質の違法取引を共同で防ぐ能

力を試すべく、全てのASEAN加盟国がこの訓練に招待されている。それらに加え、ASEAN内部における緊急時の対策および対応を共同で強化する目的で、ASEANTOMはIAEAとヨーロッパ連合（EU）による支援を受けながら二つのプロジェクトを進めている。一つはIAEAの支援を受けて進められている「地域内環境放射線データベースの構築および緊急事態への対策・対応を支援するための、東南アジアにおける地域協力プロジェクト共同理念」であり、もう一つはEUの支援を受けている「ASEANにおける緊急時への対策・対応の強化：意思決定に対する技術的支援」である（Biramontri 2016）。

　ASEANTOMはまたASEANとEUの地域間協力も推進しており、とりわけ原子力の安全性と緊急時対策の分野に力を入れている。2016年初頭、欧州委員会は放射線および原子力にまつわる緊急事態への対策・対応についてASEANとの協力関係を構築すべく、その実現可能性調査を完了させた。調査を行なったのは欧州委員会共同調査センターであり、ASEAN6ヵ国の原子力規制機関がそれを支援した[5]。またこの調査はEUの「原子力の安全協力に向けた事業の一環として行なわれた。この事業は実現のための行動計画を含む地域戦略で構成されており、ASEANTOMは特にEUとIAEAの支援を受けながら行動計画を実行に移すべきであると勧告している。とりわけASEANの近隣諸国で原子力発電所が建設され[6]、また一部のASEAN加盟国が原子力の活用を計画している今、地域における緊急事態への共同対策および対応の必要性は緊急度を増している。しかし2016年2月にクアラルンプールで開催された「原子力緊急事態への対策・対応に関する地域的協力の拡大を目指す国際普及ワークショップ」において一部の規制機関が述べたように、地域的戦略の実現にあたってASEANTOMが直面している主要な課題の一つに、各国規制機関が十分な物流および財政的資源を有していないという

5───6つのASEAN規制機関は以下の通り。インドネシア原子力規制局（BAPETEN）、原子力ライセンス委員会（AELB、マレーシア）、フィリピン原子力研究所、国家環境局（シンガポール）、OAP（タイ）、ベトナム放射能原子力安全局（VARANS）。

6───中国はベトナムとの国境近くで3ヵ所の原子力発電所を稼働させている。

現状がある。

　ここに概略を記した原子力の3Sに関するASEANの枠組みと取り組みは、各加盟国が地域内協力を通じ、原子力の平和的活用に関する地域的な規範を維持する重要性を認識していることを示している。しかし原子力の活用に関する地域的な規範の枠組みは、原子力の活用を検討している各加盟国の基礎インフラに構造的課題が残っているならば、それだけでは十分でない。特に大きな課題として、人材の確保、規制面・法制面の優れた枠組みの構築、そして放射性廃棄物処理に関する制度化された国家戦略の策定が挙げられる。一例を挙げると、ある加盟国が規制に関する包括的な枠組みを制度化できなければ、原子力の安全および保安に関するASEANの規範だけでなく、国際的な核不拡散体制の遵守も達成されないだろう。大抵の場合、優れた原子力規制機関は、核物資の管理と記録、情報の保護、廃棄物処理、緊急事態への対策、火災防止策、放射能の安全対策、そして物理的防護策に関する安全・保安基準を免許申請者が全て満たしているかどうかを審査・確認することで、核拡散問題に対処している（US NRC 2015）。規制機関が核関連施設を完全な形で監視できなければ、核物資の悪用という事態が生じかねず、安全面・保安面の問題が発生するだけでなく、核拡散のリスクも生じるだろう。次節ではASEANの原子力計画を概説した後、とりわけ原子力の安全と保安に関する重要な問題のいくつかを論じる。

法制面および規制面の枠組み

　原子力技術の輸出企業を含む原子力業界の事業者たちは、2011年に発生した福島原発事故以降、世界中の原子力発電所において安全面で必要不可欠な改善はすでになされたと主張している。しかし東南アジアの原発新興国は、原子力発電所の安全稼働を確実なものにするにあたり、原子力プログラムを有する国々から価値ある教訓を今なお引き出すことができる。

　ベトナムはかつて東南アジアにおいて最も先進的な原子力発電所計画を有していたが、規制機関の独立性を保つ法制面の枠組みは存在しない。現在同国の原子力規制機関として機能しているのはベトナム放射能原子力安全局（VARANS）で

ある。2012年以降、ベトナムはより独立性の高い規制機関の新設を段階的に目指してきた。同国の科学技術省と日本の経済産業省は、ベトナム原子力規制機関の技術面・安全面における能力を向上させる合意文書に署名した。またベトナムの原子力法の改正案には、VARANSを事実上の独立機関とすることが謳われている。なおVARANSは現在、ベトナムにおける原子力開発の主務機関、科学技術省の下で「部分的に独立」しているに過ぎない[7]。VARANSの独立性は放射線発生源や放射性物質の規制に限られており、その大半は工業、教育、医療の分野で用いられているものである。ゆえに原子力発電所の安全・保安を規制する権限は持っていない。VARANSに関する法律の改正案はまだ通過しておらず、原子力の発展を目指す省庁から完全に独立した規制機関がベトナムに生まれるかどうかは予断を許さない状況である[8]。ベトナム政府は原子力発電所プロジェクトの達成を目指すにあたり、現時点では全ての関係省庁とVARANSの協力関係の方がはるかに重要だと信じていることから、VARANSを独立機関とすることに熱心ではない[9]。

また、原子力発電所プログラムの進捗状況を監督する国家委員会が、ベトナム政府によって設立された。この委員会を構成しているのは、通商産業省およびその付属機関としてのベトナム電力、科学技術省およびその付属機関としてのVARANS、ベトナム原子力研究所(VINATOM)、ベトナム原子力庁、そして教

7────IAEAの天野之弥事務局長は、規制機関の独立性こそが透明性の強化と大衆の理解をもたらすものであると、再三にわたって強調している (Amano 2015)。福島原発事故がもたらした最大の教訓の一つとして、独立した原子力安全規制機関を持つことの必要性が挙げられる。1994年締結の原子力安全条約とIAEAの一般的安全要件も規制機関の設置を求め、政府省庁といった原子力技術の推進勢力から分離ないし独立していることの必要性を謳っている (IAEA 1994)。独立した規制機関を持つ第1の理由は、安全および保安と対立しかねない利害関係から圧力を受けることなく、判断を下し実行に移せるようにする、というものである。

8────2014年8月8日、ハノイで行なわれたVARANS職員へのインタビューより。

9────2015年10月30日、シンガポールで行なわれたVINATOM職員へのインタビューより。

育訓練省である。しかし委員会の運営は十分なものと言えず、議長である副首相が他の仕事で極めて多忙であることから、メンバーが定期的に会合を持つには至っていない。

インドネシアにおいては、IAEAの規定に反し、原子力発電所プログラムを検討・促進するにあたってその主導と管理を担う原子力エネルギー計画実行機関（NEPIO）が存在しない。[10]原発建設の計画策定にあたっては、BATAN、インドネシア原子力規制局（BAPETEN）、エネルギー鉱山資源省、環境省、そして研究技術省といったいくつかの機関が、それぞれ独自の役割を担っている（IAEA 2013）。こうした体制によって、複数の省庁による原子力発電所建設プロジェクトの一翼を担い原発の稼働に向けた諸々の活動にも関わるものと思われるBAPETENの規制に関する一貫性が損なわれる恐れがある。理想的には、こうした原発計画に関わる予備的活動の客観的な規制・監督権をBAPETENが持つべきだろう。

またインドネシアにおけるもう一つの問題点として、原子力発電所に関する様々な責任が異なる諸機関に分散され、そのため機関同士の調整を必要としていることが挙げられる。専門の運営委員会が存在しないことは、原発建設に対する熱意の欠如を象徴している。なぜなら、BATANは首相に直属していることから原子力に関する主務機関ではあるものの、他の機関に対する権限を一切持っていないからである。また原子力発電所プログラムをさらに推し進める省庁間の協力関係も依然として弱い。原子力を推進する立場の機関から完全に独立した規制機関の設立が強く求められる一方で、規制能力を発揮するにあたりBAPETENはいまだBATANの強力な後ろ盾を必要としている（Taryo 2015）。より重要なことは、インドネシアの法制面における枠組みがIAEAの基準に全て従っているわけではないと、BAPETEN自身が認めていることである（Sunaryo 2015）。さらに、既存の法的枠組みが将来における原子力の活動を規制する一方、「使用済み燃料管理および放射性廃棄物管理の安全に関する条約」（1997）といった国際協定を組み

10───NEPIOは「決定事項の実行を待つ原子力プログラムについて、その実行にあたって他機関と調整を行なう、あるいは単独で実行する」機関とされている（IAEA 2008:1）。

込むには、法律の改正が必要なのである。

マレーシアにおいては、原子力発電所に関する主要な法律は1984年制定原子力ライセンス法（法律304号）であり、条文には放射性物質に関する詳細な条項も含まれている（Bidin 2013）。2011年、マレーシア原子力社（MNPC）が同国におけるNEPIOとして設立される。MNPCは首相府の監督下に置かれ、原子力開発促進委員会としての役割を担うものとされる（Markandu 2013）。

マレーシアで原子力規制機関に指定されているのは、原子力ライセンス委員会（AELB）である。しかし同委員会はMNPCの主宰する原子力開発促進委員会の一員でもあり、原発建設の予備的取り組みに関わっていることから、規制面の独立性が損なわれるおそれがある。AELBはまた、原子力の活用を熱心に進めている科学技術革新省の付属機関であり、MNPC理事会のメンバーでもある。IAEAの勧告に従うならば、原子力発電所の建設および稼働に利害関係を有する全ての政府機関から、規制委員会は完全に独立していなければならない。

原子力の安全・保安対策

原子力の安全・保安対策の制度化に関し、ベトナム、インドネシア、そしてマレーシアは核の3Sに対する自国の関与を強化し得るいくつかの取り組みを始めているが、外部の有識者だけでなく国の機関さえも複数の課題を認識している。一例を挙げると、ベトナムは原子力の危機管理だけでなく科学的・技術的知識の点においても、原子力の活用に関する経験を有していない。また安全文化に対する国民の意識がいまだ低いことから、安全文化の概念は規制機関の内部においてさえ明確に定義されていない。さらに、ベトナムの利害関係者――政府機関、科学者、および地域社会――の間では、原子力プロジェクトの安全に関する問題への理解が現在においても非常に限られている（Vuong 2015）。ベトナムの原子力専門家の中には、核の安全性について警鐘を鳴らし、また独立した規制機関の欠如、汚職の蔓延と低い透明性、そして貧弱な安全基準について警告する者もいる（Ninh 2013）。

福島原発事故は、原子力に関するベトナムの管理・規制能力についての懸念を

引き起こした。種々の気候モデルによると、ベトナムはしばしば海面上昇やより強い台風といった気候変動に対し最も脆弱な国の一つとされ、ニントゥアン原子力発電所の近辺はとりわけ顕著である。沿岸部に位置するニントゥアン省は災害に弱い地域であり（Mulder 2006）、南シナ海で強い地震が発生した場合、津波に襲われる可能性が高い。しかしこうしたリスクにもかかわらず、政府は今なおニントゥアンにおける原発建設を決意している。

　ベトナムは国際的な安全基準や規制慣行を全て満たすべく、IAEAと緊密に協力している。2012年、IAEAはベトナムの緊急時対策評価を実施し、緊急事態への対策・対応能力を検証するとともに、いくつかの勧告を行なった（Thiep 2013）。その結論を受けてベトナムの国家的対策・対応計画が策定されている。またVARANSは緊急時の具体的な対策・対応計画を作成すべく、中央政府および地方政府の関係機関と作業を始めた。しかしIAEAによるその他の勧告については、いまだ実行に移す上で課題が残っている。ベトナム原子力庁の長官も、原子力のインフラ整備に直接携わる主要機関でさえも体系的な訓練がまだ行なわれていないと述べた（Hoang 2013）。

　IAEAの勧告に従い、ベトナムは安全対策の策定と実行を開始したが、その中には核物質および放射能源の輸送に関するVARANSによる許可制度が含まれている。またIAEAは、ホーチミン市の南東を流れるカイメップ川沿いに所在する3つの港、すなわちチーバイ、バリア、そしてブンタウに設置された12個の携帯式放射線測定器および関連システムの大半を提供している。

　インドネシアの原子力発電所建設計画は、火山の噴火、地震、津波、洪水、そして地滑りといった国内で頻発する自然災害のため、国内外で懸念を引き起こしている（National Agency for Disaster Response 2012）。BATANはこうした地理的脆弱性が持つ意味を認識しており、用地選定の手続きを進めるにあたってIAEAのガイドライン（BCR no.5/2007 on the Safety Provision for Site Evaluation for a Nuclear Reactor）と他国の最善の慣行（Suntoko and Ismail 2013）を基準とした。ムリア（中部ジャワ州）やバンテン（西ジャワ州）をはじめとするいくつかの候補地は、地震活動が活発な地域に位置している。そのためスマトラ島の東に位置するバンカ・ブリトゥン島が現在のところ同国初の原子力発電所建設地として有力視されている。

バンカ・ブリトゥン島は環太平洋火山帯の外側に位置しており、自然災害の危険性は低い。しかしBAPETENはいまだBATANから正式な申請書を受け取っておらず、バンカ・ブリトゥン島における原子力発電所建設計画がいまだ実現可能性調査の段階であることを示唆している。

インドネシアは原発事故に備えて緊急時の訓練や演習を数多く実施しており、ジャカルタ南部のファトマワティ病院が非常時の搬送先に指定されている。だがインドネシア災害管理国家委員会が最近実施した自然災害対応訓練の結果、権限の細分化、指揮系統、そして資源の動員といった省庁間の連絡調整における問題によって、緊急時の対応が標準以下になっていることが判明した。BAPETENはこうした課題に対応するため、2014年8月に「原子力保安および緊急時対応に関する中核センター」を創設している（Hadi 2014）。これはBAPETEN、BATAN、警察、税関、外務省、そして情報機関で構成される特別組織であり、原子力保安と緊急時対応に関する上記諸機関の取り組みを調整するのが目的である（Haditjahyano 2014）。また原子力保安を強化しつつ核拡散のリスクを減少させるため、いくつかの港に放射線測定器を設置している（Sinaga 2012）。

マレーシアは環太平洋火山帯と台風多発地帯の外側に位置することから、地震や火山噴火、台風といった自然災害に襲われることは少ない（Disaster Management Division of Prime Minister's Department 2011）。マレーシアを襲う自然災害は洪水や地滑りといったものである（Asian Disaster Reduction Center 2011）。2009年、マレーシアは原子力発電所用地選定ガイドラインを完成させ、2011年には候補地を5ヵ所に絞り込んだ。しかし用地選定がコンピュータ上の数値データによる電子地図を基に行なわれ、実地調査がまだ実施されていないことから、マレーシアにおける原発建設はいまだにごく初期の段階にある（*Malaysian Insider* 2012; AELB 2012）。緊急事態への対策および対応を強化すべく、AELBは原子力緊急事態チームを組織し、マレーシア北部、南部、東部、そしてサバ・サラワク地方に最初の対応担当者を配置した（Teng 2014）。AELBは核物質の輸送時にお

11　2014年8月14日、ジャカルタで行なわれたBAPETEN職員へのインタビューより。

ける事故に備え、放射能緊急時国家演習といった国家規模の緊急対応訓練を定期的に実施している。また2007年には研究炉の異常時に備えた野外訓練と机上演習を行なった。

原子力関連施設を保護しつつ核拡散防止に関する諸規範を遵守するため、マレーシアは「地球規模脅威削減イニシアティブ」を通じてアメリカとの密接な協力関係を構築している。[12] 2012年2月には、同国に所在する4ヵ所の放射能源区分1施設が、当イニシアティブの枠組みの下で評価された（Nuclear Security Summit 2014）。またマレーシアは核テロリズムに対抗するためのグローバル・イニシアティブにも参加しており、[13] その取り組みの一環として2014年にオーストラリア、ニュージーランド、そしてアメリカとの共同机上演習を主催した（European Leadership Network 2014）。

マレーシアは「1984年制定原子力ライセンス法」（法律第304号）の改正を進めており、それが完了すれば、IAEA策定の「核物質の防護に関する条約」および2005年改正条約の諸条項、「核によるテロリズムの行為の防止に関する国際条約」、そしてIAEAとの「包括的保障措置協定」の追加条項が同法に組み込まれる（Nuclear Security Summit 2016）。

人材育成

とりわけ安全と保安の分野において、若者に原子力関係の教育を施し、また専門家の技術を向上させることが、いまも強く求められている。原発推進を計画し

12——これは世界規模での民間による放射性物質の過度の利用を削減し、またそうした事態からの保護を目的としたアメリカ主導の取り組みであり、特に高濃縮ウランが対象とされている。

13——「核テロリズムに対抗するためのグローバル・イニシアティブ」は核テロリズムの防止、探知、および対応における集合的な能力を向上させることが目的の国際的な協力体制であり、マレーシア、シンガポール、ベトナムを含む85ヵ国が参加している。またオブザーバーとしてEU、IAEA、国際刑事警察機構（インターポル）、そして国連薬物犯罪事務所が名を連ねている。

ている一部のASEAN加盟国が、原子力産業に携わった経験を持つ自国の専門家を多数育て維持することの必要性は、過去に何度も強調されてきた。さらに、高度な知識と豊かな経験を兼ね備えた専門家の存在は、有能かつ独立性の高い規制機関を創設する上でも必要不可欠である。しかしASEAN地域に、将来の原子力発電所を安全に稼働し得る十分な人材は存在していない。

　ベトナムにおいても人材育成が最大の課題であり、とりわけ原子力工学のスペシャリストおよびエキスパートが不足している。既存のインフラや技術的基盤の水準次第で、国家が原子力技術を所有するまでには数年ないし数十年かかることから、ベトナムが同国初となる原子力発電所の建設を中止したのは驚くべきことではない。プロジェクトが継続中だった2016年まで、政府は原子力分野の人材育成を促進するためいくつかの取り組みを行なった。2009年、統合原子力基盤レビュー事業に基づくIAEAの勧告を受け、ベトナム政府は「原子力分野の人材育成を目指す国家推進委員会」を創設する。2度目の検討事業が実施された2012年には、原子力プログラムのための人材育成統合計画を支えるべく、IAEAと共同で専門家育成事業を開始している（Hoang 2014）。またこれに先立つ2010年、グエン・タン・ズン首相は「原子力分野の人材教育ならびに育成を目指す国家プロジェクト」またの名を「計画第1558号」を認可し、2013年から2020年までの予算として1億5,000万ドルを割り当てた（Dung 2010; Thiep 2013）。後に中止されたこの計画では、3,000名の大学生、500名の大学院生、そして1,000名の教員に原子力関係の教育が施されるはずだった。またこの棚上げされた計画の下、ベトナムは原子力の知識を吸収させるために多くの学生たちを海外に送り込んだ（World Nuclear Association 2015）。

　ベトナム教育訓練省は2015年から2020年にかけて学生1,000名に対する教育訓練を目指し、一方海外で学ぶ学生はロシアや日本で3ないし5年にわたる教育を受けている[14]。しかしながら、原子力発電所の建設や稼働に携わる有能な人材の不足が、同国の原子力プログラムの課題となっている。ベトナムは現在、人材育成や能力構築に資金を投じてはいるものの、実践よりも理論に重点が置かれて

　14───2014年8月8日、ハノイで行なわれた教育訓練省職員へのインタビューより。

いるという批判が以前から存在する（Ninh 2013）。またニントゥアン原子力発電所の建設が中止されたことで、人材育成に対する影響も強く懸念されている。ロシアで教育を受けている学生30名は2016年に帰国することになっており、その後も2018年から19年にかけてさらに多くの学生が海外から戻ってくる。現在ロシアで学ぶ学生は300名ほど、日本で学ぶ学生は15名であり、そのいずれも同国の原子力発電所の運営を担うはずだったベトナム電力に就職する予定である。しかしニントゥアン原発が完成することはもはやなく、これらの学生が海外で獲得した原子力発電所の運営に関する知識も、活用される見込みはないのである。[15]

　ベトナムの教育制度は、若き原子力専門家を生み出せるほどには整っていない。原子力工学課程は、ハノイ（ベトナム国家大学、工科大学、電力大学）、ホーチミン市（ベトナム国家大学科学大学）、そしてダラット（ダラット大学）に所在するいくつかの大学で新設されたばかりである。しかしこれらの大学には原子力工学の分野で経験豊富な教授がおらず、特に必要とされている原子力工学よりもむしろ主として原子力物理学、原子力技術、そして放射線技術に重点が置かれている（Tran 2015）。

　原子力に関する海外教育プログラムは、IAEA、日本、ロシア、韓国、その他原発保有国が提供する短期コースが主体となっている。ベトナムの研究開発はいまだ十分に進歩していない。原子力の研究は何年も前から行なわれているが、適切な重点が置かれることも、正しく組織化されることもなかった。また原子力の分野を率いる科学者や技術者がいないことから、原子力の研究および応用における国内の指導者も存在しない。研究開発基盤もまた、原子力研究を支えるには不十分である（Tran 2015）。

　ベトナム政府は、人材育成こそが原子力発電事業を成功に導く鍵であると考えている。ベトナムが自国の原子力技術を十分発展させるまでは、国際協力が人材育成を図る上で必要不可欠な役割を担うだろう。2011年の原子力科学技術センター創設にあたってはロシアが支援を行なっている。また最近では原子力エネルギー専門家教育プログラムが開始され、ベトナムの原子力プログラムを担う若き

15───同上。

リーダーを育成している。その目的は40名のスペシャリストおよびエキスパート候補に対し、原子力発電所の設計・建設、運営と資金計画、原子炉の安全性、経済性、そして核燃料サイクルといった戦略的領域の教育を施すことである。受講生は原子力関連の課程をベトナム国内で9ヵ月にわたり学習する。それからアメリカ、ヨーロッパ、日本、韓国などで厳しい訓練を受け、帰国後はVINATOM、原子力科学技術センター、ベトナム電力、あるいはVARANSなどの原子力関連機関で勤務することになる（Tran 2015）。

　一方、インドネシアにはBATANなどの原子力研究機関で30年以上勤務している専門家が数多く存在する（Ministry of Energy and Mineral Resources, Republic of Indonesia 2008）。しかしこれらベテランはまもなく引退の時期を迎えるため、インドネシアは彼らに代わる人材を確保・育成する必要に迫られている（Antara News 2013）。2001年、BATANは原子力の化学技術および物理技術を教育する4年間の学士課程を原子力技術大学に新設したが、これは原子力発電所の稼働に必要な専門家や技術者の養成を目的としたものではない。

　BATANは工学・科学分野の原子力専門家を育成すべく、新卒の大学生を韓国、日本、ロシアの原発関連企業に送り込んでいる（IAEA 2013）。またインドネシアは人材育成を担う国家チームを創設し、原子力訓練センターの創設を含む行動計画を策定した（National Team of HRD for NPP 2013）。センターの新設は2010年に始まっているが、現在もまだ作業の途中である。

　人材育成プログラムと原発運転技術をさらに充実させる必要性が高まっていることを受け、BATANは実験炉の建設を計画しており、2021年ないし22年に稼働を開始させる予定である。このプロジェクトの主な目的は、小型原子炉を安全に運転できることを立証し、将来の原発稼働に向けて原子力の活用技術を同国の専門家が手に入れる機会を作り出し、そして原発およびその関連施設の研究開発と人材育成を促進し、かつ原発に対する国民の理解をさらに得ることである。またBATANは各地方自治体の指導者たちを対象とした実験炉の見学会を主催するだけでなく、原子力の安全性を地元住民に納得させるべく、公開討論会も開催している（Taryo 2015）。

　マレーシアにおいて核科学の人材育成は大学から始まっている。核科学科を有

する高等教育機関はマレーシア国家大学が唯一（Adnan, Ngadiron, and Ali 2012）だが、他の大学も核関連の課程を用意している。しかし核に関する知識と技能は、医療、健康、農業、工業、および製造業といった原子力発電以外の部門に重点が置かれている（Khair and Hayati 2009）。

原子力発電所を運営するには、原子炉の設計、原子力安全工学、そして核燃料および核物資などを対象とするより専門的な課程が必要とされる。だが現在のところ、原子力工学分野の経験豊かな教員が不足している。マレーシアは原子力発電所に関する専門的な人材育成プログラムを持っておらず、同国初の原子力発電所を建設する前に必要な人材を揃えられるかどうかは依然として不透明である（Khair and Hayati 2009）。

長期的に見れば、ASEAN諸国は高度な技能を持つ原子力技師や専門家の人材を維持するにあたり、フランスおよびアメリカ式の能力構築プログラムを採用するかもしれない。こうした教育訓練プログラムは、去りゆく熟練労働者から次世代の労働者への知識移転を確実にするものである。

核廃棄物管理政策

原子力の活用を模索し始めた日から今日に至るまで、原発保有国が高レベル放射性廃棄物（すなわち使用済み燃料）の処理問題を解決できずにいることは、原発導入を検討している東南アジア諸国にとって大きなマイナス要因に違いない。現在のところ、過去60年間で蓄積された高レベル放射性廃棄物を保管する最終貯蔵施設は世界に一つも存在しない。にもかかわらず、フランス、スウェーデン、フィンランドでは深地層処分の分野で大きな進歩が見られ、2020年以降の運用開始を予定している（Amano 2015）。

その一方でIAEAはアジアの原発導入予定国に対し、原子力発電所を稼働させる前にまず、放射性廃棄物処理に関する国家政策および関連インフラを整備することで廃棄物問題を解決するよう強く勧告している（Amano 2015）。しかしベトナムはまだ恒久的な処分戦略を打ち出すに至っていない。ロシア政府との合意の一環として、将来生み出される使用済み燃料はロシアで再処理されることが決ま

っているものの、処理後の廃棄物はその後ベトナムに戻されるため貯蔵施設が必要となる。使用済み燃料の処理に関する包括的な計画が存在しないことは、ベトナムが解決しなければならない主要な課題の一つとされている（Vi 2004）。だが原発計画の中止は、使用済み燃料の処理という困難な課題からベトナムを解放することになるだろう。

インドネシアは「使用済み燃料管理及び放射性廃棄物管理の安全に関する条約」を批准しており、同国の核研究施設では、教育、医療、製造業の各部門で生み出された低レベルおよび中レベルの放射性廃棄物を管理・処分することが可能である。しかし、原子力発電所の稼働開始とともに生み出される高レベル放射性廃棄物の最終処分に関し、インドネシアは包括的な計画をまだ策定していない。

マレーシアでは、核廃棄物の安全な処理について深刻な能力上の懸念が存在する。原子力発電所の開発と、将来にわたる核廃棄物の安全な処理が持つ意味は大きい。マレーシアは「使用済み燃料管理及び放射性廃棄物管理の安全に関する条約」をまだ批准していないが、放射性廃棄物の取り扱い能力がマレーシア当局に欠けている実例として、国内の反原発勢力はパハン州のリナス・レアアース採掘場にまつわる論争を挙げている。ドイツの環境調査グループ、応用生態学研究所が作成した報告書によると、リナスの放射性廃棄物貯蔵施設では、許容できる条件下で放射性廃棄物を長期間貯蔵する持続可能な計画が存在しない上、有害な廃棄物が周辺環境に漏れ出している恐れもあるという。また報告書の中では、原子力規制機関は申請書類を審査する中で、重大な欠陥があることをすでに突き止めていたはずだともしている（Schmidt 2013）。

原子力の安全および保安を向上させるASEAN諸国の政策方針

我々はこれまで、ASEAN3ヵ国の原子力発電所計画について、それらの国々が直面している安全面、保安面、そして防護措置面の課題から評価してきた。これら3つの課題は制度と人材育成にまつわる問題点を浮き彫りにし、原子力の安全、保安、そして防護措置に対して統制のとれた取り組みが必要であることを明らかにした。当然ながら、原子力発電所の導入は周辺諸国に一定程度の懸念を引き起

こし、緊張が高まる原因ともなり得る。ゆえに我々は、原子力関連の施設、物資、および廃棄物の管理を確実なものとすべく、また地域的な災害対策メカニズムを導入すべく、ASEAN加盟国は協力することが急務であると論ずるものである。

　原子力の安全と保安を維持することは、事故の可能性を最小化する上で極めて重要である。とりわけ原子力の事故は局地的な放射能汚染から大規模な核テロリズム、あるいは国境を超えた原子力災害まで様々な範囲に及ぶため、核の安全と保安は実に地域的な問題なのである（Heinonen 2016）。

　福島原発事故からもたらされた重要な教訓の一つとして、「想定外」の事象や予測不可能な状況に対して幅広い視点（およびその対策）を持つ必要性が挙げられる（Suzuki 2016）。この点に関しては原子力の緊急時対策が極めて重要であり、その目標は現場だけでなく地域、国家、そして国際レベルに至るまで十分な対応能力を確保することにある。緊急事態における効果的な対応に必要なのがまさにこうした能力である。その対応能力は、テロ行為が予想される地域（ないしその近辺）で放射性物資を輸送する際の危機も考慮に入れなければならない。またサイバー攻撃など新たな種類の危機を防ぎ、あるいは素早く対応するために十分な備えも必要不可欠である（Heinonen 2016）。

　福島原発事故がもたらしたもう一つの重要な教訓として、危機管理における責任の明確化の必要性が挙げられる。これまで見てきたように、利害関係者（事業者、地元自治体、中央政府、および規制機関など）の間で責任が曖昧であったり重複したりしていると、危機管理の効率性は失われる。定期的な緊急事態訓練によって事故対応における協力・協調体制は改善するはずであり、原子力業界、規制機関、地元および中央の危機対策チーム、警察、軍、税関、沿岸警備隊、地方自治体、NGO、そしてメディアなどが参加する形で実施すべきである。また緊急事態訓練は、予期しない様々なシナリオに対する既存の対策および対応能力をテストできるよう構成されなければならない（Heinonen 2016）。

　地域的な取り組みが緩慢かつ実効性に欠けるという批判にもかかわらず、地域レベルの政策と枠組みを構築するにあたってASEANは今なお最もふさわしい基盤である。能力構築、情報共有、緊急時対応および対策の各分野において、ASEANは地域的協力を容易にする。また放射能汚染の危険性は国境を越えるこ

とから、ASEAN 各国は原子力事業と廃棄物を明確に管理し透明性を高めることによって、国際的問題を解決すべく近隣諸国と連絡体制を整えなければならない。ASEAN 加盟国は ASEAN 共同体の創設を目指していることから、原子力関連の諸問題に対する ASEAN 内部の合意形成も不可能ではないはずだ。

しかし協力関係を阻害する大きな要素に、他国の国内問題への不干渉という ASEAN の基本原則がある。多くの国はエネルギー安全保障をいまだ国家の安全保障問題と認識しており、自国の原子力プログラムを地域レベルで話し合うことに消極的である。各国の安全保障問題と認識されている核の安全保障には絶えず秘密性が伴うことから、国家の主権と地域の協力関係との間で均衡点を見出すことは困難な場合が多い。原子力事故が発生した際の人道支援や災害対策といった、非伝統的な安全保障問題を解決するにあたり、ASEAN は地域協力の場として力を発揮し得る。現在のところ、ASEAN 傘下にある二つの組織、すなわち ASEANTOM と原子力協力サブセクター・ネットワーク（NEC-SSN）が地域協力の推進役を担っている。なお後者はエネルギー政策および貿易を担当する政府高官で組織されている。これら傘下組織による活動の有効性は、多数の国際的・地域的取り組みによって一層強化されるだろう。

1995 年のバンコク条約でうたわれた原子力の規範枠組みを実現するために、ASEAN は原子力の 3S に関する青写真の策定を目指す可能性がある。その目的は、ASEAN 加盟国の原子力計画が実行に移される（2026 年を予定しているベトナムが最初だと思われる）前に原子力の 3S を確立すべく、ASEAN 内部に強固な原子力管理機構を創設することだと考えられる。その青写真は、他地域の慣行を土台とした実践的かつ実現可能なメカニズムが含まれ、能力構築、情報共有および拡散、規制枠組みの拡大、そして緊急時対応および対策の体制作りに関し、地域内の協力関係を推進することができる。これらの諸目標は、国内問題への不干渉という ASEAN の基本原則の内部にとどまる。またこの青写真に含まれる重要な要素として、使用済み燃料の管理に関する地域的枠組み、人材育成における協力関係、そして地域の原子力危機センターや合同原子力緊急事態訓練の実現可能性調査が挙げられる。

使用済み燃料の管理に関する地域的枠組みを策定するにあたり、ASEAN は

Euratom の地域的な法制枠組みから適切な教訓を引き出すことができる。2011年、EUは使用済み燃料と放射性廃棄物の管理に関して法的拘束力のある規制を採択し、放射性廃棄物取り扱いについての国家的プログラムを策定するとともに廃棄物処理施設の明確な建設計画を作り上げるよう各加盟国に求めた（European Commission 2014）。ASEANの枠組みは、核廃棄物処理の問題への持続可能な方法を模索する国際的努力に向けて各加盟国がいかに協力し合えるかを示すとともに、原子力に関心を持つ国々に対して高レベル放射性廃棄物の管理に関する包括的な国家計画を策定するよう促すものになるはずだ。

　人々と環境を守るべく、原子力危機への対応能力を強化する必要性に鑑み、ASEANは地域的な原子力危機センターを設立し、それを通じて第1対応担当者、医療関係者、税関職員、法曹関係者、そして災害センター職員をワークショップ、講習、あるいは合同訓練に参加させることもできる。こうした協力関係は情報と知識の共有を促すとともに、加盟国が放射能汚染に晒された際、合同で対応する能力を高めるものである。また実際の危機にあたり、このセンターは各地域・各省庁の災害対応を調整する特別機関としても機能する。こうしたセンターは、災害対策におけるASEAN人道支援調整センター内の特殊部隊として組織されるかもしれない。この特殊部隊は、ASEAN調整センターのように現時点で自然災害のみを対象としている地域的メカニズムが、原子力事故を含む技術的災害にも対応できるよう拡大するにあたり、その改善への一助となるだろう。技術的災害もまた、自然災害と同じ対応を必要とするからである。

　それとの関連で言えば、ASEAN各国の防衛閣僚は、「拡大ASEAN国防相会議──人道支援および災害対応／軍事医療演習」に、原子力災害を対象とした合同訓練を組み込むことができる。この目標に向け、ASEAN調整センター内の緊急事態評価チームに似た、特別な訓練を受けた災害対応担当者で構成される地域的な派遣団を組織することも考えられる。

　そして最後に、人材育成は原子力に関心を持つ加盟国が解決しなければならない主要な原発インフラの問題であることから、この問題に関する地域協力もまた、原子力の3Sに関するASEANの枠組みの一部となり得る。それについては、地域的な人材教育プログラムといったEuratomの取り組みが貴重な前例となる。

Euratom合同教育計画の下では、人数、技能の範囲、そして高水準の教育および経験の面で十分な人材を将来的に確保できるよう、2006年より様々な教育訓練活動が実施されたのである（European Commission 2013）。

またASEAN内部には原子力における協力関係を担当する二つの特別機関、つまりASEANTOMとNEC-SSNがあり、二重の管理体制を敷いていることも留意しなければならない。なおASEANTOMがASEAN政治安全保障委員会の管轄下にある一方、NEC-SSNはASEANエネルギー大臣会議の傘下に置かれている（Hashim 2016）。2016年のNEC-SSN会議における主要な目標は、民間原子力活用に関する能力構築活動の拡大と、ASEAN対話パートナーとの原子力に関する地域的な安全協力の遂行だった（ASEAN Centre for Energy 2016）。同様にNEC-SSNは原子力の安全と保安に関する加盟国間の情報共有の仲立ちもしている。こうした二重の管理体制は、原子力の3Sを維持しつつ原子力エネルギー管理における地域協力を促進するという、ASEANの強い姿勢を浮き彫りにしている（Hashim 2016）。

2012年、ASEANエネルギー大臣会議はNEC-SSNに対し、原子力の安全基準、開発状況、そして技術に関する最新情報をより多く入手することを目的として、IAEAなどの関連機関と共同で能力構築活動を推進・強化するよう指示した（ASEAN 2012a）。かくして、NEC-SSNは原子力発電に対する大衆の理解と賛意をさらに得るために、「原子力に対する国民教育およびクリーンエネルギー代替策としての原子力に関するASEAN行動計画」に基づく各種プログラムを加速・増強する必要に迫られている。

またASEAN加盟国はIAEAの支援を受け、評価方法に関する原子力安全専門家向けの合同教育ワークショップを組織し、建設用地の評価およびその結果の分析を支援することも可能である。ASEAN各国はすでに2014年のASEANTOM会合で決定された諸活動の確実な実施を求められているが、それらの活動には緊急事態への対策・対応に加え安全文化および管理に関する多数の地域ワークショップや訓練課程が含まれている（ASEANTOM 2014b）。

結論として、原子力エネルギープログラムは計画策定および建設開始から、稼働、廃棄物管理、そして能力構築に至るまで、数十年の年月を見込むべき長期的な取り組みであることを、我々はここに繰り返す。原子力は先端を行きながらも、

独自の危険性があり、かつ核拡散という問題を抱えた技術であって、入念な計画を要する。ベトナム、マレーシア、そしてインドネシアは、核エネルギーの平和的活用に関する地域の規範枠組みに準じたいくつかの方策をすでに制度化している。しかし東南アジアにおける原子力の安全な発展は、核不拡散を含む原子力の3Sを確実に遵守するという障害を乗り越えなければならない。その鍵となるのが地域協力であり、ASEAN共同体が発足した今、原子力関連の課題に関する合意形成は不可能ではない。しかし各加盟国は国内問題への不干渉から生じる懸念を解消しつつ、原子力の安全と、核兵器のないASEANに向けた共通の懸念と関心を最優先に考えなければならない。

〔献辞〕

　本章はCaballero-Anthony and Trajano（2015）の改訂版である。

〔参考文献〕

Adnan, Habibah, Norzehan Ngadiron, and Iberahim Ali, 2012. Knowledge management in Malaysian nuclear agency: The first 40 years. Presentation to the Knowledge Management International Conference (KMICe), Johor Bahru, 4–6 July. www.kmice.cms.net.my/ProcKMICe/ KMICe2012/PDF/CR89.pdf (accessed 17 January 2017).

AELB (Atomic Energy Licensing Board), 2010. *Nuclear Regulatory Newsletter: Marking AELB's 25th Anniversary (1985–2010)*. December. portal.aelb.gov.my/sites/aelb/nuclearnewsletter/MNRNewsletter Dec2010.pdf (accessed 17 January 2017).

Amano, Yukiya, 2015. Atoms for peace in the 21st century. Transcript of speech delivered at the Energy Market Authority Distinguished Speaker Programme, Singapore, 26 January. www.iaea.org/newscenter/ statements/atoms-peace-21st-century-1 (accessed 17 January 2017).

Antara News, 2013. Half of Indonesian nuclear experts will enter retirement age. 14 November (in Indonesian).

ASEAN (Association of Southeast Asian Nations), 1995. Treaty on the Southeast Asia Nuclear Weapon-Free Zone. 15 December.

ASEAN (Association of Southeast Asian Nations), 2012a. Joint Ministerial Statement of the 30th ASEAN Ministers of Energy Meeting (AMEM). Phnom Penh, 12 September. asean.org/joint-ministerial-statement-of-the-30thasean-ministers-of-energy-meeting- amem/ (accessed 17 January 2017).

ASEAN (Association of Southeast Asian Nations), 2012b. Phnom Penh Declaration on ASEAN:

第7章　ASEANにおける原子力協力関係の拡大　　213

One Community, One Destiny. Phnom Penh, 3–4 April.
ASEAN (Association of Southeast Asian Nations), 2015. Chairman's Statement of the 27th ASEAN Summit. Kuala Lumpur, 27 November.
ASEAN (Association of Southeast Asian Nations) Centre for Energy, 2016. 6th Nuclear Energy Cooperation Sub-sector Network's Annual Meeting: Increasing ASEAN's Capacity in Civilian Nuclear Energy. Putrajaya, 12–13 April.
ASEAN (Association of Southeast Asian Nations) Secretariat, 2016. ASEAN Political-Security Community Blueprint 2012. Jakarta: ASEAN Secretariat.
ASEANTOM (ASEAN Network of Regulatory Bodies on Atomic Energy), 2014a. Background information. 1 December.
ASEANTOM (ASEAN Network of Regulatory Bodies on Atomic Energy), 2014b. 2nd Meeting of ASEAN Network of Regulatory Bodies on Atomic Energy, Chiang Mai, 25–27 August.
Asian Disaster Reduction Center, 2011. Information on disaster risk reduction of the member countries: Malaysia. www.adrc.asia/ nationinformation.php?NationCode=458&Lang=en&Nation Num=16 (accessed 18 January 2017).
Bernama, 2014. Govt to conduct feasibility study on building nuclear plant: Mah. *New Straits Times*, 7 July.
Bidin, Aishah, 2013. Nuclear law and Malaysian legal framework on nuclear security. Presentation to the Singapore International Energy Week, Singapore, 31 October. www.esi.nus.edu.sg/docs/default- source/event/presentation-3_aishah-bidin_nuclear-law.pdf?sfvrsn=2 (accessed 17 January 2017).
Biramontri, Siriratana, 2016. Presentation to the RSIS Roundtable at Singapore International Energy Week 2016: Nuclear Safety and Cooperation in ASEAN. Singapore, 28 October.
Caballero-Anthony, Mely, and Julius Cesar I. Trajano, 2015. The state of nuclear energy in ASEAN: Regional norms and challenges. *Asian Perspective* 39(4): 695–724.
Care2 Petitions, n.d. Stop nuclear power plants in Malaysia. www.thepetitionsite.com/745/599/785/public-petition-to-stop-nuclear-power-plants-in-malaysia/ (accessed 18 January 2017).
Consumers Association of Penang, n.d. www.consumer.org.my/ (accessed 18 January 2017).
Disaster Management Division of Prime Minister's Department, 2011. Brief note on the roles of the National Security Council, Prime Minister's Department as National Disaster Management Organisation (NDMO). Presentation to the 3rd ASEAN Inter-Parliamentary Assembly Caucus, Manila, 1 July.
Dung, Nguyen Tan, 2010. Approving the scheme on training and development of human resources in the field of atomic energy. Hanoi, 18 August. www.nti.org/media/pdfs/VietnamHRDevelopment Plan2020.pdf?_=1333145926 (accessed 17 January 2017).
Economic Planning Unit, 2015. *Eleventh Malaysia Plan 2016–2020: Anchoring Growth on People*.

Kuala Lumpur: Economic Planning Unit, Prime Minister's Department.

European Commission, 2013. Education and training in Euratom research in EP7 and future perspectives. Luxembourg: Publications Office of the European Union.

European Commission, 2014. Euratom. ec.europa.eu/programmes/ horizon2020/en/h2020-section/euratom (accessed 18 January 2017).

European Leadership Network, 2014. Joint statement on the contributions of the Global Initiative to Combat Nuclear Terrorism (GICNT) to enhancing nuclear security. 20 March. www. europeanleadershipnetwork.org/joint-statement-on-the-contributions-of-the-global-initiative-to-combat-nuclear-terrorism-gicnt-to-nuclear-security_1308.html (accessed 11 September 2017).

Hadi, Bambang Sutopo, 2014. Bapeten Bentuk Pusat Unggulan Keamanan Nuklir [BAPETEN creates center of excellence for nuclear security]. *Antara News*, 19 August.

Haditjahyano, Hendriyanto, 2014. Indonesian HRD in nuclear security — Batan's perspective. Presentation to the Workshop on the Asian Centers of Excellence in Nuclear Nonproliferation and Nuclear Security, Washington, DC, 18 July. csis.org/files/ attachments/140718_CoEWorkshop_Haditjahyono_Indonesia.pdf (accessed 17 January 2017).

Hashim, Sabar Mohd, 2016. Presentation to the RSIS Roundtable at Singapore International Energy Week 2016: Nuclear Safety and Cooperation in ASEAN. Singapore, 28 October.

Heinonen, Olli, 2016. Presentation to the RSIS Roundtable at Singapore International Energy Week 2016: Nuclear Safety and Cooperation in ASEAN. Singapore, 28 October.

Hoang, Anh Tuan, 2013. Vietnam experience in the IAEA integrated nuclear infrastructure review missions. Presentation to the Support to Nuclear Power Programmes: INIR Missions and Agency Assistance, Vienna, 18 September. www.iaea.org/NuclearPower/Downloadable/News/2013- 09-19-inig/INIR_SideEvent_Vietnam.pdf (accessed 17 January 2017).

Hoang, Anh Tuan, 2014. Updates on nuclear power infrastructure development in Vietnam. Presentation to the IAEA Annual Infrastructure Workshop, Vienna, 4–7 February. www.iaea. org/Nuclear Power/Downloadable/Meetings/2014/2014-02-04-02-07-TM-INIG/Presentations/08_S2_Vietnam_Hoang.pdf (accessed 17 January 2017).

IAEA (International Atomic Energy Agency), 1994. Convention on Nuclear Safety. Vienna, 5 July.

IAEA (International Atomic Energy Agency), 2008. Responsibilities and competencies of a Nuclear Energy Programme Implementing Organization (NEPIO) for a national nuclear power programme. Draft. Vienna: IAEA.

IAEA (International Atomic Energy Agency), 2013. Country nuclear power profiles 2013 edition: Indonesia. www-pub.iaea. org/MTCD/Publications/PDF/CNPP2013_CD/countryprofiles/Indonesia/Indonesia.htm (accessed 18 January 2017).

IAEA (International Atomic Energy Agency) PRIS (Power Reactor Information System), 2014. The database on nuclear power reactors. www.iaea.org/pris/home.aspx (accessed 17 January 2017).

IEA (International Energy Agency), 2015. *Southeast Asia Energy Outlook 2015: World Energy Outlook*

第7章　ASEANにおける原子力協力関係の拡大　　215

Special Report. Paris: International Energy Agency.

Khair, Nahrul, and Ainul Hayati, 2009. Prospect for nuclear engineering education in Malaysia. Presentation to the 2009 International Conference on Engineering Education (ICEED 2009), Kuala Lumpur, 7–8 December. irep.iium.edu.my/9735/1/Prospect_for_nuclear_ engineering_ education_in_Malaysia.pdf (accessed 17 January 2017).

Kyodo News, 2016. Vietnam to scrap nuclear plant construction plans. *Bangkok Post*, 9 November.

Lucas, Daxim L., 2016. Duterte gives nuke plant green light. *Philippine Daily Inquirer*, 12 November.

Malaysian Insider, 2012. Nuclear power project still in infancy, says Najib. 2 October.

Markandu, Dhana Raj, 2013. Roles and organisation of the NEPIO in Malaysia: Case study. Presentation to the Technical Meeting on Topical Issues on Infrastructure Development & Management of National Capacity for Nuclear Power Program, Vienna, 11–14 February.

Ministry of Energy and Mineral Resources, Republic of Indonesia, 2008. Ahli Nuklir Indonesia Berpengalaman 30 Tahun Lebih Operasikan Reaktor Nuklir [Indonesian nuclear experts have more than 30 years of experience operating nuclear reactors]. 26 January.

Mulder, Els, 2006. Preparedness for disasters due to climate change. www.climatecentre.org/ downloads/files/articles/preparedness%20 for%20disasters%20related%20to%20climate%20 change%20 els%20mulder.pdf (accessed 17 January 2017).

National Agency for Disaster Response, 2012. Potensi dan Ancaman Bencana [The disaster threats outlook]. www.bnpb.go.id/home/ potensi (accessed 7 September 2017).

National Team of HRD for NPP, 2013. Indonesia's update policy and HRD preparation for NPP. Presentation to the Fukui International Meeting on Human Resources Development for Nuclear Energy in Asia, Fukui, 26–27 March. fihrdc.werc.or.jp/achievement/13-pdf/ Session3/3%20Indonesia.pdf (accessed 17 January 2017).

Nian, Victor, and S. K. Chou, 2014. The state of nuclear power two years after Fukushima: The ASEAN perspective. *Applied Energy* 136: 838–48. doi.org/10.1016/j.apenergy.2014.04.030

Ninh, T. N. T., 2013. Human resources and capacity-building: Issues and challenges for Vietnam. Presentation to the ESI-RSIS International Conference on Nuclear Governance Post-Fukushima, Singapore, 31 October.

Nuclear Security Summit, 2014. National progress report: Malaysia. The Hague, 31 March. pgstest.files.wordpress.com/2014/04/malaysia_ pr_2014.pdf (accessed 7 September 2011).

Nuclear Security Summit, 2016. National progress report: Malaysia. Washington, DC, 31 March. www.nss2016.org/document-center- docs/2016/3/31/national-progress-report-malaysia (accessed 17 January 2017).

Pascaline, Mary, 2016. Vietnam nuclear power program: National Assembly scraps atomic energy project with Russia, Japan. *International Business Times*, 23 November.

Ramli, S., 2013. National nuclear power programme in Malaysia — An update. Presentation to the Technical Meeting on Technology Assessment of SMR for Near Term Deployment, Chengdu,

2–4 September. www.iaea.org/NuclearPower/Downloadable/Meetings/ 2013/2013-09-02-09-04-TM-NPTD/9_malaysia_ramli.pdf (accessed 17 January 2017).

Schmidt, Gerhard, 2013. Description and critical environmental evaluation of the REE refining plant LAMP near Kuantan/Malaysia. Berlin: Öko-Institut.

Sinaga, M., 2012. Development of nuclear security in Indonesia. Presentation to the NRC's International Conference on Nuclear Security, Washington, DC, 4–6 December.

Sunaryo, Geni Rina, 2015. Development of nuclear power programme in Indonesia. Presentation to the 5th Nuclear Power Asia Summit, Kuala Lumpur, 27 January.

Suntoko, H., and Ismail, 2013. Current status of siting for NPP in Indonesia. Presentation to the Second Workshop on Practical Nuclear Power Plants Construction Experience, Beijing, 24 October.

Suzuki, Tatsujiro, 2016. Presentation to the RSIS Roundtable at Singapore International Energy Week 2016: Nuclear Safety and Cooperation in ASEAN. Singapore, 28 October.

Tan, Hui Yee, 2016. Cambodia and Thailand edging closer to nuclear power. *Straits Times*, 30 May.

Taryo, Taswanda, 2015. Development of nuclear power plant in Indonesia. Presentation to the RSIS Roundtable at the Singapore International Energy Week 2015: Is Southeast Asia Ready for Nuclear Power? Singapore, 29 October.

Teng, I. L., 2014. Post Fukushima: Environmental survey and public acceptance on nuclear program in Malaysia. Presentation to the International Experts' Meeting on Radiation Protection after the Fukushima Daiichi Accident: Promoting Confidence and Understanding, Vienna, 21 February.

Thiep, Nguyen, 2013. Safety infrastructure development for Vietnam's nuclear power programme. Presentation to the Second ASEM Seminar on Nuclear Safety: International Instruments for Ensuring Nuclear Safety, Vilnius, 4–5 November.

Tran Chi Thanh, 2015. Implementation of the nuclear power program: Challenges and difficulties. Presentation to the RSIS Roundtable at the Singapore International Energy Week 2015: Is Southeast Asia Ready for Nuclear Power? Singapore, 29 October.

US NRC (Nuclear Regulatory Commission), 2015. NRC's support of US nonproliferation objectives in the licensing of enrichment and reprocessing facilities. *Backgrounder*, February. www.nrc.gov/ reading-rm/doc-collections/fact-sheets/nonproliferation.pdf (accessed 17 January 2017).

Vi, Nguyen Nu Hoai, 2014. Viet Nam's experience in the area of nuclear security. Presentation to the International Cooperation to Enhance a Worldwide Nuclear Security Culture, Amsterdam, 20 March.

Vuong, Huu Tan, 2015. Safety culture in Vietnam. Presentation to the IAEA Technical Meeting on Topical Issues in the Development of Nuclear Power Infrastructure, Vienna, 2–6 February.

World Nuclear Association, 2015. Nuclear power in Vietnam. www. world-nuclear.org/info/ Country-Profiles/Countries-T-Z/Vietnam/ (accessed 17 January 2017).

第3部

原発推進の真のコスト

第8章

電離放射線が健康に与える影響

ティルマン・A・ラフ

要 旨

　電離放射線の生物学的影響は、原子力発電など核技術の分析において最も激しい議論が行なわれ、かつ政治化された問題の一つである。本章の第1節ではまず電離放射線の性質および発生源、そしてそれが生態系や人間の健康に与える影響を述べ、そうした影響が以前の予測を上回っていることを示す新たな重要な証拠を示す。放射線と健康は歴史的に極めて政治化された分野であり、既得権益の側による議論や干渉が数多く行なわれた。そのため本章の第2節では、誰が、どういった理由で、何を言っているのか、その裏側にある経緯、動機、そして利益に関するいくつかの重要な疑問を理解し考える上での道しるべとなるよう、放射線と健康の分野における主要人物を簡潔に紹介する。そして第3節において、人間が引き起こす大規模な放射線被曝が生じる原因について検討する。

電離放射線の性質、発生源、および影響

電離放射線とは何か？

電離放射線には様々な種類の伝達されたエネルギーが含まれる。波長が長く低エネルギーの電波、マイクロ波、および赤外線から始まり、可視光線と紫外線を経て、波長が短く高エネルギーのX線およびガンマ線に至る電磁スペクトルを構成するものもあれば、亜原子粒子や核子から構成される電離放射線もある。高エネルギーの電磁放射線および粒子放射線には様々な種類があり、そのうち原子から一つ以上の電子を引き剥がし（電離）、化学的な束縛を無力化するのに十分なエネルギーを持っているもの（表8-1参照）は、いずれも「電離放射線」と呼ばれる。本章で「放射線」という場合、それは別に特記しない限り電離放射線を意味する。

表8-1 各種電離放射線

電離放射線の種類		放射線加重係数（ガンマ線と比較した生物学的影響の大きさ）(注1)	透過能力
電磁放射線（光子）	ガンマ線（エックス線と類似）	1	透過能力は高く（エックス線撮影に用いられるのはそのため）、遮蔽するには鉛やコンクリートなど密度の高い物質が必要となる（衣服では遮蔽不可能）。
亜原子粒子	アルファ線（ヘリウム核）、および原子核など核分裂性の高い粒子	20	外皮および紙で遮蔽可能（呼吸や経口摂取といった内部被曝によって害がなされる）。
	ベータ線（電子）	1	衣服1枚で遮蔽可能。一部は皮膚の基底部まで浸透する。
	中性子	中性子エネルギーにより5〜20	透過能力は高く、遮蔽にはコンクリートや地層が最も有効。

注1：この加重係数は、ある特定の放射線が、同じエネルギーのエックス線ないしガンマ線に比べどの程度生物学的損傷を与えるかを表わす。つまり加重係数が2になると、その放射線は同じエネルギーのエックス線ないしガンマ線に比べ、2倍の生物学的損傷を与えることになる。
出典：Centers for Disease Control and Prevention（2015）; European Nuclear Society（n.d.）。

電離放射線は放射性元素の自発的な崩壊によって放出される。その過程で放射性元素はより小さな原子へと何度も変化し、大抵の場合、変化のたびに電離放射線という形でエネルギーを放出する。こうした放射性崩壊の連鎖反応は、同じく放射性の中間段階を複数経て、最後に安定的な元素に変化する。放射性崩壊の連鎖、各段階の生じる頻度、そして放出される放射線の種類は、それぞれの放射性元素に固有の物理学的特性である。放射性崩壊の頻度は半減期、すなわち放射性元素を構成する原子のうち半分が崩壊するのにかかる時間で表される。半減期が長い元素は長期にわたって残存するが、その放射能は急速に崩壊が進む元素に比べて弱い。多くの元素は様々な異なる原子構成（原子核内部の陽子の数は同じだが、中性子の数が異なるものであり、同位体と呼ばれる）を有しているが、その一部ないし全部が放射性である場合もあり、その時は放射性同位体と呼ばれる。

　電離放射線はまた、X線装置におけるように、急速に動く荷電粒子を別の物質にぶつけることでも発生する。核爆発によって放出される中性子線は、通常では放射能を持たない物質の放射性崩壊を誘発する。大気中の窒素を半減期5,730年の炭素14に変化させるのがその一例である。

　放射線が物体を透過する力は、その種類によって大きく異なる。アルファ粒子は薄い紙や布によってせき止められるため、通常人間の皮膚、それも細胞が死んだ表面ですら透過できない。しかしエネルギーが大きいため、肺や消化器官など人体内部に取り込まれると深刻な損傷を引き起こす。一方、ベータ粒子（電子）の一部は、新たな細胞が生み出される皮膚の基底部を透過する。またガンマ線やX線は透過力が高く、医療画像の分野でエックス線が用いられるのもそれが理由である。それらをせき止めるには厚いコンクリートや鉛が用いられる。

放射能の発生源と被曝の要因

　人間は様々な要因を通じて放射線に晒されており、それは内部被曝と外部被曝に分かれる。宇宙を発生源とし、大気を通過して降り注ぐ放射線、地表ないし地中、建物の内部、あるいは空中の放射性物質から発せられた放射線は、いずれも外部被曝の要因である。放射線の放出源に直接触れることは、最も近い部分に最も大きな被曝を生じさせる。呼吸、消化（食料、水、あるいは環境中の土や埃など

が要因であり、とりわけ子どもに影響する)、ないし傷口や皮膚の裂け目の汚染は、人体に入った放射性物質からの放射線に曝される原因となり得る。こうした場合、ごく短い距離しか透過しない放射線であっても危険であり、放射性の粒子が人体に長期間留まればその危険性は特に高まる。また透過力の高い放射線を放出しない物質 (プルトニウム、ストロンチウム、トリチウムなど) による内部被曝は、測定がより難しく、放射線被曝の評価において無視されることもある。

　生物学的に重要な放射性同位体の多くは化学的に振る舞うため、我々が必要とする他の物質と同じように人体内部で処理される (**表8-2**参照)。それらの一部は生物の体内、および食物連鎖の過程で蓄積し、生物圏の中でリサイクルされる。一例を挙げると、淡水魚の体内に蓄積されたセシウム137の濃度は、その魚が住

表8-2　原子力発電所から放出され、人間の健康に大きな影響を与える放射性同位体の代表例

放射性同位体	放出する主な放射線	半減期	健康への影響および主な被曝経路
ヨウ素131	ベータ線、ガンマ線	8日	経口摂取。食物連鎖の途中 (特に乳) で蓄積され、甲状腺に集中し、がんを含む甲状腺疾患を引き起こす。とりわけ子どもが大きな影響を受ける。
セシウム137	ベータ線、ガンマ線	30年	外部被曝および経口摂取。体内に入ると、細胞内部の主な荷電イオンであるカリウムと同じように振舞う。生体濃縮し多くのがんを引き起こす。現在のところ、大気中の核実験および原発事故による放射線被曝の圧倒的原因である。
ストロンチウム90	ベータ線	28年	経口摂取。体内ではカルシウムと同じように扱われ、骨や歯に蓄積する。生体濃縮し体内に残留する。白血病および骨肉腫を引き起こす。
プルトニウム239	アルファ線	24,400年	呼吸によって被曝し、体内に残留する。内部疾患を引き起こし、とくに呼吸によって被曝した場合、肺がんの原因となる。ウラン原子が中性子を吸収することで、原子炉内で必然的に生成される。
トリチウム (三重水素)	ベータ線	12.3年	経口摂取によって被曝し、内部疾患を引き起こす。水溶性であり、生体濃縮を起こさない。

出典：UNSCEAR (1993: Annex B, 128-9) を基に作成。

む水中における濃度の1万倍に達することもある。

　放射性物質は固体、液体、気体いずれの形もとり得る。放射性物質を含む、あるいはそれによって表面が汚染された物質、物体、および有機体は放射線を放出するが、放射線に被曝したものの放射性物質を含んでいない物体ないし有機体は、他の物体を被曝させたり害を及ぼしたりすることはない。たとえば、医療目的で放射性の薬品を投与された人間は一定期間放射能を放出するが、X線装置による診断を受けたり、がん治療のために放射線療法を受けたりした人間は放射線の放出源とはならない。

　自然放射線に被曝する要因の大半は、希ガス類で最も重いラドン、そして土壌に含まれるウラニウム235および238、トリウム232の崩壊によって生み出される発がん性物質である。ラドンはポロニウム、ビスマス、テルリウムなど多数の中間段階を通じて崩壊するが、それらはより反応性が高く、また空気中の微粒子や塵に付着するため、呼吸の際に肺へ取り込まれる可能性がある。これらラドンの生成物はラドンに関係する放射線の大半を生み出しており、またラドンは世界中で喫煙に次ぐ肺がんの原因となっている。

　ここ数十年、放射線治療が世界各地で急速に普及しており、いくつかの国では自然放射線と同程度（オーストラリアおよびアメリカなど）、あるいはそれ以上（日本など）の放射線被曝の要因となっている。こうした状況をもたらした原因としてCTスキャン（X線診療の進化版とも言えるコンピュータによる断層写真撮影）の普及が挙げられる。

　現代の核兵器の大半は高濃縮ウランおよびプルトニウムから製造される。ウランとプルトニウムの核分裂反応はおよそ40通りあり、合わせて300もの放射性核種が生成される。またそれらの半減期は数分の1秒から数百万年まで様々である。原子炉内部でもウランとプルトニウムの核分裂が行なわれているものの、原子炉内部における連鎖反応を制御・増殖させる中性子は、核兵器の爆発に関わる「高速」中性子よりも速度が遅い。加えて、最初の分裂反応で生じた核種は短命ながら原子炉内部で分散しないため、より長寿命の崩壊生成物が蓄積されてゆく。ゆえに、原子炉内部に蓄積される長寿命の放射性同位体は、核爆弾によって生み出されるそれに比べて相対的に量が多くなる。

表8-3 原子力発電所から日常的に放出される放射性同位体

種類	主な同位体（質量数）
大気中への放出	
核分裂および放射化で発生する気体	クリプトン（85, 85m, 87, 88）、キセノン（131, 131m, 133, 133m, 135, 135m, 138）、アルゴン（41）
ハロゲン元素	ヨウ素（131, 132, 133, 134, 135）、臭素（82）
微粒子	コバルト（58, 60）、セシウム（134, 137）、クロミウム（51）、マンガン（54）、ニオビウム（95）
トリチウム	水素（3）
液体として流出	
核分裂および放射化による生成物	鉄（55）、コバルト（58, 60）、セシウム（134, 137）、クロミウム（51）、マンガン（54）、ジルコニウム（95）、ニオビウム（95）、ヨウ素（131, 133, 135）
トリチウム	水素（3）
水溶性の希ガス	クリプトン（85, 85m, 87, 88）、キセノン（131, 133, 133m, 135, 135m）

出典：National Research Council（2012: 37-8）より転載。

　核爆発と原子炉は、以前には存在しなかった数百もの放射性元素を新たに生み出すだけでなく（表8-3参照）、当初の物質の放射能量を百万倍もしくはそれ以上に増加させるのである。

電離放射線はなぜ生物学的に重要なのか

　電離放射線が生物学的に極めて危険なのは、大量のエネルギーを含んでいるからではなく、そのエネルギーが束になって細胞を襲うからである。たとえば医療用X線のエネルギーは、化学結合エネルギーのおよそ1万5,000倍に上る。また人間の場合、4グレイ（Gy）の電離放射線を全身に浴びると重篤な放射線障害が引き起こされ、死に至る可能性もある。しかしながら、4Gyの放射線が体重70キロの成人に及ぼすエネルギーはわずか280ジュールに過ぎず、これは摂氏60度の茶またはコーヒーを3ミリリットル飲んだ時の熱量と同じである。

　我々が誰であるかを決め、数多くの生物学的プロセスを制御しているのは、DNAに代表される大規模かつ複雑な分子鎖であり、それは我々の最も貴重な相続財産であると同時に子孫へ伝える最も大切な遺産である。我々の細胞に存在す

るDNA二重らせんの鎖のうち1本は母親から、もう1本は父親から受け継いだものだが、それら大型の分子は電離放射線の影響を特に強く受ける。放射線はDNAに直接損害を与えるだけでなく、フリーラジカルイオンなど極めて反応性が高い化学物質を生み出し、それらがDNAと反応することで、間接的にも損害を与える。それは一本鎖および二本鎖DNAの破壊、DNAを形作るヌクレオチド塩基の酸化、DNAの一部欠損、そしてその結果生じる遺伝子および染色体の損傷など様々である。血液中のリンパ球における染色体異常、とりわけ二動原体染色体異常の頻度は、数週間以内に全身に被曝した放射線量を推計する際に使われる。また日本の被爆者やニュージーランドの原爆実験要員の間では、被曝してから50年以上経った今もなお、転座（染色体の一部が位置を変えること）など、細胞を殺さない安定かつ永続的な染色体変化の頻度が上昇している（Wahab et al. 2008）。

　放射線によるDNAへの損害は、効果的に修復することもある一方、細胞の死（特に線量が高い場合）、機能不全、がんの誘発、そして次世代に伝達し得るDNAの変化など、様々な結果をもたらす。細胞にはDNAの損害を修復する機能があるが、それらは完全でなく、またエラーが発生する余地もある。細胞分裂の際、DNAは放射線の害を最も受けやすい。そのため骨髄中の血液細胞、卵巣および精巣内の生殖細胞、消化器官を形作る細胞、そして毛嚢など、急速に分裂・成長する組織が放射線に対して最も脆弱である。子宮が被曝すると胎児に知能障害や奇形などの悪影響を及ぼす恐れがある。乳児や胎児は放射線の影響をとりわけ受けやすく、胎児期の初期に発生する発がん性の突然変異は、後に生じる突然変異に比べ、より多くの娘細胞（訳注：細胞分裂の結果生じる2つ以上の細胞のこと）に転移する可能性が高い。後期の突然変異では、その細胞から生み出される娘細胞の数がより少なくなるためである。

　放射線と健康に関する科学は今なお発展途上である。急激な被曝は、長い時間をかけて同じ量の放射線に被曝した時と比べ1.5ないし2倍有害であると、しばしば考えられてきた。だが後に論じるように、最近の研究ではそうでないことが示されている。また多くの放射線に見られるのが「傍観者効果」である。つまりDNAに対する最初の損傷が発現しなくとも、ある細胞への放射線の損傷が近く

の細胞にも損傷を与えるのである。そこには炎症反応も関わっているものと思われる。さらに放射線による遺伝子への損傷として「ゲノム不安定性」というものがあり、それはさらなる損傷への耐性を弱めるとともに、親細胞から娘細胞にも伝達し得る。だが傍観者効果とゲノム不安定性はいずれも遅らせることができる。

放射線レベルとその影響

　放射線は様々な方法で測定される。放射能の最も基本的な測定単位は原子が崩壊する頻度であり、1秒あたりの放射性崩壊回数がベクレル（Bq）である。また吸収した放射線の量はグレイ（Gy）で表され、物体（通常は細胞組織）1キログラムにつき1ジュールのエネルギーが与えられた時の線量を1Gyとする。

　「等価線量」は特定の器官ないし細胞組織に吸収されたエネルギーの生物学的な影響を測定するものであり、吸収線量と当該細胞組織の荷重係数をかけ合わせることで求められる。荷重係数は、その細胞組織が放射線の影響をどれだけ受けやすいかによって決められる。放射線感受性には荷重係数によって40倍もの差が生じるため、以下の5つに分類される。最も影響を受けやすいのは生殖器官（子宮および精巣）であり、それに続くのが赤色骨髄（血液細胞が作られるところ）、胃、結腸、そして肺である。また「実効線量」は、被曝した器官および細胞組織の各等価線量を、器官ごとに異なる放射線感受性で調整した後の合計値であり、全体的なリスクの指標である。その合計値は科学的に厳密なものでなく、被曝が様々な細胞組織に及んでいる場合は意味が薄い。一例を挙げると、CTスキャンを受けた脳は40〜50ミリグレイ（mGy）の放射線を吸収するが、これは脳がんのリスクを高める水準である。ところが、これを全身の実効線量に換算すると約4.5ミリシーベルト（mSv）になる（Mathews et al. 2013）。なお等価線量と実効線量はいずれもシーベルト（Sv）で表される。またX線やガンマ線のように透過力のある放射線について、GyとSvは等価である。

　土壌や宇宙線に含まれるウランの崩壊で生じたラドンを吸い込んだり、自然発生した低レベル放射性物質を消化したりすることで、我々はみな自然放射線に被曝しているが、その全世界における平均値は1年間につきおよそ2.4mSvである。また胸部レントゲン1回あたりの線量は通常0.01mSvであり、CTスキャンにな

ると3〜12mSv以上になる。なお線量100mSv以上の被曝を一度に受けると、実験室で検出可能な染色体への影響が生じる。ちなみに「低線量」と定義されるのは通常100mSv未満である。

　線量100〜250mSvの電離放射線は一般的な血液検査で検出できる深刻な影響を引き起こし、線量がさらに上がると放射線障害の急性症状が現われる。また線量100mSv以上の放射線は、体内の様々な器官に可逆的・不可逆的両方の影響を与える。一度に被曝した線量が数百mSvになると急性症状の可能性が高まり、集中治療を受けなければ約4Sv（4,000mSv）で被曝した人間の多くは死亡する。なおがん治療においては、それよりはるかに高い線量の放射線が身体の特定の器官に照射される（がん細胞は通常の細胞に比べて分裂が速い）。皮膚の火傷、脱毛、不妊といった放射能による影響、そして頭痛や吐き気、嘔吐といった急性症状は、一定水準以上の放射線を被曝しなければ起こらない。優れた治療が行なわれれば、深刻な放射線障害からの回復は可能である。

　それとは対照的に、短期的な影響や急性症状を引き起こすに至らない線量であっても、電離放射線の被曝はその線量に比例する形で、長期にわたる遺伝子障害や慢性病のリスクを増大させ、ほぼあらゆる種類のがん発生率を増やすと考えられている。[1] 放射線はがんの発生リスクを増大させるだけでなく、その発症も早める。こうした過度のリスクは、被曝した人間の生涯にわたってつきまとう。また、これを下回れば健康リスクが増す恐れはないという水準はない、という結論がすでに確立している――いかなる放射線被曝であっても、長期的な健康リスクを増大させるのだ。これは自然放射線にもあてはまる。自然放射線の線量が高い地域では、突然変異率の増加、免疫学的変化、身体の肉体的変化、そして人間を含む多様な動植物におけるがん発生率の増加といった現象が確認されている（Møller and Mousseau 2013）。CTスキャンを受診した子どものがん発生率が予想以上に高く、また早期に発生していることが最近のデータで明らかになっているが、それ以前から、年間2.5mSvの自然放射線を骨髄が被曝した場合、小児白血病の

　1——がんは多くの場合広く二つに分類される――造血器から発生する血液がん（白血病）と固形がんである。

発症率が30パーセント上昇すると推計されていた（Wakeford, Kendall, and Little 2009）。

　放射線による健康リスクについて、最も権威があり、かつ厳密な定期的評価とされているのが、全米科学アカデミーによる「電離放射線による生物学的影響の報告書」（BEIR）である。しかし最新版であるBEIR VII（Committee to Assess Health Risks from Exposure to Low Levels of Ionizing Radiation 2006）が公表されたのは2006年のことであり、それ以降に積み上げられた新たな証拠はかなりの量に上る。BEIR VII報告書の推計によると、人口全体における固形がんの発症率は、被曝した線量が1mSv増加するごとに、人口1万人あたり1人の割合で増えるという。また白血病の発症率増加はこの10パーセント程度である。全てのがんのうち死に至るのはおよそ半数であることから、がんによる死亡率の増加は上記の半分、すなわち自然放射線が1mSv上昇するごとに、人口2万人につき1人の割合で増加するものと推定される。

　国際放射線防護委員会（ICRP）および各国の放射線防護機関の大半が勧告する、医療行為以外における放射線被曝の年間上限は1mSvである（放射線被曝の一般的な測定単位に換算すると、0.11マイクロシーベルト毎時となる）（ICRP 2009）。放射線防護機関の一部はこれよりも厳しい基準を採用しており、たとえばアメリカ環境保護庁は年間0.12mSvをもって放射能汚染地域の除染水準としている（US EPA 2014）。

　放射能の影響について知るにつれて、データで示されるそうした影響の程度が大きくなることは、一貫して変わらない傾向である。一方で放射線被曝の許容上限が引き上げられたことは1度もなく、常に引き下げられている。一例を挙げると、1950年から1991年にかけ、放射能取扱業務における全身被曝の年間許容線量は、およそ250mSvから20mSvに引き下げられた。これらの許容上限は、それを下回れば健康上のリスクがないことを意味するものではない。それはむしろ、安全性および人々の最善な防護と、商業上の利益およびコストをはかりにかけた、最も新しい妥協の産物なのである。

　また電離放射線は心疾患や呼吸器疾患など、がん以外の病気を発症し、それによって死に至るリスクも上昇させる。これは中・高水準の被曝において明確に立

証されており、また最近の研究結果によると、循環器疾患の死亡率は、原子力産業に従事する労働者の多くが常に晒されている低水準の線量および被曝率でも上昇するという。心臓などの循環器系疾患による死亡リスクの増大は、放射能に由来するがん発生リスクと相関関係にあると見られており、そうすると被曝による死亡リスクの増大は、がん単体による死亡リスクのおよそ2倍になることを示唆している (Little et al. 2012)。

放射線が健康に与える影響を理解する上で重要な要素の一つとして、たとえ低線量の放射線であっても多くの人々が被曝すれば、重大な結果を招きかねない、ということが挙げられる。イギリスで行なわれた研究によると、同国においてラドン由来の肺がんで死亡した人の大半 (85パーセント以上) は、空中のラドン濃度が1立方メートルあたり100ベクレル (Bq/m3) の家屋に住んでいたという。これは治療行為が必要な水準として勧告されている 200 Bq/m3 をはるかに下回るものである (Gray et al. 2009)。人口1億人中の平均被曝線量がわずか1mSv増加しただけで、がんの発生数は1万件増加するものと推測されている。

放射線の健康被害を受けやすい年齢集団

放射線のリスクは年齢集団ごとに一様でなく、幼い子どもが最も高い水準にあり、年齢とともに徐々に減少する。乳幼児は中高年に比べ、放射線によってがんを発症する可能性が4倍高い (Committee to Assess Health Risks from Exposure to Low Levels of Ionizing Radiation 2006)。またイギリスのアリス・スチュワートが1950年代に行なった先駆的研究によると、妊娠中の女性がX線の放射を腹部に1度受けただけで、胎児の被曝線量はおよそ10mSvに上り、その子の小児期のがん発症リスクを40パーセント上昇させるという結果が出ている (Doll and Wakeford 1997)。

またBEIR VII報告書では、全身均一に被曝した場合、成人女性および少女が成人男性および少年に比べがんの発症リスクが52パーセント高く、またがんによる死亡リスクも38パーセント高いことが示されている。この差異は若年層で最も大きく、0歳児から5歳児の場合、女児ががんを発症する可能性は男児に比べて86パーセント高いという結果が出ている (Makhaijani, Smith, and Thorne 2006:35-40)。

子どもは大人に比べ、放射能のもたらす害に極めて弱い。男性乳児（1歳未満）が30歳の成年男性と同じ線量の放射線を被曝した場合、がんを発症する確率は3.7倍に達する。また女性乳児と30歳の成年女性を比べると、その差は4.5倍となる（Committee to Assess Health Risks from Exposure to Low Levels of Ionizing Radiation 2006:470-99）。このような差異は、放射線の影響が顕在化するにあたり、若くて余命が長ければ長いほどそれを受けやすいことと関係がある。がんのリスク全体と年齢との関係を図8-1に示す。

若年層ほど放射線の影響を受けやすいという事実は、被曝がもたらすがん以外の健康リスクにもあてはまる。イギリス人を対象に最近行なわれた研究では、放射線を被曝した若者の心疾患リスクも同じように増大するという結果が出た。被曝による循環器系疾患の死亡リスクは、10歳未満の子供のほうが70歳以上の老人よりも約10倍大きくなる。同様に、子どものうちに被曝した人間が固形がんで死亡する確率は、70歳以降に被曝した人間のそれに比べ20倍高く、また30～39歳の間に被曝した人間のおよそ2倍に達する（Little et al. 2012）。

幼少期の被曝と、放射線に対する女性の脆弱性が重なると、その影響は劇的な

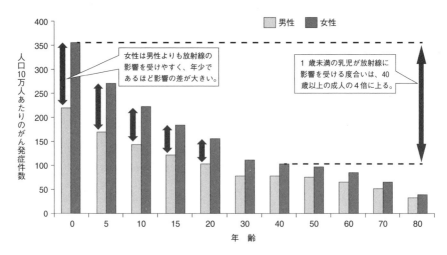

図8-1　10mSvの放射線を追加被曝した場合のがん発症リスクの増加（年齢別、男女別）
出典：NAIIC（2012）低レベル電離放射線の被曝による健康リスクの評価委員会のデータ（2006）を基に作成。

ものになる。たとえばストロンチウム90という放射性同位体を含んだ液体を口にした場合、女性乳児は30歳の成人女性に比べて乳がんを発症する確率が20.6倍高い。また摂取したのがヨウ素131だと、その値は32.8倍に達する。つまり放射能汚染の水準が同じであるならば、人生の最初の5年間で放射性物質を摂取した少女は、大人になってからそれを摂取した成人女性と比べ、乳がんないし甲状腺がんの累積リスクがより大きいのである（Makhijani, Smith, and Thorne 2006:40）。

だがこうした脆弱性の差は、年齢集団全体でリスクが平均化されることによって曖昧にされてしまう。

放射線の健康被害に関する証拠の蓄積

広島および長崎の被爆者を対象に実施された長期の追跡調査によって大量の歴史的データがもたらされ、それを基に放射線の健康リスクが推計されている。原子力産業その他の放射線関連業務に携わる人間、あるいは一般国民の被曝上限許容値も、そのデータを土台として策定・勧告されてきたのである。広島および長崎の被爆者調査は現在も継続中だが、公表済みの最新データは、被曝線量とがん全体のリスクとがしきい値のない直線的な比例関係にあることを示している（Ozasa et al. 2012）。それはまた、低水準の放射線被曝におけるほうが、線量1単位あたりのリスクが大きいことを示唆している。さらに、ICRPなどの機関がいまだに仮定しているように、同じ線量でも被曝が長期に渡った場合のほうががんのリスクは低いということを、追跡調査のデータは否定している。その上、日本の公的機関や学生・教師向けの教育資料は、線量100mSv未満でがんのリスクが増大する証拠は存在しないとしているが、追跡調査はこれも明確に否定している（Cabinet Office et al. 2016）。日本国内においても、こうした極端かつ根拠のない公式説明は否定されており、日本政府は最近になって、福島第1原発で14ヵ月にわたり除染作業に従事した後白血病を発症した男性に対し、労働災害補償を給付している（Soble 2015）。なお日本では、労災と認められる放射線被曝の線量は年あたり5mSvとされている。

しかし日本の被爆者追跡調査には、放射線のリスクを過小評価させる方法上の欠陥がいくつも存在する（表8-4参照）（Richardson, Wing, and Cole 2013; Mathews et

表8-4 放射線の健康リスクを過小評価する傾向にある、
日本の被爆者を対象とした長期追跡調査の特徴

頑健な人間が選ばれる傾向	原爆投下からの生存者は、苦痛、栄養失調、および戦争による欠乏状態から生き残った選ばれた人たちである。そこに原爆によるストレスが加わることは、より頑健で栄養状態もよく、以前からある健康問題によって傷ついたり苦しんだりすることが少なく、ゆえに原爆の健康への悪影響に対してより耐性を持つ人々の生存を有利にすると言えよう。
がんによる初期の死者が見逃されている事実	がんによる死者数が記録されたのは1950年以降であり、1945年から50年までは計上されていない。
初期の白血病およびがん発症が見逃されている事実	白血病の発症数は1950年から、その他のがんの発症数は戦後13年が経過した1958年から計上が始まった。その一方、発症数の増加は1947年から48年にかけて始まったものと見られている。
放射線に被曝していながら、被曝していないとして計上されたケースの存在	爆心から2.5ないし10キロメートルの範囲にいた人々は「被曝していない」ものとみなされているが、その多くは被曝している可能性が高い。原爆投下から1週間以内に広島ないし長崎に立ち入った人々も、中性子によって誘発された放射線（爆撃翌日の広島の場合、結腸に対する内部被曝の平均線量は82mSvと推定されている）に被曝している。広島近辺に住み、「黒い雨」の形で放射性降下物に晒された人々も、1950年から62年にかけて高い死亡率を示しているが、これらの人々は対照群の中で計上されている。彼らの被曝はすべて無視されており、放射線被曝による被害者への影響を軽視することにつながる。さらに、さまざまな分析において線量10mGy未満の被曝は「被曝していない」ものとして計上されている。
線量推計の不確かさ	被爆者の被曝線量は注意深く何度も推計されているが、個々のケースではいまだかなりの不確実性が残っている。
低線量の放射線を被曝した人が比較的少ないという事実	低線量（100mSv未満）を被曝したと推測される生存者は7万名だが、労働者およびCTスキャン受診者を対象とし、より統計検出力が高く、かつ正確度も高い最近の研究で計上された人数よりもかなり少ない。
より高線量の放射線を被曝した人々において、被曝線量の不明が多すぎる問題	広島・長崎両市において、爆心に近いところにおり、それゆえ高線量の放射線を被曝した生存者のうち、およそ3,500名が「被曝線量不明」とされている。その多くは後に両市を離れた若者で、結果を歪めるほど多数が調査対象から除外されたのである。
時間差の問題	生存者の長期追跡調査が始まったのは1950年だが、対象者の被曝線量推定とがん発症数の計上が完了したのは1965年のことだった。ゆえに対象者の中には、がんの発症が最大15年にわたって計上されないまま調査対象となっていた人もいるのである。
放射線関連のがん発症が今なお続いている事実	リスクが最も高い青少年期に被曝した人々において、彼らが生きている限りがんの発症は続く。
汚名と差別の問題	被爆者の多くは村八分や差別、あるいは結婚の機会を減少させる社会的孤立に苦しんでおり、自分が被爆者であることを隠しがちである。

出典：著者; Richardson, Wing and Cole (2013); Mathews et al. (2013)。

al. 2013)。中でも重大な点として、追跡調査は身体の頑健な被爆者集団を対象としている、一部の被曝を誤って分類している、被曝線量の少ない調査対象者が比較的少数である、そして最初の5年間でがんにより死亡した人数と、最初の13年間でがんを発症した人数が欠けている、という点が挙げられる。

　しかし過去10年間にわたって新たな疫学的調査が実施され、より正確な推定結果をもたらすとともに、放射線関連のリスクが以前の推定より大きいことを示している（Kitahara et al. 2015）。これらの調査研究は、特に低レベルの放射線被曝に関するデータと、多数の国民を対象とした健康に関するデータとを、電子的に結びつけることで可能になったものである。なお後者の例として、国民健康保険でCTスキャンを受診し、その後がんを発症して地域のがんセンターに登録された子どもなどが挙げられる。こうした新たな調査研究の中でとりわけ重要なものにつき、以下に概略を示す。

原子力発電所の近くに住む子どもの小児白血病

　原子力発電所の近辺で暮らす子どもたちの間で白血病の発症数が明らかに多い事実は、過去数十年にわたって懸念と論争を引き起こしてきた。中でも有名なものとして、1980年代にイギリスのセラフィールド原発近くで白血病とリンパ肉腫の発症数が高水準に上った事例が挙げられる。ちなみにその場所は、1957年に発生したウィンズケール原発事故の現場であり、1986年にチェルノブイリ原発事故が起きるまで、ヨーロッパで最も放射能に汚染された原子力施設だった。政府の委託を受けた委員会が設立され、その勧告によって捜査が行なわれた。その結果、セラフィールドから5キロ以内に住み、原発で働く労働者を父に持つ子どもたちの間で、白血病とリンパ肉腫の発症リスクがとりわけ高いことが偶然明らかになった。この現象は、子どもの出生前に父親が高水準の被曝を経験していた場合、さらに顕著だった（Gardner et al. 1990）。また米エネルギー省の支援を受けて2007年に行なわれたメタ分析では、世界中の信頼可能なデータが残らず集められた。その結果、原子力発電所の近くで暮らす子どもたちの白血病発症数が、統計的に有意な増加を示している。

　だが最も決定的なのはドイツ政府が実施した大規模調査の結果である。国内

16の原子力発電所の近くで暮らす子どもたちを対象に、過去25年間にわたる白血病の統計データが調べられた。それによると、原発の5キロ以内で暮らす子どもたちが白血病を罹患するリスクは2倍以上に達し、原発から50キロ以上離れていてもリスクの上昇が見られるという（Kaatsch et al. 2008）。この結果は統計的に極めて有意だった。後にフランスで行われた調査も、これほど有力ではないものの、同様の結果を示している。一般的な放射線被曝推計と、その予想される影響を基に考えれば説明不可能であるという理由から、これらの結果にはこれまで疑問符がつけられているが、原因が何であれ両者の強い関連性に変わりはなく、また放射線以外の要因は見つかっていないのである。現実世界における実際のデータは、常にあらゆる理論モデルをひっくり返してしまうのだ。

CTスキャン後の小児がん

世界中で医療用放射線の被曝が増えている主要な要因はCTスキャンである。CTスキャンはエックス線を用いて渦巻き状の画像を撮影し、臓器が密に詰まった身体の断面を映しているが、その際に全身が被曝する実効線量は1～10mSv、あるいはそれ以上（最大20mSv以上）になる。多数の調査研究が行なわれた結果、CTスキャンを受診した子どものがん発症リスクは、以前の推計よりもかなり大きいことが明らかになっている。現時点で最大規模の調査はオーストラリアで実施されたものであり、CTスキャンを受診した若者（20歳以下）68万人のがん発症リスクと、CTスキャンを受診していない若者1,030万人のそれとを、20年間にわたって比較したものである（Mathews et al. 2013）。この調査の対象となった被曝人数は、日本の低線量被曝者データ（線量100mSv未満の被曝者約7万人）に比べ10倍多く、また被曝線量の合計は4倍多いものとなっている。

このCTスキャン受診者調査の結果、平均実効線量がわずか4.5mSvのCTスキャンであっても、1度目の受診から10年以内にがんを発症する確率は24パーセント上昇し、またその後受診するたびに16パーセント上昇することが明らかになった（Mathews et al. 2013）。また受診からがんを発症するまでの期間はわずか2年だった。最初のCTスキャン受診後の追跡調査期間は平均およそ10年なので、被曝した人間は生涯にわたって新たながんを発症する可能性がある。調査対象者

の年齢層と追跡調査の期間が類似していることから、CTスキャンによる白血病のリスクは、日本の被爆者におけるそれとほぼ同じである。しかしより大規模なCTスキャン調査においては固形がんのリスクがはるかに大きく現われており、日本の調査と比べ、脳がんのリスクは12.5倍（Smoll et al. 2016）、固形がん全体のリスクは9倍となる（Mathews et al. 2013）。白血病と脳がんに関するこうした発見は、オーストラリアで行なわれたこの調査と、イギリスで実施されたより小規模な調査（他の固形がんは調査対象にしていない）とで極めて似通っている（Pearce et al. 2012）。

　オーストラリアの調査研究は、低線量放射線に関して行なわれた集団調査の中で最大規模であり、また放射線の影響を最も受けやすい年齢集団である子どもが調査対象であることから、その結果はより重要性を帯びている。これらの調査研究は、低線量放射線、早い時期のがん発症、そして子どもという年齢集団について日本の被爆者調査に存在していた重大な溝を埋めるものである。これらの子どもを対象とするより長期の追跡調査と、放射線医療に伴うリスクの検証は今も行なわれており、今後数年間で重要な新発見がなされるものと期待されている。そうした調査研究の結果、すでに放射線リスクの見積りが上方修正され、また放射線の影響を最も受けやすい人々を確実に守るべく、被曝線量の許容上限も引き下げられている。さらに、放射線に関係するがんのリスクに関し、被曝線量と発症可能性の相関関係を示すグラフはこれまで想定されていたように直線ではなく、とりわけ子どもの場合、低線量において勾配が急である、つまり1mSvあたりの影響は低線量におけるほうが大きい、と結論づけられる可能性が高い（Smoll et al. 2016）。また被曝後すぐに発症するがんの増加が放射線の影響を受けやすい人々の間で最大となる、ということも示されようとしている。

原子力産業に携わる労働者のがんリスク

　原子力産業労働者の白血病リスク（Leuraud et al. 2015）およびがんリスク（Richardson et al. 2015）に関し、国際がん研究機関のもとで実施された数十万人規模に上る長期調査の最新結果が2015年に公表された。この調査はフランス、イギリス、アメリカの労働者30万8,000人を対象とするものであり、その一部は

1944年から追跡調査の対象とされている。また平均追跡調査期間は26年、調査対象の平均年齢は58歳である。その結果、直腸の放射線被曝（臓器への被曝を測定する最も一般的な方法である）の総計は、低線量を被曝した日本の被爆者の総計と比べ5倍以上に上った。原子力労働者の平均被曝線量率はわずか1.1mGy/年に過ぎず、これは世界の大半の場所における自然放射線よりも少ない。また累積線量も、原子力産業に携わる労働者の最も一般的な許容上限値である年あたり平均20mSvを下回っている（調査対象となった労働者の平均勤務年数は12年であり、その間に被曝した累積線量は平均20mSv弱だった）。

　固形がんのリスクは、日本の男性被爆者（20歳から60歳まで）のそれと統計的に比較可能だが、原子力労働者のほうが50パーセント高く、加齢が進む中でますます増大するものと思われる。また白血病のリスクに関しても、日本の男性被爆者（20歳から60歳まで）とほぼ同様である。なお調査対象の平均年齢が58歳であることから、がんおよび慢性病の発症が加速しつつあることに留意する必要がある。

　これらの大規模調査は、被曝した線量がかなり低く、職業上の許容上限を下回っていたとしても、リスクがあることを示している。同じ線量を長期間にわたって被曝する（つまり線量率が低い）ことがリスクの縮小につながるものでないことは、この結果から明らかである。BEIR VII報告書は低線量の被曝線量率割引係数を1.5と設定しており、ICRPをはじめとする放射線防護機関の多くは係数として2を用いている。しかしこうした係数は、世界保健機関（WHO）が2013年に公表した福島原発事故による健康への影響に関する報告書の中では用いられておらず、原子放射線の影響に関する国連科学委員会（UNSCEAR）も2013年にこの係数の使用を取りやめた（UNSCEAR 2014）。CTスキャンおよび原子力産業労働者に関する調査研究から、電離放射線によるがんのリスクにしきい値は存在しないと結論づけられる。

チェルノブイリおよび福島原発事故で被曝した人々における、がんなどの健康に対する影響

　1986年に発生したチェルノブイリ原発事故による影響が、最近になって自主

的に見直されている（Fairlie 2016）。以下に主要な研究結果を示す。

・2065年までにヨーロッパで4万人が、チェルノブイリ原発事故に由来するがんのため死亡すると推定される。
・甲状腺がんの発症件数がすでに6,000件増えており、2065年までにさらに1万件増えるものと予想される。当初は子どもにほぼ限られていたが、近年では年長者も発症している。甲状腺がんの増加は、オーストリア、スロバキア、チェコ共和国、およびポーランドなど他の多くの国々でも確認されており、少なくともその一部はチェルノブイリが原因であると思われる。
・推定60万ないし80万人に上る除染作業員の間で白血病と甲状腺がんの発生率が高まっており、また以前に考えられていたよりも低いしきい値（100～250mGy）での白内障の増加が見られる。
・チェルノブイリ事故によって汚染された地域で先天的奇形の増加が確認されることはないと、各国際機関が予測しているにもかかわらず、放射能汚染が著しいウクライナのリウネ・ポリーシャ地方で神経系統の先天性異常の増加が確認された。これには二分脊椎、無脳症、小頭症、眼球の未成熟もしくは欠落といった神経管欠損の諸症状も含まれる（Dancause et al. 2010）。
・ベラルーシおよびウクライナの汚染が最も激しい地域における乳がん発生率が増加している。
・放射能汚染による生活の混乱、および放射能リスクに対する長期の心労も、健康に悪影響を及ぼし得る――事故後数十年経った今もなお、除染作業員の間で鬱病や心的外傷後ストレス障害（PTSD）の発生率が増加しており、また被曝した子どもの母親も鬱病や不安障害といった精神障害のリスクに晒されている。

　日本および世界の様々な機関は、福島原発事故の結果として放射能による健康への悪影響が見られる可能性は低いと述べているが、こうしたにわかに信じ難い見通しは誤りであることがすでに立証されている。日本の復興庁は福島県における2016年初頭までの原発関連死者数を3,407名と推計している（不十分な避難による死者、放射能汚染地域における慢性病患者の治療継続困難、そして自殺も含まれ

る)。被曝した住民に対する包括的な集団検診や継続管理が行なわれていないこと、および関連する地域の多くでがん患者の登録が十分行なわれていないことは、健康問題を突き止め対応する能力が限られていることを意味する。

　福島県で行なわれようとしているより効果的な方策の一つが、震災当時18歳未満だった少年少女を対象とする、超音波を用いた甲状腺の定期検査（スクリーニング）である（ただし放射能の影響を受けた他の県では実施されていない）。対象者の24ないし29パーセントがいまだ検査を受けていない（2016年9月現在）ものの、甲状腺異常を発見しようとするこうした意欲的な取り組みは、集団検診の計画がない場合に比べてより多くの囊胞や結節の発見につながるものと期待されており、現時点までに突き止められた事実によると、福島県における甲状腺の被曝線量はチェルノブイリ事故後の水準よりもはるかに低いと推定されたにもかかわらず、甲状腺がんの大量発生を示す初期の証拠が現われつつあるという。2015年末までに福島県の子ども113人が甲状腺がんと診断されており、うち51人は2度目の超音波スクリーニングで発見されたが（Tsuda et al. 2016a, 2016b)、それを基に次の事実が導き出せる。

・福島県で当初突き止められた甲状腺がんの発生率は、日本人平均の20倍から50倍に上った。
・初回の2年後に行なわれた2度目の超音波スクリーニングにおいても、がん発生率は日本人平均の20倍から38倍に上っており、スクリーニングの強化だけではこの差異を説明できない。
・福島県内で最も汚染が著しい地域の甲状腺がん発生率は、最も汚染されていない地域のそれに比べて2.6倍に上っている。
・診断されたがんは主に良性であったという事実はない――手術に至った症例のうち92パーセントにおいて、がんはリンパ節や他の器官など甲状腺の外に転移していた。

　なお2016年9月の時点で、スクリーニングを受けた福島県の子どものうち、甲状腺がんと診断された人数は145名に上る。

汚染地域に住む人間以外の生物に対する放射線の影響

ティモシー・ムソーとアンダース・モラーは本書の中で、チェルノブイリと福島の汚染地域で暮らす人間以外の生物に対する放射線の影響について驚くべき証拠の数々——その大半は二人によって集められたものである——を概説している。事実上全ての生物および生態学的共同体について調査された結果——土壌中のバクテリアや木々に生息する菌類から、様々な昆虫、蜘蛛、鳥類、そして大小の哺乳類に至るまで——生物学的な悪影響が突き止められた。それは放射能汚染の度合いに比例し、明確なしきい値は存在せず、また悪影響の大半は年あたり1〜10mGyの範囲で出現している。

人間が同様の影響を受けないというのは生物学的に考え難い。近年集められた人間に関するデータでも、放射能の生物学的影響が以前の予測よりも大きいという、人間以外の生物と同様の傾向が示されている。ムソーとモラーによる研究結果は、生物が暮らす現実の生態学的環境および条件において放射線の影響を評価すること、そして生殖細胞や胎芽など、最も脆弱な発達段階、組織、および器官をそこに含めて考えることの重要性を示している。

放射線と健康に関する歴史の概説

証拠が政策や実践に反映されるまでの遅れ、既得権益の不当な影響力、科学界・医学界の腐敗

歴史的に見て、国民の健康に関する事実の証拠が政策や実践に反映されるまでに数十年を要することは珍しくなく、時には100年近くかかることもあった。とりわけそのリスクが、被曝から結果の出現までの長い期間に及んでいる場合、そして強力な既得権益が存在する場合はなおさらである。その例として喫煙、アスベスト、アルコール、不健康な「ジャンクフード」、化石燃料、そして低線量の放射線が挙げられる。特に放射線と化石燃料については、大半の被害者は顔も名前もわからないという匿名性にまつわる問題があり、そのことが否定、無関心、

そして怠慢を一層甚だしいものにしている。放射能によって引き起こされたがん（ないし心臓発作）を、喫煙や化学物質など他の要因によって引き起こされたものと区別するのは一般的に不可能であり、またがんの大半は数多くの複合的な要因によるものである。従って放射線による犠牲者の多くは個人的に原因を識別できず、その他多くの事例の中に埋没することとなる。放射線は目に見えず、存在を感じられず、臭わず、また味もしない。高線量を被曝した際の急性放射線障害を除き、放射線が自分に害を及ぼしていることは実感できない。長期の遺伝子障害やがんは、発現するまでに通常で数年、時には数十年を要する。こうした要因のため、放射線の影響はしばしば十分認識されていないか、あるいは過小評価されている。しかしそうだとしても、被害を受けた人々やその家族は現実の存在であり、苦痛や早すぎる死を防ぐ努力はされなければならない。その例が大気圏内核実験によって世界中に降り注いだ放射性物質であり、そのために全人類が体内に放射性物質を抱え、最終的に200万人のがんによる死者と、それと同じ数の死に至らないがん患者を生み出すものと予想される（Ruff 2015）。しかし核実験関係者やその風下で暮らしていた人々の一部を除き、これら核実験によるがんで苦しみ、あるいは命を絶たれた個人の大半は、個人的に認識されることはないのである。

　放射能による健康への影響について、それに関する力学、制度、そして対立を理解するにあたっては、より幅広い歴史的状況を把握することが重要である。核兵器はあらゆる武器の中で最も破壊力が大きく、地球上の生物にとって現存する最大の脅威である。しかし一部の国家ではそれが政治や政策の中心にあり、大国といえども例外ではない。核保有国が核兵器の廃絶を目指し、法的拘束力のある核不拡散条約を締結しておよそ半世紀、世界にはいまだ1万4,930発もの核兵器が存在しており（Kristensen and Norris 2017）、軍縮条約交渉も行なわれておらず、また核兵器を保有する9ヵ国は大規模な投資を行い（アメリカだけでも続く30年で1兆ドル）、その近代化と配備を将来にわたって進めようとしている（Kristensen and McKinzie 2015）。化学兵器、生物兵器、地雷、そしてクラスター爆弾の禁止条約は、すでに大部分が効力を発揮しつつある。また2017年7月7日、史上初となる包括的な核兵器禁止条約が、122ヵ国の賛成により国際連合（UN）でついに

採択された。この条約は、全ての兵器の中で最も無差別的かつ非人道的な核兵器が正当な目的に資することはなく、地球を破壊する自爆の爆弾に他ならないという明確な論拠に基づいている。しかし核兵器保有国やそれに頼っている国々はこの条約に反対しており、いまも核兵器の廃絶を拒否し続けている。

　過去70年以上にわたり、核兵器が国力を誇示する強力な手段として見られていたことが、その拡散だけでなく、核兵器の開発・製造に必要なウラン濃縮工場、原子炉、および使用済み燃料再処理工場の原動力となっていた。1953年にアメリカのドワイト・アイゼンハワー大統領が国連において「平和のための原子力」演説を行うと、研究炉および同位体製造用原子炉、そして原子力発電所の導入が世界各地で活発に行なわれた。アメリカ国防総省の顧問を務めたステファン・ポソニーは1953年に心理的戦略委員会でこう述べている。「原子力エネルギーが同時に建設的な目的で用いられるなら、原子爆弾ははるかにたやすく受け入れられるはずだ」（Kuznick 2011において引用）。またアメリカ原子力委員会のトーマス・マレーは日本への原子力導入を念頭にこう語っている。

> 広島と長崎の記憶は今もなお鮮明に残っているが、日本のような国でこうした発電所を建設することは、両都市における惨劇の記憶から我々全てを高みへと引き上げる、劇的かつキリスト教的な行為と言うことができよう。
> （Kuznick 2011において引用）

　マンハッタン計画に始まり、冷戦時代には核兵器の軍拡競争に巨額の資金が投じられ、米ソによって100ヵ国以上に研究炉が供与されるとともに、原子力の開発に公的支援が行なわれた。それからというもの、放射線による健康リスクの大きさについて、証拠の操作、歪曲、過小評価、そして隠蔽に力が注がれ、それは今も続いている。これには官民の大組織、巨額の資金、さらには核兵器および原子炉にまつわる人的、制度的、政治的、経済的な既得権益が絡んでいる。好ましからぬ研究はしばしば妨害され、中止に追い込まれた。また歓迎されざる証拠を集めた在野の研究者も抑圧の対象となり、研究費を削減されたり、職を失ったり、あるいは信用を傷つけられたりした。ここで放射線の健康リスクに関する詳細な

歴史を全て記すことはできないが、アリス・スチュワート、ジョージ・ニール、トーマス・マンクーゾ、エドワード・マーテル、そしてカール・ジョンソンをはじめとする科学者や医師の勇気と科学的貢献を認識し、敬意を表することの重要性を強調しておきたい。放射線による健康リスクの大きさに関する彼らの重要な科学的研究は、原子力分野の巨大な既得権益にとって好ましからざるものであり、そのために迫害の対象となったのだ（Quigley, Louman, and Wing 2012）。

タバコ業界のある幹部は1969年にこう述べている。「懐疑は我々の武器である。それこそが一般大衆の脳裏にある『事実の集合体』と対決する最良の方法であり、また反論の余地があると示す手段でもあるからだ」（Brown and Williamson, Minnesota Lawsuit 1969）。こうしたリスクの否定および過小評価、ならびに反論の余地があるという認識を植えつけることは、放射線による健康リスクの分野でも広く行なわれている。ここでこの分野の主要機関に関する懸念の一部を簡単に記しておく。

世界保健機関（WHO）

保健分野における世界最高峰の技術組織であり、世界の全ての国家が加入しているWHOは、強大な権威と権力を有しており、その報告書、勧告、技術基準、そしてガイドラインは注目の的であり、かつ高く評価されている。しかしWHOの活動は慢性的な資金不足に足枷をはめられている。放射線と健康の分野では能力だけでなく指導力の欠如にも苦しんでおり、国際原子力機関（IAEA）に比べて過度に従順であり独立性も不十分であることがそれに拍車をかけている、と広く認識されている。両機関が1959年に結んだ協定ではこう謳われている。「一方の機関が計画ないし活動を提案したとき、もう一方の機関がそこに実質的な利害関係を有している、あるいは有していると思われる場合、前者は後者に助言を求め、相互の合意によってその件の調整を図るものとする」（IAEA 1959: Article 1.3）。

IAEAは利益相反的な構造を有しており、原子力産業の基準および安全策を全世界で規制しつつ、同時に発電を含む原子力技術を推進している――IAEAは本来核兵器の廃絶を目指しているが（IAEA 1957）、実質的にはその拡散手段を促進しているのだ。2006年に国連の複数の機関が作成したチェルノブイリ原発事故

の結果に関する報告書において、IAEAは結論、配布、および広報対応で主導的な役割を果たしているが、事故による健康被害の扱いは不当なまでに控えめである（IAEA 2006）。この報告書では事故関連の死者をわずか4,000と見積もっているが、国際癌研究機関――WHOの関連機関だが、より活発な研究を行ない、独立性も高い――が同年に実施した推計によると、2065年までに予想されるがんの発症数は4万1,000件、死者は1万6,000名（6,700～3万8,000名）となっている（Cardis et al. 2006）。

放射線被曝と放射能汚染をもたらす最も重大な潜在的要因は核戦争であるが、その健康に与える影響についてWHOは2件の歴史的報告書を作成している（WHO 1983, 1987）。また世界保健総会（WHA）においても、「核兵器は人類の健康と福祉に対する最も差し迫った脅威である」と認識されている（WHO 1983）。1987年、WHAは核戦争の健康に対する影響の調査継続を決議するとともに、WHO事務総長に対し、その進捗を定期的に報告するよう求めた。しかしそうした追跡調査は現時点で行なわれていない。

福島原発事故に関し、WHOの役割は本質的に放射線被曝量に関する報告書の編集、およびそれら被曝による健康リスクの推計にとどまっており（WHO 2012, 2013）、災害時の公的保健管理に対する国際的貢献、および被災者の健康維持において、WHOは積極的な役割を果たしていない。さらに、阿曽沼慎司厚生労働省事務次官がWHO事務総長に対し、福島原発事故による日本人児童の甲状腺への放射線被曝線量の推計値を引き下げるよう直接圧力をかけたと報じられたことから、日本政府に対する疑念とWHOの独立性への懸念が持ち上がった。WHOは当初、放射能汚染が最も深刻な地域での被曝線量を300～1,000mSv、東京および大阪での被曝線量を10～100mSvと推計していたが、最終報告書ではそれぞれ100～200mSvおよび1～10mSvに引き下げられ、また日本政府は報告書が公表される直前まで、より一層の引き下げを図っていたと報じられたのである（*Asahi Shimbun GLOBE* 2014）。

WHOの慢性的な財政危機はその能力を弱め、収入の大半を各国政府の善意に頼っていることで独立性が失われている。その予算は1990～91年度の14億ドルから2016～17年度には44億ドルに増加する見通しだが、各国政府による（通常

の）拠出金は毎年10億ドル未満のまま推移している。ゆえにWHOは自発的な寄付――その多くは特定の目的に紐づけされている――に依存せざるを得ず、各国政府および慈善団体からの寄付金は予算の79パーセントを占めているというのが現状である。

国際放射線防護委員会（ICRP）

　ICRPは1928年の創設以来、放射線防護基準の勧告において主要な役割を果たしてきた。自らを独立機関と謳っており、公衆の利益に奉仕する公平で透明、かつ説明責任を果たす組織であるとしている。2014年の年次報告書によると、ICRPは30ヵ国以上からの232名の人員で構成され、彼らは開かれた選考過程を通じて選ばれるとともに、独立した専門家として自由意思による参加を前提に招聘される。正式にはイギリスの慈善団体であり、カナダに小規模な事務局を置くなど、その形態は共済会あるいはクラブ活動に近い。2016年7月現在のウェブサイトを覗くだけでも、その独立性には重大な疑問符がつけられる。たとえば科学担当副事務局長の荻野晴之博士は電力中央研究所、すなわち日本の商用原子炉事業者から無償で派遣された人物である。他にも原子力および核兵器の開発に携わる政府職員や、明らかに既得権益を持つウラン採掘企業カメコ、アレヴァ・リソース・カナダ、そしてアメリカ、ヨーロッパ、日本の原子炉事業者およびその関連業者の従業員が多数、ICRPに在籍している。また多くの原子力関連企業が資金を提供している。既得権益を有する者が多層的かつ密接に関与していることは、いかなる基準から見ても、こうした科学的組織にとって明らかに不適切である。

　日本の国会が設置した東京電力福島原子力発電所事故調査委員会（国会事故調）によって、ICRP内部の腐敗、そして既得権益による過度の影響力の行使が徹底的に明らかにされた（NAIIC 2012）。委員会が入手した内部文書には、電気事業連合会（電事連）がICRP会員を含む放射線の専門家にロビー活動を行ない、放射線防護基準の緩和と、日本における被曝放射線量の許容値の引き上げに成功したことが記されていた。また電事連が別団体への出費を装い、ICRP会員の海外への旅費を負担したことも明らかになっている。さらにこの文書には「職業被ばくの線量拘束値は、規制に取り組むべきものではない……女性の特別な線量限

度、従事者の特別な健康診断……及び緊急被ばくの法令上の線量限度については廃止すべき」と記されていた。そしてロビー活動の結果、「ICRP2007年勧告等に対する電力の主張が全て反映された」のである（NAIIC 2012: Chapter 5, section 5.2.3）。ICRPがこうした不正や不適切な慣行を是正したか否かは、現時点で不明である。

また国会事故調は原子炉事業者について、「放射線の健康影響に関する研究については、より健康被害が少ないとする方向へ、国内外専門家の放射線防護に関する見解については、防護や管理が緩和される方向へ、それぞれ誘導しようとしてきた」としており、電事連の内部文書にも「線量影響が蓄積しないことが科学的に実証されれば、将来的に線量限度の見直しなど大幅な規制緩和が期待できる」と記されている。さらに、東京電力（福島原子力発電所の所有者および事業者）の武藤栄元副社長は次のように述べていた。「悪い研究者に乗っ取られて悪い方向に向かわないように、研究の動向を監視しておくこと」（NAIIC 2012: Chapter 5, section 5.2.3）。

原子放射線の影響に関する国連科学委員会（UNSCEAR）

大気圏内核実験とその放射性降下物、そして乳児の口腔内におけるストロンチウム90濃度の増加に対する地球規模の懸念、および核実験への反対運動を受け、国連総会は1955年にUNSCEARを創設した。ウェブサイトによると、「核爆発の即時中止を求める提案をかわす意図もあって、電離放射線の水準および影響に関する情報を収集・評価すべき委員会を設けるという提案が国連総会になされた」（UNSCEAR 2016）。UNSCEARの創設はまた、国連教育科学文化機関（UNESCO）や国際科学会議を通じて核実験による放射性降下物の科学的調査を各国政府とは無関係に支援するという、科学者たちの国際的運動に対する核兵器保有国の疑念も関係している（Herran 2014）。ネスター・ヘランはUNSCEAR創成期における米英の科学分野での覇権構造を紹介する中で、放射性降下物の危険性を一貫して覆い隠すというパターンが確立されたことを記している――一例を挙げると、1958年に作成されたUNSCEAR初の主要報告書には、核実験による人間の長期被曝の大半をなす炭素14が記載されていない（Ruff 2015）。

設立当初のUNSCEARの加盟国は15であり、その後1973年と2011年にそれぞれ数ヵ国が加わった結果、現在の加盟国は27である。2016年に中国との間で原発建設の枠組み合意を行なったスーダンを除き、全ての加盟国は核兵器、原子力発電所、または研究炉のいずれかを保有している。各国の代表と専門家は政府によって任命され、原子力発電所か原子力規制機関の職員が大半である。ゆえに科学や医学の技量に基づいて任命された、独立した専門家とみなすことはできない。さらにその一部は原子力業界と密接な関係にあり、ICRPの会員である者も複数存在する。その代表としてUNSCEARカナダ代表団の一員であり、2012年に代表を務める傍ら、オンタリオ州の原子力発電事業者ブルース電力の下で働いていたダグラス・R・ボレアム博士が挙げられる。放射線リスクに対するボレアム博士の見方は現在入手可能なデータや国内外の放射線防護機関の見解を反映したものではなく、たとえば「ともかく、低線量の被曝は、健康にとって危険ではなく有益である」(Higson et al. 2007: 259)と述べるなど、微量の放射線は害よりも益のほうが大きい、あるいは、CTスキャンはがんのリスクをむしろ減らす(Scott et al. 2008)などと繰り返し主張している。またボレアム博士はトロ・エネルギー、ウラニウム・ワン、ヒースゲート・リソースなどといったウラン採掘企業の代理人として少なくとも3回オーストラリアを訪れており、「従業員の放射線教育」や「放射線と健康に関する地域共同体へのコンサルタント業務」に従事した——いずれも放射線のリスクを包み隠し、人々を混乱させるための活動である(Toro Energy Limited 2008; MAPW 2012)。

「気候変動に関する政府間パネル」の広範な業績評価システムのように、人類の健康を守るにあたってUNSCEARやICRPなどの国際機関が独立性と科学的統合の推進役になればと、多くの人間が願い、またそうなるものと予想しているが、逆にこれらの機関は政治的・経済的な既得権益に支配され、透明性を欠き、また加盟国間の利害関係における倫理基準も不十分である。さらには証拠を恣意的に選択し、放射線のリスクを覆い隠すというパターンも繰り返し起きている。一例を挙げると、ムソーとモラーは本書の中で、チェルノブイリおよび福島原発事故が動植物に著しい影響を与えたとする経験に基づく証拠が増えつつあると論じているが、UNSCEARの報告書は長年にわたり、自らのモデルと合致しないという

理由でそれらの証拠を無視してきた。その上、チェルノブイリ事故による健康への影響を示す証拠の大半をも無視したのである。

将来における大規模放射線被曝の可能性

　地球上の生物は環境放射線による絶え間ない影響と生物学的リスクに晒されながら進化してきたが、原子炉と核兵器の出現によって、時間的にも空間的にも類を見ない莫大な量の放射能が放出される可能性が生み出された。

核兵器

　広島と長崎への原爆投下、核兵器生産時の放射能漏れと廃棄物、そして2,056回に上る核実験はいずれも、人間の手による最も大規模な環境放射能汚染の原因であり、今後数千年にわたって人間の健康を蝕んでゆくだろう（Ruff 2015）。だがそれでも、核戦争によって人類が被るであろう放射線被曝に比べれば物の数でなく（WHO 1987; IOM 1986）、現在世界に存在している核兵器1万4,930基のうちほんのわずかでも使用されればそうなる可能性が高い（Kristensen and Norris 2017）。核戦争による放射線被曝の結果は、線量の水準に関わらずはるかに深刻である。なぜなら必然的に他の複数の要因、すなわち怪我、ストレス、そして健康リスクを伴うからであり、さらに核戦争時に医療機関が有効に機能するとは考えられないからである。

　核兵器が存在する限り、核戦争は現在進行中のリスクであり、またその可能性は高まりつつあるというのが知識層の一般的な見解である。そう考えられる要因として、軍縮が実現に至らなかったこと、全ての核兵器保有国で大規模な近代化プログラムが進められていること、1,800基もの核兵器が数分以内に発射できる厳戒態勢にあること、核兵器の指揮・制御システムに対するサイバー攻撃のリスクが高まっていること、アメリカおよび北大西洋条約機構（NATO）とロシア、あるいはインドとパキスタンの関係が悪化し、核兵器保有国の強硬姿勢が顕著になりつつあること（これは南シナ海や朝鮮半島においても同様である）、そして核兵器保有国の多くが、軍事的対立が激化した際、核兵器を最初に、場合によって

は早期に使用するという政策を打ち出していることが挙げられる（Helfand et al. 2016）。2015年、『原子力科学者会報』は世界週末時計の針を0時5分前から3分前に移動し、2016年もその場所にとどめた後、2017年には2分30秒前とした。アメリカのウィリアム・ペリー元国防長官やロシアのイーゴリ・イワノフ元外務大臣といった人々も、核戦争の可能性が冷戦時よりも高くなっており、今後もその傾向は高まるとしている（Helfand et al. 2016）。

　たとえ1回でも都市で核爆発が起きた場合、有効な医療活動が実施される可能性は極めて低いため、核兵器の即時全廃だけが核兵器使用という必然的な事態を恒久的に防ぐ唯一の手段であり、ゆえに人類の健康にとって絶対不可欠である。「核兵器の全廃に向け、これを禁止する法的拘束力のある制度」に関する交渉を2017年に行なうという国連総会決議（United Nations General Assembly 2016: 4）は、核軍縮の膠着状態を打破する歴史的な契機である。核軍備の禁止と全廃に加え、核兵器のない世界を作り維持するには、核兵器の材料となる核物資――高濃縮ウランや分離プルトニウム――の管理と廃棄が必要になるだろう。そのためこれら物資の生産を中止し、在庫についても可能な限り不可逆的な形で処分することが求められる。ウラン濃縮工場が高濃縮ウランの生産にも用いられること、および原子炉で必然的に生成されるプルトニウムが使用済み燃料から抽出されることはそれぞれに本来備わっている要素だが、いずれも原子力時代における最も大きな地球規模の健康リスクを引き起こしているのだ。

　高濃縮ウランの生産を中止すること（von Hippel and IPFM 2016）、全てのウラン濃縮工場を国際的な管理下に置くこと（Diesendorf 2014）、そしてプルトニウムの抽出を目的とした使用済み燃料の再処理をやめること（IPFM 2015b）は、より安全な世界に向けた重要な取り組みである。

核関連施設からの放射能漏れ

　核関連施設は通常の稼働時でも放射性物質を放出しており、また小規模なアクシデントは日常茶飯事である。原子力発電所においては、放射能が極めて高く半減期も長い放射性物質が原子炉内部や使用済み燃料プール内の燃料の中に蓄積される。使用済み燃料は極めて高温で放射線も高いため、乾式キャスクで貯蔵する

までの3ないし5年間、循環する水の中で冷却しなければならない。だがこうしたプールは原子炉と異なり複数の層から成る格納容器に収められているわけではなく、一層の簡素な建物内部に設置されている。福島第1原発では2011年の震災当時、敷地内に存在する放射性物質のうち70パーセントが使用済み燃料プールで保管されていた（Stohl et al. 2011）。だが冷却水の循環装置や、それを作動させる発電システムが短時間でも機能を失った場合、これらの燃料プールは原子炉と同様に火災や爆発に対して脆弱となる。

公的機関や製造業者の文書によると、福島第1原発の原子炉は地震そのものでなく津波のためにメルトダウンを起こしたのだという。しかし地震発生から津波到来の間に放射能漏れが発生していたとする証拠があり（Stohl et al. 2011; NAIIC 2012）、これは世界中のあらゆる原子力発電所に対する示唆を含んでいる。原子炉や使用済み燃料冷却装置の機能喪失は、設計の不備、建設時の欠陥、そして2011年3月11日に発生した地震や津波のような自然災害が組み合わされた結果、あるいは電源システムや冷却水の供給・循環装置を物理的に破壊するといった故意の結果、また将来的にはサイバー攻撃の結果として生じ得る。2010年に発見されたアメリカおよびイスラエル製のマルウェア、スタックスネットは、少なくとも1992年以降頻発している原子力施設を標的としたサイバー攻撃の最も有名な例である。スタックスネットはイランの原子力発電所で用いられているシーメンス社製Step 7 SCADAシステムに攻撃を仕掛け、ウラン濃縮用の遠心分離機を過剰に速く回転させることでおよそ1,000基を部分的に破壊した（Baylon, with Brunt and Livingstone 2015）。平均的な出力1ギガワットの原子炉には、1メガトン級の原子爆弾が放出する以上の放射性物質（広島を壊滅させた原爆の67倍で、半減期もより長い）が存在している。ゆえに2016年7月1日時点で稼働している402基の原子炉それぞれが、すでに配置済みの巨大なテロ兵器（「汚い爆弾」）と事実上なり得るのだ。

1950年代初頭以降に発生した事故のうち、メルトダウンに至ったことが知られているのはおよそ20件に上る（Burns, Ewing, and Navrotsky 2012）。これらは異なる国々における軍民の原子炉で発生したものであり、その設計も様々である。その全てで放射性物質が周辺環境に放出されたわけではないものの、いずれもそ

うなる可能性があった。また国際原子力事象評価尺度（INES）のレベル4以上に分類された事故も同じく20件に上る。レベル4の事故は局所的な影響を伴うものであり、「高い確率で公衆が著しい大規模被ばくを受ける可能性のある相当量の放射性物質の放出」を含む（IAEA n.d.）。過去このレベルの事故はアルゼンチン、カナダ、フランス、日本、スロバキア、スイス、イギリス、アメリカ、そしてソビエト連邦およびロシアで発生した（Lelieveld, Kunkel, and Lawrence 2012）。なおメルトダウンは原子炉の運転年数800年につき1回の割合で発生しているが、福島第1原発やアメリカの多くの原子力発電所で用いられている、マーク1および2型と呼ばれる初期の設計による沸騰水型原子炉の格納容器の場合、メルトダウンの発生頻度は運転年数630年につき1回となる（Cochran 2011）。よって400基以上の原子炉が稼働している現在、メルトダウンは数年ごとに発生すると予想される。

　世界における主要な原発事故の発生頻度および放射性降下物に関するレリフェルトらの分析結果によると、放出されたセシウム137のうち平均90パーセント以上が50キロを超える距離まで飛散し、およそ半分は1,000キロ以上に達したという（Lelieveld, Kunkel, and Lawrence 2012）。またレリフェルトらは、セシウム137の濃度が1平方メートルあたり37キロベクレル（kBq/m^2）を超えた場合に「重大な汚染」としているが、これは重大事故から1年間で人間が被曝する1mSvという線量と関係がある。また事故の影響を推定する基礎としてチェルノブイリ事故を用い、かつ最悪レベルの原発事故（INESレベル7、チェルノブイリと福島の事故がこれにあたる）が発生する歴史的頻度を仮定することで、1年につき1パーセントを超える割合で発生する大規模な原発事故によって、北アメリカ、東アジア、そしてヨーロッパの大部分で放射能汚染のリスクがあると推測している。深刻なメルトダウンによって平均13万8,000km^{2}が40kbq/m^{2}を超えるセシウム137に汚染され、西ヨーロッパでこうした事故が発生した場合に影響を受ける人間は平均2,800万人、南アジアでは3,400万人に上るというのだ。

放射性物質の拡散

　通常の爆弾を爆発させるなど、水ないし食物供給に放射性物質を拡散させるこ

とは技術的に容易で、しかも放射性物質を入手できる機会は豊富に存在している。大量に入手可能な放射性物質のうち最も危険なのが高レベル放射性廃棄物（使用済み燃料や、プルトニウムを抽出するため使用済み燃料の再処理を行なった後に残る廃棄物）および使用済み燃料から分離されたプルトニウムである。現在世界にはおよそ505トンの分離プルトニウムが存在しており、そのうち半分が民間施設で保管されている（IPFM 2015a）。高レベル放射性廃棄物の放射能は数十万年にわたって危険な水準であり、最高で100万年もの間地下水や生態系から厳格に隔離しなければならない。平均的な原子炉は毎年30トンの高レベル放射性廃棄物を生み出し、世界全体での生成量は1年間でおよそ1万2,000トンになる。また2015年の時点で放射性廃棄物の蓄積量は39万トンに上る。しかしこうした廃棄物を永久保管する施設は世界のどの国でもまだ稼働しておらず、とりわけ使用済み燃料再処理工場からこうした物資が盗まれ、あるいは転用され、一つないし複数の都市にばらまかれる可能性は現実のものであり、地質学的な時間の枠組みが続く限り消えることはない。このような事態は深刻な放射能汚染を局地的に引き起こすものである。

〔参考文献〕

Asahi Shimbun GLOBE, 2014. Revision demanded of the Fukushima radiation exposure report. 7 December.

Baker P. J., and D. G. Hoel, 2007. Meta analysis of standardised incidence and mortality rates of childhood leukaemia in proximity to nuclear facilities. *European Journal of Cancer Care* 16: 355–63. doi. org/10.1111/j.1365-2354.2007.00679.x

Baylon, Caroline, with Roger Brunt, and David Livingstone, 2015. Cyber security at civil nuclear facilities: Understanding the risks. Chatham House Report. London: Royal Institute of International Affairs.

Brown and Williamson, Minnesota Lawsuit, 1969. Smoking and health proposal. Truth Tobacco Industry Documents. www.industr y documentslibrar y.ucsf.edu/tobacco/docs/#id= psdw0147 (accessed 19 January 2017).

Burns, Peter C., Rodney C. Ewing, and Alexandra Navrotsky, 2012. Nuclear fuel in a reactor accident. *Science* 335: 1184–8. doi. org/10.1126/science.1211285

252　第3部　原発推進の真のコスト

Cabinet Office, Consumer Affairs Agency, Reconstruction Agency, Ministry of Foreign Affairs, Ministry of Education, Culture, Sports, Science and Technology, Ministry of Health, Labour and Welfare, Ministry of Agriculture, Forestry and Fisheries, Ministry of Economy, Trade and Industry, Ministry of the Environment, and Secretariat of the Nuclear Regulation Authority (Japan), 2016. Basic information on radiation risk. February. www.reconstruction.go.jp/ english/topics/ RR/index.html (accessed 19 January 2017).

Cardis, Elizabeth, Daniel Krewski, Mathieu Boniol, Vladimir Drozdovitch, Sarah C. Darby, Ethel S. Gilbert, Suminori Akiba, Jacques Benichou, Jacques Ferlay, Sarah Gandini, Catherine Hill, Geoffrey Howe, Ausrele Kesminiene, Mirjana Moser, Marie Sanchez, Hans Storm, Laurent Voisin, and Peter Boyle, 2006. Estimates of the cancer burden in Europe from radioactive fallout from the Chernobyl accident. *International Journal of Cancer* 119: 1224–35. doi. org/10.1002/ijc.22037

Centers for Disease Control and Prevention, 2015. Radiation and your health. 7 December. www. cdc.gov/nceh/radiation/health.html (accessed 6 March 2017).

Cochran, Thomas B., 2011. Statement on the Fukushima nuclear disaster and its implications for US nuclear power reactors. Testimony to the US Senate Joint Hearings of the Subcommittee on Clean Air and Nuclear Safety and the Committee on Environment and Public Works, 12 April. www.nrdc.org/sites/default/files/tcochran_110412.pdf (accessed 19 January 2017).

Committee to Assess Health Risks from Exposure to Low Levels of Ionizing Radiation, 2006. *Health Risks from Exposure to Low Levels of Ionizing Radiation: BEIR VII, Phase 2*. Washington, DC: National Academies Press.

Dancause, Kelsey Needham, Lyubov Yevtushok, Serhiy Lapchenko, Ihor Shumlyansky, Genadiy Shevchenko, Wladimir Wertelecki, and Ralph M. Garruto, 2010. Chronic radiation exposure in the Rivne-Polissia region of Ukraine: Implications for birth defects. *American Journal of Human Biology* 22(5): 667–74. doi.org/10.1002/ajhb.21063

Diesendorf, Mark, 2014. *Sustainable Energy Solutions for Climate Change*. Sydney: UNSW Press.

Doll, Richard, and Richard Wakeford, 1997. Risk of childhood cancer from fetal irradiation. *British Journal of Radiology* 70: 130–9. doi. org/10.1259/bjr.70.830.9135438

European Nuclear Society, n.d. Radiation weighting factors. www.euronuclear.org/info/ encyclopedia/r/radiation-weight-factor.htm (accessed 6 March 2017).

Fairlie, Ian, 2016. TORCH-2016: An independent scientific evaluation of the health-related effects of the Chernobyl nuclear disaster, Version 1.1. Vienna: GLOBAL 2000/Friends of the Earth Austria/Vienna Office for Environmental Protection, 31 March. www.global2000.at/ sites/ global/files/GLOBAL_TORCH%202016_rz_WEB_KORR.pdf (accessed 19 January 2017).

Gardner, Martin J., Michael P. Snee, Andrew J. Hall, Caroline A. Powell, Susan Downes, and John D. Terrell, 1990. Results of a case-control study of leukaemia and lymphoma among young people near Sellafield nuclear plant in West Cumbria. *British Medical Journal* 300: 423–9. doi.

第8章　電離放射線が健康に与える影響　253

org/10.1136/bmj.300.6722.423
Gray, Alastair, Simon Read, Paul McGale, and Sarah Darby, 2009. Lung cancer deaths from indoor radon and the cost-effectiveness and potential of policies to reduce them. *British Medical Journal* 338: a3110. doi.org/10.1136/bmj.a3110
Helfand, Ira, Andy Haines, Hans Kristensen, Patricia Lewis, Zia Mian, and Tilman Ruff, 2016. The growing threat of nuclear war and the role of the health community. *World Medical Journal* 62(3): 86–94.
Herran, Nestor, 2014. 'Unscare' and conceal: The United Nations Scientific Committee on the effects of atomic radiation and the origin of international radiation monitoring. In *The Surveillance Imperative: Geosciences during the Cold War and Beyond*, edited by Simone Turchetti and Peder Roberts, 69–84. New York: Palgrave Macmillan. doi.org/10.1057/9781137438744_4
Higson, D. J, D. R. Boreham, A. L. Brooks, Y-C. Luan, R. E. Mitchel, J. Strzelczyk, and P. J. Sykes, 2007. Effects of low doses of radiation: Joint statement from the following participants at the 15th Pacific Basin Nuclear Conference, sessions held in Sydney, Australia, Wednesday 18 October 2006. *Dose-Response* 5(4): 259–62. doi.org/10.2203/dose- response.07-017.Higson
IAEA (International Atomic Energy Agency), 1957. The Statute of the IAEA (ratified 29 July 1957). www.iaea.org/about/statute (accessed 19 January 2017).
IAEA (International Atomic Energy Agency), 1959. Agreement between the International Atomic Energy Agency and the World Health Organization. www.ippnw.de/commonFiles/pdfs/Atomenergie/ Agreement_WHO-IAEA.pdf (accessed 19 January 2017).
IAEA (International Atomic Energy Agency), 2006. Chernobyl's legacy: Health, environmental and socio-economic impacts and recommendations to the governments of Belarus, the Russian Federation and Ukraine. The Chernobyl Forum: 2003–2005. 2nd rev. edn. IAEA/PI/A.87 Rev.2/06-09181. Vienna: IAEA.
IAEA (International Atomic Energy Agency), n.d. INES: The international nuclear and radiological event scale. www.iaea.org/sites/default/files/ ines.pdf (accessed 19 January 2017).
ICRP (International Commission on Radiological Protection), 2009. Application of the Commission's recommendations to the protection of people living in long-term contaminated areas after a nuclear accident or a radiation emergency. ICRP Publication 111. *Annals of the ICRP* 39(3).
IOM (Institute of Medicine), 1986. *The Medical Implications of Nuclear War*. Washington, DC: National Academy Press.
IPFM (International Panel on Fissile Materials), 2015a. Global fissile material report 2015: Nuclear weapon and fissile material stockpiles and production. fissilematerials.org/library/gfmr15.pdf (accessed 19 January 2017).
IPFM (International Panel on Fissile Materials), 2015b. Plutonium separation in nuclear power

programs: Status, problems, and prospects of civilian reprocessing around the world. fissilematerials.org/library/ rr14.pdf (accessed 27 June 2017).

Kaatsch, Peter, Claudia Spix, Renate Schulze-Rath, Sven Schmiedel, and Maria Blettner, 2008. Leukaemia in young children living in the vicinity of German nuclear power plants. *International Journal of Cancer* 1220: 721–6. doi.org/10.1002/ijc.23330

Kitahara, Cari M., Martha S. Linet, Preetha Rajaraman, and Estelle Ntowe, 2015. A new era of low-dose radiation epidemiology. *Current Environmental Health Reports* 2: 236–49. doi.org/10.1007/s40572- 015-0055-y

Kristensen, Hans M., and Matthew G. McKinzie, 2015. Nuclear arsenals: Current developments, trends and capabilities. *International Review of the Red Cross* 97(899): 563–99. doi.org/10.1017/S1816383116000308

Kristensen, Hans M., and Robert S. Norris, 2017. Status of world nuclear forces (updated 8 July). Federation of American Scientists. fas.org/ issues/nuclear-weapons/status-world-nuclear-forces/ (accessed 7 September 2017).

Kuznick, Peter, 2011. Japan's nuclear history in perspective: Eisenhower and atoms for war and peace. *Bulletin of the Atomic Scientists*, 13 April.

Lelieveld J., D. Kunkel, and M. G. Lawrence, 2012. Global risk of radioactive fallout after major nuclear reactor accidents. *Atmospheric Physics and Chemistry* 12: 4245–58. doi.org/10.5194/acp-12-4245- 2012

Leuraud, Klervi, David B. Richardson, Elisabeth Cardis, Robert Daniels, Michael Gillies, Jacqueline A. O'Hagan, Ghassan B. Hamra, Richard Haylock, Dominique Laurier, Monika Moissonnier, Mary K. Schubauer-Berrigan, Isabelle Thierry-Chef, and Ausrele Kesminiene, 2015. Ionising radiation and risk of death from leukaemia and lymphoma in radiation-monitored workers (INWORKS): An international cohort study. *Lancet Haematology* 1: e276–81. doi.org/10.1016/S2352-3026(15)00094-0

Little, Mark. P., Tamara V. Azizova, Dimitry Bazyka, Simon D. Bouffler, Elisabeth Cardis, Sergey Chekin, Vadim V. Chumak, Francis A. Cucinotta, Florent de Vathaire, Per Hall, John D. Harrison, Guido Hildebrandt, Victor Ivanov, Valeriy V. Kashcheev, Sergiy V. Klymenko, Michaela Kreuzer, Olivier Laurent, Kotaro Ozasa, Thierry Schneider, Soile Tapio, Andrew M. Taylor, Ioanna Tzoulaki, Wendy L. Vandoolaeghe, Richard Wakeford, Lydia B. Zablotska, Wei Zhang, and Steven E. Lipshultzet, 2012. Systematic review and meta-analysis of circulatory disease from exposure to low-level ionizing radiation and estimates of potential population mortality risks. *Environmental Health Perspectives* 120(11): 1503–11. doi.org/10.1289/ehp.1204982

Makhijani, Arjun, Brice Smith, and Michael C. Thorne, 2006. Science for the vulnerable: Setting radiation and multiple exposure environmental health standards to protect those most at risk. Takoma Park, MD: Institute for Energy and Environmental Research, 19 October.

MAPW (Medical Association for Prevention of War), 2012. Toro Energy promotes radiation junk science. Statement of 45 medical doctors, May. www.mapw.org.au/download/doctors-slam-uranium- miner-over-junk-science-radiation-safety-statement-issued-mapw-1- may-2 (accessed 19 January 2017).

Mathews, John, Anna Forsythe, Zoe Brady, Martin Butler, Stacy Goergen, Graham Byrnes, Graham Giles, Anthony Wallace, Philip Anderson, Tenniel Guiver, Paul McGale, Timothy Cain, James Dowty, Adrian Bickerstaffe, and Sarah Darby, 2013. Cancer risk in 680,000 people exposed to computed tomography scans in childhood or adolescence: Data linkage study of 11 million Australians. *British Medical Journal* 346: f2360. doi.org/10.1136/bmj.f2360

Møller, Anders P., and Timothy A. Mousseau, 2013. The effects of natural variation in background radioactivity on humans, animals and other organisms. *Biological Reviews* 88: 226–54. doi. org/10.1111/j.1469- 185X.2012.00249.x

NAIIC (National Diet of Japan Fukushima Nuclear Accident Independent Investigation Commission), 2012. The official report of the Fukushima Nuclear Accident Independent Investigation Commission. Tokyo: National Diet of Japan.

National Research Council, 2012. *Analysis of Cancer Risks in Populations near Nuclear Facilities: Phase 1.* Washington, DC: National Academies Press.

Ozasa, Kotaro, Yukiko Shimizu, Akihiko Suyama, Fumiyoshi Kasagi, Midori Soda, Eric J. Grant, Ritsu Sakata, Hiromi Sugiyama, and Kazunori Kodama, 2012. Studies of the mortality of atomic bomb survivors, report 14, 1950–2003: An overview of cancer and noncancer diseases. *Radiation Research* 177(3): 229–43. doi.org/10.1667/ RR2629.1

Pearce, Mark S., Jane A. Salotti, Mark P. Little, Kieran McHugh, Choonsik Lee, Kwang Pyo Kim, Nicola L. Howe, Cecile M. Ronckers, Preetha Rajaraman, Sir Alan W. Craft, Louise Parker, and Amy Berrington de González, 2012. Radiation exposure from CT scans in childhood and subsequent risk of leukaemia and brain tumours: A retrospective cohort study. *The Lancet* 380(9840): 499–505. doi.org/10.1016/ S0140-6736(12)60815-0

Quigley, Dianne, Amy Lowman, and Steve Wing, 2012. *Tortured Science: Health Studies, Ethics and Nuclear Weapons in the United States.* Amityville, NY: Baywood Publishing Company Inc.

Richardson, David, Steve Wing, and Stephen R. Cole, 2013. Missing doses in the lifespan study of Japanese atomic bomb survivors. *American Journal of Epidemiology* 177(6): 562–8. doi. org/10.1093/aje/kws362

Richardson, David B., Elisabeth Cardis, Robert D. Daniels, Michael Gillies, Jacqueline A. O' Hagan, Ghassan B. Hamra, Richard Haylock, Dominique Laurier, Klervi Leuraud, Monika Moissonnier, Mary K. Schubauer-Berrigan, Isabelle Thierry-Chef, and Ausrele Kesminiene, 2015. Risk from occupational exposure to ionizing radiation: Retrospective cohort study of workers in France, the United Kingdom, and the United States (INWORKS). *British Medical Journal* 351: h5359. doi.org/10.1136/bmj.h5359

Ruff, Tilman A., 2015. The humanitarian impact and implications of nuclear test explosions in the Pacific region. *International Review of the Red Cross* 97(899): 775–813. doi.org/10.1017/S1816383116000163

Schneider, Mycle, and Antony Froggatt, with Julie Hazemann, Ian Fairlie, Tadahiro Katsuta, Fulcieri Maltini, and M. V. Ramana, 2016. *The World Nuclear Industry Status Report 2016*. Paris: Mycle Schneider Consulting Project.

Scott, Bobby R., Charles L. Sanders, Ron E. J. Mitchel, and Douglas R. Boreham, 2008. CT scans may reduce rather than increase the risk of cancer. *Journal of American Physicians and Surgeons* 13(1): 8–11.

Smoll, Nicholas R., Zoe Brady, Katrina Scurrah, and John D. Mathews, 2016. Exposure to ionizing radiation and brain cancer incidence: The Life Span Study cohort. *Cancer Epidemiology* 42: 60–5. doi.org/10.1016/j.canep.2016.03.006

Soble, Jonathan, 2015. Japan to pay cancer bills for Fukushima worker. *New York Times*, 20 October.

Stohl, A., P. Seibert, G. Wotawa, D. Arnold, J. F. Burkhart, S. Eckhardt, C. Tapia, A. Vargas, and T. J. Yasunari, 2011. Xenon-133 and caesium-137 releases into the atmosphere from the Fukushima Dai-ichi nuclear power plant: Determination of the source term, atmospheric dispersion, and deposition. *Atmospheric Chemistry and Physics Discussions* 11(10): 28319–94. doi.org/10.5194/acpd-11-8319-2011

Toro Energy Limited, 2008. Radiation information seminar. www.ausimm.com.au/Content/wir/doug_boreham_invit.pdf (accessed 19 January 2017).

Tsuda, Toshihide, Akiko Tokinobu, Eiji Yamamota, and Etsuji Suzuki, 2016a. Thyroid cancer detection by ultrasound among residents ages 18 years and younger in Fukushima, Japan: 2011 to 2014. *Epidemiology* 27: 316–22. doi.org/10.1097/EDE.0000000000000385

Tsuda, Toshihide, Akiko Tokinobu, Eiji Yamamota, and Etsuji Suzuki, 2016b. Thyroid cancer under age 19 in Fukushima – As of 57 months after the accident. Presentation to the International Physicians for the Prevention of Nuclear War (IPPNW) Congress – Five Years Living With Fukushima, 30 Years Living With Chernobyl, Berlin, 27 February. www.tschernobylkongress.de (accessed 19 January 2017).

United Nations General Assembly, 2016. Taking forward multilateral nuclear disarmament negotiations. A/C.1/71/L.41, 14 October.

UNSCEAR (United Nations Scientific Committee on the Effects of Atomic Radiation), 1993. *Sources and Effects of Ionizing Radiation: UNSCEAR 1993 Report to the General Assembly with Scientific Annexes*. New York: United Nations.

UNSCEAR (United Nations Scientific Committee on the Effects of Atomic Radiation), 2014. *Sources, Effects and Risks of Ionizing Radiation: UNSCEAR 2013 Report: Volume I. Scientific Annex A: Levels and Effects of Radiation Exposure Due to the Nuclear Accident after the 2011 Great East-Japan Earthquake and Tsunami*. New York: United Nations. www.unscear.org/docs/

reports/2013/13-85418_Report_2013 _Annex_A.pdf (accessed 19 January 2017).
UNSCEAR (United Nations Scientific Committee on the Effects of Atomic Radiation), 2016. Historical milestones. www.unscear.org/ unscear/about_us/history.html (accessed 19 January 2017).
US EPA (Environmental Protection Agency), 2014. Radiation risk assessment at CERCLA sites: Q&A. EPA 540-R-012-13, May.
von Hippel, Frank, and IPFM (International Panel on Fissile Materials), 2016. Banning the production of highly enriched uranium. fissilematerials.org/library/rr15.pdf (accessed 27 June 2017).
Wahab, M. A, E. M. Nickless, R. Najar-M'Kacher, C. Parmentier, J. V. Podd, and R. E. Rowland, 2008. Elevated chromosome translocation frequencies in New Zealand nuclear test veterans. *Cytogenetic and Genome Research* 121: 79–87. doi.org/10.1159/000125832
Wakeford, Richard, G. M. Kendall, and Mark P. Little, 2009. The proportion of childhood leukaemia incidence in Great Britain that may be caused by natural background radiation. *Leukemia* 23: 770–6. doi.org/10.1038/leu.2008.342
WHO (World Health Organization), 1983. *Effects of Nuclear War on Health and Health Services.* Geneva: World Health Organization.
WHO (World Health Organization), 1987. *Effects of Nuclear War on Health and Health Services.* 2nd edn. Geneva: World Health Organization.
WHO (World Health Organization), 2012. Preliminary dose estimation from the nuclear accident after the 2011 Great East Japan earthquake and tsunami. Geneva: World Health Organization.
WHO (World Health Organization), 2013. Health risk assessment from the nuclear accident after the 2011 Great East Japan earthquake and tsunami, based on a preliminary dose estimation. Geneva: World Health Organization.
WHO (World Health Organization), 2015. Investing in the World's Health Organization: Taking steps towards a fully-funded Programme Budget 2016–17. *Financing Dialogue 2015.* www.who.int/about/ finances-accountability/funding/financing-dialogue/Programme- Budget-2016-2017-Prospectus.pdf?ua=1 (accessed 19 January 2017).

第9章

原子力とその生態学的副産物
—— チェルノブイリとフクシマの教訓

ティモシー・A・ムソー、
アンダース・P・モラー

> **要 旨**
>
> 　世界的な経済発展に伴うエネルギー需要の増加および化石燃料からの二酸化炭素放出による気候変動への懸念を受け、温室効果ガスを生まないエネルギー源を大規模かつ早急に確保する必要性が増している。それに対して先進国と発展途上国（たとえばアメリカと中国）はいずれも、原子力こそが解決策の一つであるとしてきた。しかしスリーマイル島、チェルノブイリ、そして最近では福島で発生した原発事故によって、この技術はヒューマンエラー、設計上の欠陥、そして自然災害に対して脆弱であることが判明し、かつこれらの事故によって、原子力を選択肢として含む全てのエネルギー政策において考慮すべき巨大なコストが健康、環境、経済の各方面で喚起された。過去に行なわれたこうした分析の大半は、事故周辺地域の生態系システムに潜むコストを無視してきた。必要に迫られ、あるいは政府の方針によって汚染地域に住み続けることを余儀なくされている人々への長期的な影響について、自然システムの研究はそれを投影するものであり、ゆえに必要不可欠である。本章ではチェルノブイリと福島に生息する人間以外の生物に関する研究について論ずる。鳥、昆虫、齧歯(げっし)動物、微生物、そして樹木を対象とした広範な調査研究により、かつては過小評価されていた放射線被曝を通じ、個体、種、および生態系の機能が著しく損なわれてきたことが明らかになっている。また本章ではDNA、先天性欠損症、不妊、がん、そして生存期間に対する放射線被曝の影響を概説するとともに、放射能汚染地域に暮らす野生生物の健康および長期的な見通しを示す。

序　論

　チェルノブイリと福島で発生した核の惨事は経済面で巨大かつ直接的な衝撃をもたらし、損傷を受けた原子炉の廃炉や周辺地域の除染など、費用の総額は数千億ドルに上るとみられている（Samet and Seo 2016）。しかし大陸規模で拡散した放射性核種による生態学的な影響について、資金はほとんど投じられていない。基礎的な科学研究に対する投資が行なわれていないのは、多くはこれら汚染物質による直接的な影響が極めて小さいという認識によるものであり、原子力規制機関もしばしばそのような見解を広めている。さらに、立入禁止区域に指定されたことで捕獲される可能性が減少した結果、放射能汚染地域で野生動物の繁殖がみられるという見解すら存在し、放射性核種は恐れるに足らないという印象を人々に与えている。本章では、チェルノブイリと福島における野生動物の健康および個体数増加について放射能との関連で評価することを目的とした、最近10年間の科学的研究の一部を検証する。原発事故の現場周辺で実施されたこれらの研究は、事故およびその他の原因によって被曝した生物、そして恐らくは人間に対する影響について、貴重な洞察を提示するものである。

過酷事故をはるかに超える核エネルギーの危険性

　個人的にどう感じるかは別にして、原子力は世界のエネルギー構成の主要な部分を占めており、今後長きにわたってそうあり続けるだろう。現在全世界で438基の原子炉が稼働しており、65基が建設中である（うち中国で24基、アメリカで4基）。また発注中ないし計画中の原子炉は165基、建設が提案されている原子炉は325基に上る。「あらゆる」原子炉が日々の運転で大量の放射性廃棄物を生み出す一方、その排出量の総計が過去数十年間で大幅に減ったことはほとんど知られていない。たとえばアメリカで広く用いられている沸騰水型原子炉は年間1,000～10万ギガベクレルの放射性希ガスを生み出すが、加圧水型原子炉の希ガス生成量は平均してその10分の1から100分の1である（Burris et al. 2012）。さら

に原子力発電所では、その他のより危険と思われる放射性物質（ヨウ素131、セシウム137、ストロンチウム90など）も通常運転の中で生み出され、外部に放出されている。こうした放出物が人間に与え得る影響（一例を挙げると小児白血病など; Fairlie 2014）については幾分の研究が行なわれているものの、人間以外の生物に関しては放射能そのものの影響ではなく熱汚染の影響にほぼ限られてきた。予見可能な将来にわたって原子力が活用されるという状況の下、生態系に対する放射線の影響についての基礎的研究は必須であると思われる。

　原子力発電所からの合法的かつ制御された放出に加え、これら施設の多くからは管理されていない放射性廃棄物が周辺環境へと漏れ出していることが現在明らかになっている。最近発覚した有名な実例として、アメリカのバーモント・ヤンキー原子力発電所で2010年に発生したトリチウム（放射性の水素）の大規模流出が挙げられる。原因は冷却水パイプの老朽化とされたが、この流出事故が2014年の廃炉決定に大きな役割を果たしたのは間違いない。それ以降、アメリカで稼働している商業用原子力発電所のうち4分の3以上で、なんらかの放射性物質漏れが発生していたと報告されている。部分的にはこうした流出事故は原発群の老朽化による避けられない結果であり、将来的にはさらに多くの流出事故が発覚するものと思われる。だがこれらの明らかな事象にもかかわらず、こうした外部放出の生態学的影響についてはほとんど知られていない。アメリカ政府監察院が外部に作成を依頼した報告書でも、トリチウム漏れの危険性についてはほとんど知られておらず、さらなる研究が必要だと示唆されている（US GAO 2011）。

　事実、核燃料サイクルにおける全ての過程で大量の放射性汚染物質が放出されており、それは採掘の際に発生する選鉱くずから、核燃料の処理およびパッケージに及ぶ。燃料サイクルの最終段階である貯蔵された使用済み燃料は、各原発が日々運転する中で巨大に膨れ上がってゆく。これらの放射線発生源はいずれも周辺住民や生態系に危険を及ぼす可能性があり、とりわけ事故や自然災害が発生した場合にそれが高まる。しかし原子力施設における「事象」が克明に記録されることはなく、その生態学的影響についてもほとんど研究は行なわれていない。

　近年、原子力にまつわる潜在リスクを包括的に検証したのがウィートリー、ソヴァクール、ソーネットの3人による調査研究（Wheatley, Sovacool, and Sornette

2016）である。それによると、福島原発事故と同規模ないしそれ以上の規模の事故が今後50年間で発生する可能性、今後27年間にチェルノブイリ事故と同規模ないしそれより大規模の事故が起こる確率、そして今後10年間でスリーマイル島事故と同規模ないしそれより大規模の事故が発生する確率は、それぞれ50パーセントに達するという。この分析結果から将来の原発事故は避けがたいように思われるが、こうした事故による生態系への影響を正しく評価するのに必要な基礎的研究への投資額はいまだ低い水準にとどまっている。

原発事故による生態学的影響を評価するための研究プログラム

　放射能汚染が自然システムに与える影響について、現在の知識における空白を部分的にでも埋めるべく、我々（ティモシー・ムソーおよびアンダース・モラー）は2000年に共同研究を始め、チェルノブイリ原発事故が周辺に生息する鳥類の個体群にいかなる影響を与えたかを調査した。2005年には調査対象を拡大し、昆虫や蜘蛛、あるいは植物など様々な生物を含むようになる。そして2011年7月には福島における調査研究を開始した。この研究活動を進めるにあたって用いた原理原則は、以下の疑問を基にしている。

(1) チェルノブイリ（および福島）で観測された放射線レベルは、自然個体群の突然変異率を上昇させるとともに、遺伝子の損傷を増やすほどの線量なのか。
(2) これらの地域において突然変異率の上昇と遺伝子損傷の増加につながるような、表現型への影響は見られるか。
(3) 突然変異率の上昇をもたらすような適応度への影響（生存数および繁殖数の変化など）は見られるか。
(4) これらの地域における突然変異率の上昇に個体群が適応している証拠は見られるか。
(5) 自然個体群の繁殖および多様化につながる放射線の影響は見られるか。
(6) 個体群が放射線の影響を受けた結果、生態系になんらかの影響が及ぼされたか。

人間以外の生物に放射能が及ぼす遺伝子的影響

　放射能について論じる際、突然変異を引き起こす放射線に晒されたことで遺伝子はどのような影響を受けるのかと、まず頭に浮かぶだろう。事実、自然環境に存在する低線量の電離放射線を慢性的に被曝することで、遺伝システムが直接影響を受ける可能性があるという証拠は数え切れないほど存在する。そうした証拠は多数の個別研究によってもたらされたものであり、また最近ではそれら個別研究の蓄積をメタ分析することで得られている。

　チェルノブイリに生息する個体群に関し、放射線がDNA突然変異率に及ぼす影響について最初に行なわれた調査は、マイクロサテライトマーカー（いわゆる「DNAの指紋」）を用いたものだと思われる。つまりツバメの親子のマイクロサテライトマーカーを比較することで、その突然変異率を新たに計測し直したのである（Mousseau and Møller 2014にて検証）。その結果、チェルノブイリの個体群におけるこれらマーカーの突然変異率は、ウクライナとイタリアに生息する対照群のそれと比べ2〜10倍高いことが判明しており、チェルノブイリ原発事故の後始末にあたった人々の子孫を対象とした調査においても同様の結果が見られる。だが驚くべきことに、チェルノブイリ原発事故に関係して遺伝子の突然変異率を推定し直した調査研究は他に存在しない。個々のDNAにおける変化を突き止めるにはゲノム解析が必要だが、その費用は過去に比べずっと安価になっており、突然変異原と遺伝子との相互作用がいかに誘発され、また次世代へと伝達されるかの根本的理解に向け、大きな進歩がなされるものと期待される。こうした研究は保全生物学に関する諸問題だけでなく、進化遺伝学における根本的な疑問を解決するためにも不可欠である。進化遺伝学においては、DNAレベルの可変性とその結果として生じる表現型の変化との直接的な関係についての調査研究が、以前からの最優先課題なのである。

　その一方、遺伝子の損傷を推定するにあたって間接的手法を用いた調査研究は数多く存在しており（それらの検証についてはMøller and Mousseau 2006, 2015参照）、それらをまとめ合わせて見れば、チェルノブイリ原発事故による放射能汚染が遺

伝子の損傷を引き起こし、突然変異率を上昇させたことに疑いの余地はない。また明らかにされた遺伝子損傷の度合いと、表現型への影響とが相関関係にあることも、多くの研究によって示されている。意外なことに、チェルノブイリ原発事故関連の被曝によって生じた遺伝子への影響について、それを最初に要約したのは我々であり（Møller and Mousseau 2006: 205, Table 1）、様々な動植物を対象に、被曝線量の増加が突然変異や細胞の遺伝にどのような影響を与えたか、チェルノブイリ周辺と対照エリアで比較調査を行なった33の研究結果を示したのである。それらの結果の間には相当程度の差異があるものの、25件の研究において、放射線被曝に関連する突然変異および細胞遺伝学的異常の大きな増加が見られた。またいくつかの研究においては、一部の遺伝子座で突然変異率の上昇が見られた一方、その他の遺伝子座では観測されなかったことも示されている。だがこれら研究の多くは小規模な例を基にしており、結果的に統計的検出力は低く、25パーセントの差異を統計的に有意であると示すことはできなかった。また生殖細胞系の突然変異（つまり次世代に伝達し得る突然変異）を調査した研究は33件中わずか4件であり、その全てで突然変異の有意な上昇が見られた。ここで強調すべきは、これら調査研究の多くが国際原子力機関（IAEA）によるチェルノブイリフォーラム報告書で考慮の対象にすらなっていないことであり、大きな影響力を有するこの報告書は自然個体群に対する潜在的悪影響を過小評価したのである。

　我々は最近になってチェルノブイリ個体群の突然変異率に関する調査研究をさらに拡大し、30の種を調査対象とした45件の公表済み論文を基に、チェルノブイリにおける放射線の影響を検証すべくメタ分析を行なった（Møller and Mousseau 2015）。メタ分析は比較的新しい統計的手法であり、異なるデータ群を組み合わせることで対象となる仮説の世界的な分析を可能にする。その結果、ピアソンの積率相関係数として推定された放射線の全体的な影響規模は非常に大きく（$E=0.67$; 95パーセント信頼区間 0.59〜0.73）、非構造化ランダム効果モデルにおける全分散の44.3パーセントを占めた（Møller and Mousseau 2015: 2, Figure 1）。簡単に言えば、対象とした調査研究における全分散のほぼ半分が放射線の影響によって説明されるということであり、これはいかなる基準と照らし合わせても極めて大きいものである。また「フェイルセーフ」の感度分析を用いれば、この結果

がどれだけ信頼できるかを決定できる。フェイルセーフ計算は、この平均的な効果量を消去するのに必要な未公表の無効な結果の数を反映する。その結果算出されたフェイルセーフ数は4,135であり、この発見の信頼度が極めて高いことを示している（ローゼンバーグ検定 p=0.05において4,135）。また間接検定で論文における偏りの証拠は見られなかった。放射線が突然変異に及ぼす影響は分類群ごとに異なっており、動物よりも植物のほうが影響の大きいことを示している。人間の場合、突然変異の放射線に対する感度は他の種と比べ中程度であった。これは効果量が時間とともに減少することはなく、自然的条件の改善が見られないことを表している。また平均効果量が驚くほど大きかったことは、放射能汚染が現世代および次世代以降の各個体の適応度に大きな影響を及ぼすことを示唆しており、個体群レベルで見た影響はさらに大きく、放射性物質に汚染された地域の外にまで及ぶ可能性がある。全体的に見れば、自然個体群が電離放射線を慢性的に被曝することで生じる突然変異への影響について、この研究は現時点で最も強力な論証と言えるだろう。

現在のところ、福島原発事故による遺伝子への影響を扱った調査研究は比較的少ない。琉球大学の大瀧丈二准教授は福島原発事故で被曝した蝶類を対象に一連の調査研究を行ない、放射線被曝の直接的結果として突然変異率が上昇する強力な証拠を発見した（Mousseau and Møller 2014にて検証）。これら一連の研究は内部および外部の放射線源を用いた実験によって強く裏づけられており、現地で観測された突然変異率の上昇と表現型への影響を明確に立証している（Mousseau and Møller 2014）。大瀧率いるグループが後に行なった調査研究でも放射線による急性・慢性両方の影響が確認され、またその影響は年月とともに縮小しているが、線量率が数年かけて減少したためと思われる。ここで特筆すべきは、後天的な突然変異が子孫に遺伝する場合もあるという示唆である。総体的に見て蝶類を対象としたこの研究は、自然個体群における慢性的な放射能の影響につき最も厳密かつ包括的な実験分析結果をもたらした。

低線量率の被曝が突然変異率の上昇をもたらすという仮説をさらに裏付けるものとして、自然発生した放射性物質が世界中の動植物の個体群に与えた影響について最近行なわれたメタ分析が挙げられる（Møller and Mousseau 2013）。自然放射

線のレベルは地球上の各地で大きく異なっているが、それは地表面におけるウランおよびトリウムの堆積量と強い相関関係にあり、そうした場所はイランのラムサール、インドのケララ、そしてブラジルのグァラパリほか世界に数多く存在する。この研究は発表済みの論文5,000点以上を対象とし、そこからメタ分析を行なうにあたり十分な厳密さをもって実施された46点が絞り込まれた。個別の影響の多くは小さなものであり、それ自体では統計的に有意でないものの、全体的に見れば、ゼロ以上の数値を示したものは偶然によって生じ得る数よりはるかに多く、効果量の平均値は0.093（95パーセント信頼区間0.039～0.171）だった。この結果から、自然発生した放射線への被曝は、検証対象となった差異の1パーセントを説明することが示唆される。小さな影響ではあるものの、進化という時間の尺度で見れば決して無視することはできない。この分析から得られた第1の結論は、環境放射線の自然的差異が多種多様な動植物の免疫システム、突然変異率、そして病気発現に小規模ながら有意な負の影響をもたらす証拠が広範囲にわたって存在する、というものである（Møller and Mousseau 2013）。言い換えれば、統計的に有意な検出力の下、それを下回れば影響が観察されないというしきい値は存在しない。自然放射線に関する研究はまた、適応の進化過程を検証する機会ももたらすはずだが、我々の知る限りそうした研究はいまだかつて行なわれていない。むしろここでは、原子力発電所からの放射線放出は環境放射線と同程度であり、公衆衛生の観点から考慮する必要はないという、原子力業界や規制機関が繰り返し述べた言葉とは対象的に、「自然環境レベル」の放射線でも個体に害を及ぼすのに十分であるという発見のほうが重要だろう。この研究においては、放射線放出の規模が環境放射線のレベルと同程度だとしても、それを真剣に考慮しなければならないことが示唆されているのだ。

発達への影響──色素欠乏症、非対称、脳の大きさ、白内障、精子、および腫瘍

チェルノブイリ、そして現在の福島に関する実証的研究は着々と積み上がりつつあり、放射性汚染物質への被曝による生理学的、発達学的、形態学的、そして行動学的影響が幅広く明らかにされている。こうした影響の大半はその根底に遺

伝子学的要素を有しているが、中には直接的な毒性の可能性が無視できない場合もある。目に見える被曝の最初の兆候は、鳥の羽、そして恐らく哺乳類（福島の牛など）の体毛に現われる白い斑点である。このような「限局性白皮症」（限局性白変とも言われる）はチェルノブイリに生息するツバメなど、多数の鳥類ですでに観察されている（Mousseau and Møller 2014）。羽が異常白変したツバメは福島で2012年にアマチュアの野鳥観察者によって初めて発見されており、翌年には観察される頻度が明らかに増加した。しかしこうした傾向は、災害後に調査体制が強化されたことによる「スクリーニング効果」と部分的に関係があると思われ、さらなる調査が必要である。このような部分的白皮症は生存可能性を減少させるものと信じられているが、その性質は次世代へと遺伝され、また親子の類似から、少なくとも部分的には、生殖細胞系での突然変異が原因かもしれないとする十分な量のデータが存在する。白い羽の存在自体が個体の活動（生殖や生存など）に直接影響を与えるとは考えにくいものの、放射線による個体への影響を測る生体指標としては有効だと思われる。こうした特徴の発現と、その根底にある放射線被曝による遺伝子的ないし生理学的メカニズムとの関係性を突き止めるには、さらなる研究が必要である。

　チェルノブイリに生息するいくつかの鳥類に関し、生殖細胞系の突然変異率を推定すべく配偶子の分析が行なわれてきた。一例を挙げると、チェルノブイリのツバメで精子に異常が発生する頻度は、対照エリアで暮らす雄ツバメのそれと比べ最大で10倍に上ることが報告されている（Mousseau and Møller 2014）。この異常発生率は血液、肝臓、および卵における抗酸化物質の減少度合いと相関関係にあり、放射性物質の被曝による直接・間接の影響からDNAを守る上で抗酸化物質が大きな役割を果たしているという仮説を裏付けている。またチェルノブイリ近辺の鳥類を対象に最近実施された分析によると、調査対象となった鳥類10種のうち9種において、チェルノブイリに生息する個体の精子異常発生率が、ヨーロッパ各地の対照エリアに生息する個体のそれと比べはるかに高いことが明らかになり、損傷の最も大きい種は精子がより長くなっていたことから、放射能汚染地域に生息する鳥類の間で精子の異常は珍しくないと思われる。さらに小型齧歯類の精子についても、形態学に関する同様の影響が最近になって報告されている

(Kivisaari et al. 2016)。ツバメの精子の遊泳能力は放射線のレベルと負の相関関係にあることは以前から知られており、またプラズマ酸化の状態によって精子の活発さを予測できることから、精子の形成を電離放射線による影響から守る上で抗酸化物質が果たす役割について、その仮説にさらに証拠を与えている（Mousseau and Møller 2014にて検証）。これらの研究結果を総合的に見ると、精子形成が低線量被曝の影響を強く受けること、およびその結果として生じる雄の生殖機能の喪失によって、当該地域に生息する多くの種において個体数が減少したという観察結果を部分的に説明し得ることを強く指し示している（以下を参照のこと）。

　植物の花粉および発芽に関する研究も、生殖機能そして各個体の適応度に対する放射線の影響を測る上で重要と思われる。111種の植物を対象にチェルノブイリで最近行なわれた調査の結果、放射線が花粉の生存力に対して小規模ながら有意な負の影響を与えることが判明している（Møller, Shyu, and Mousseau 2016）。そしてそのことは、これら種のうち多くにおいて発芽率が減少している事実を、部分的に説明するものと考えられる（Møller and Mousseau 2017）。

　他の多くの種類の細胞や細胞組織も、チェルノブイリの汚染物質から影響を受けたことが示されている。たとえば、鳥類で目に見える腫瘍が発生する頻度は放射能汚染地域においてはるかに高く、体細胞における突然変異率の上昇が原因と思われる（Mousseau and Møller 2014にて検証）。チェルノブイリに生息する鳥類の間で目に見える腫瘍が発生する割合は1,000羽中15羽以上だが、大規模な調査（観測対象3万5,000羽）が実施されたデンマークの個体群では1羽も発生していない。またチェルノブイリの齧歯類を対象に最近行なわれた調査では、セシウム137の全身被曝により腫瘍発生率が増加することが示唆されている。

　第2次世界大戦の終結直後、原爆の生存者の間で放射線による白内障が発生し、放射線被曝との相関関係が非常に高いことが示された（Otake and Schull 1991）。同様にチェルノブイリにおいても、白内障発症の頻度と規模は放射線被曝と相関関係にあり、環境放射線のレベルが高い地域に生息する鳥類は片目ないし両目が白濁する可能性が高い（Mousseau and Møller 2014）。人間における放射線由来の白内障と同じく、その現象は鳥の年齢と無関係であり、放射線が白濁の発生原因であるという仮説をさらに裏付けている。またレーマンら研究者は最近、ウクライ

ナの放射能汚染地域に生息する齧歯類の間で白内障の発症率が大きく上昇していることを報告しており（Lehmann et al. 2016）、電離放射線被曝の信頼に足る生体指標として白内障の発症が有効であることを示した。明示的に証明されたわけではないものの、白内障による視力低下は動物の適応度（捕食者からの逃走や食物の発見など）に大きな影響を及ぼすものと考えられる。

　神経の発達が電離放射線の影響を受けやすいことは以前から知られていた。出生前に原爆の被害を受けた広島および長崎の生存者を対象とした多くの研究でも、深刻な知能障害や小頭症が電離放射線被曝の直接的結果として示されている（Otake and Schull 1998）。チェルノブイリにおいても、放射線濃度が高い地域に住む鳥は脳が縮小しており、生存可能性の減少に結びついたことが判明している（Mousseau and Møller 2014にて検証）。同様の影響はチェルノブイリおよび福島に生息する齧歯類でも確認されている（Mappes et al. 2016）。

　チェルノブイリの放射能汚染地域に生息する野生動物についてはこれ以外にも様々な形態学的・行動学的異常が報告されているが、時間、努力、そして想像力さえあればチェルノブイリ原発事故による生物学的影響はこれからも突き止められると思われる。これを裏付けるのが、カッコウの呼びかけ行動を対象とした最近の研究である（Møller et al. 2016）。この研究において筆者らは、雄129羽の鳴き声における「音節」の数と、ウクライナ各地で観測された「異常な」鳴き声の発生頻度を調査した。観測地点の線量は毎時0.01マイクロシーベルト（μSv/h）から218μSv/hにおよぶ。総体的に見て、放射能汚染地域における雄の鳴き声は音節数が少なく、異常が多かった。またその他の環境変数による潜在的影響を排除した後も、この影響は残った。人間の健康に対する影響をカッコウの鳴き声から推測するのは不可能だが、放射能汚染は様々な面で自然システムに明確な影響を与えているのである。

高線量地域における個体群の数と生物多様性

　保全生物学者にとっての主要な問題は、チェルノブイリおよび福島に生息する個体群で観測された突然変異の蓄積による適応度への影響と、その結果生じる発

達への影響である。我々はそれを突き止めるべく、チェルノブイリと福島の動物を対象に、個体群の規模、種の数（すなわち生物多様性）、雄雌の比率、生存率および生殖率、そして移住パターンの解明を目的とする統計的調査を行なった。いずれの放射能汚染地域においても放射性物質の分布は極めて不均等なため、汚染されていない比較的「クリーン」なエリアから、非常に線量の高いエリアまで、全ての放射線レベルを狭い範囲の中で特定することが可能である。またこの不均等性によって、一つの大規模事象によって放射線が生物の個体群や群集にいかなる影響を与えるか、その反復調査が可能になる。実際、とりわけチェルノブイリにおいては、放射性物質の分布が一点から放射されたというよりモザイク状あるいはパッチワークに近く、放射線レベルが発生源からの距離と比例していない。こうした地理的構造の欠如と、各種生息地における様々な調査を組み合わせることで、その他の生物的・非生物的要素を排除した放射線効果の緻密な分析が可能になる。

鳥類、蝶類、およびその他無脊椎動物の個体数と多様性

著者らは2000年代中盤より、チェルノブイリにおける動物の個体数および多様性に関する包括的調査を行なった。「大量に生殖する生物群の一覧表作成」という基本的なサンプリング方針を基に、2006年から2008年にかけてウクライナ北部とベラルーシ南部のおよそ300ヵ所で、鳥類と無脊椎動物（主にチョウ、トンボ、ハチ、クモ）の個体数調査を実施した。また2011年から16年にかけ福島の400ヵ所でも同様の方針で調査を実施している。その結果、チェルノブイリと福島で作成された生物群の一覧表は現時点（2016年）でそれぞれ1,146件および1,900件に上っている。両地点では個体数と種の多様性の量的推計に加え、植生の種類、開水域への距離、土壌の種類、周辺の気象状況、緯度、経度、標高、そして時刻など、多数の生物的・非生物的要素も同時に測定ないし推測した。これらの変数はいずれも多変量モデルに組み入れられ、各計測箇所における種ないし集団の予測個体数を算出するのに用いた。次にこのモデルを使い、個体数の変動のうち、その他の潜在的要因を除いた放射線のみによって説明し得る部分を推測

した。つまり、個体数と放射線の部分的関連性である。我々の知る限り、放射能汚染地域の調査研究でこうした手法がとられたのはこれが初めてだが、ヨーロッパと北アメリカでは1960年代以降、鳥類の個体数調査に用いられている。ともあれ、この種の複雑な生態学的問題に関し、このアプローチはおそらく唯一の解決策であろう。核分裂の生成物による影響を地理的規模で分析するにあたり、大規模な実験操作は不可能だからである。さらにこの手法には、事故以前の基礎データが存在しなくても生態学的影響を分析できるという利点がある。つまり、影響を受けていない地域における現時点での分布ならびに個体数の観測結果を用い、それを基に汚染地域のパターンを予測するのである。

　一般的な認識とは対照的に、2006年から2009年にかけてチェルノブイリで実施した調査の結果、放射能汚染地域の森林および草原に生息する鳥類の個体数と多様性は極めて低く、被曝とその反応に類似した関係性が見られた。すなわち同じ地域の比較的「クリーン」なエリアから予測される数字に比べ、個体数は3分の1、種の数は半分だったのである（Mousseau and Møller 2014にて検証）。全ての種が放射線量に比例して数を減らしているわけではなく、中にはなんら影響を受けていない種もいくつか見られ（Galván et al. 2014）、これは放射線に対する適応を示すものと思われる。とはいえ全体的な減少傾向は極めて明確であり、分析結果も統計的に有意である。チェルノブイリの汚染エリアでは猛禽類の数が減少傾向を見せているものの、それが捕食を通じた直接的な被曝の結果なのか、あるいは餌の数が減少したことによる間接的影響なのかは定かでない。また個体数調査以外にも、チェルノブイリにおける鳥類の個体群の規模縮小、雌雄比率の変化（雌より雄のほうが多くなった）、そして若鳥に比べ老いた鳥の数が半減した事実という、それぞれの観測結果を支持する証拠が存在する。またチェルノブイリ地方で採取した羽毛の安定同位体分析により、対照エリアの鳥類と比較した場合、あるいは同地域の博物館に所蔵されている鳥類と比較した場合、移住してそこに生息している個体の数がより大きな割合で存在していることを示している。

　2011年7月に福島で調査した鳥類についても全体的な傾向は同じであり、福島とチェルノブイリに生息する14の種を調査したところ、個体数と放射線の負の相関関係は有意に福島の鳥類のほうが強かった（Mousseau and Møller 2014）。福島

で確認された強い相関関係は、急性被曝か長期的被曝によるものかという差異を反映したものか、福島に高い水準で存在しているその他の放射性物質（ヨウ素131やセシウム134など）が関係していると思われる。前者について言えば、チェルノブイリに生息する鳥の個体群は20年以上にわたる淘汰を経て耐性を身につけたという反応を示しており、後者については、2011年春に福島で確認された放射性物質はチェルノブイリにはすでに存在していない。

福島での実地調査は2011年から2014年にかけて実施され、初期の結果を分析した結果、所与の場所における環境放射線の水準と、個体数および種の数との間の負の相関関係が、時間の経過とともに強まっていることが明らかになった（Møller et al. 2015; Møller, Nishiumi, and Mousseau 2015）。日本の猛禽類を対象とした包括的調査はまだ行なわれていないものの、最近実施されたオオタカに関する調査研究の結果、震災後の福島において繁殖率が大きく減少したことが明らかになっている（Murase et al. 2015）。しかしこの調査は3つのエリアしか対象にしておらず、観測された放射線被曝の影響を断定するには時期尚早である。またツバメを対象に行なわれた調査研究においても、福島の放射能汚染地域に生息する個体の数が大きく減少しているが、予備的分析の結果、雛鳥の血液細胞における遺伝子損傷との因果関係は現われていない（Bonisoli-Alquati 2015）。

この種の調査で最初のものであるガルニエ゠ラプラスらによる研究（Garnier-Laplace 2015）は、2011年3月11日の核惨事後にモラーらが調査（Møller et al. 2015; Møller, Nshiumi, and Mousseau 2015）した、福島に生息する57種の鳥類（個体数約7,000）の被曝線量を計算したものである。線量計算は観測地点における放射線の状況を基にしており、それぞれの種の生態学的・生活史的性質をモデルに組み入れることで修正を行なっている。また結果に影響を与え得る環境変数（生息地の種類、標高、湖や池など水塊の存在、周辺の気象状況、および時刻など）を統計的に操作した上で、鳥類の総数を推計するために線量を用いている。その結果、総被曝線量は個体数を推測する上で有力（$p<0.0001$）な予測因子であることが明らかになり、線量の上昇と反比例する形で個体数が減少しており、またしきい値や中間の最適値が存在する兆候は見られなかった。この調査の結果、$ED_{50\%}$（個体総数の50パーセント減少を引き起こす総吸収線量）はわずか0.55グレイと推計

されている。

　興味深いことに、蝶類を集団としてみた場合、チェルノブイリと福島のいずれにおいても放射線レベルと反比例する形での著しい個体数減少が見られた（Mousseau and Møller 2014）。鳥類と蝶類が共に持つ雌のZW性決定システム（つまり雌は異型配偶子を持っている）に特異な何かがあり、そのため突然変異を引き起こす物質に対して脆弱になったのではないかと推測される。

　性染色体が雄の場合XY、雌の場合XXである哺乳類と違い、鳥類と蝶類の雌はXYに等しい染色体を有している。性決定に関わる遺伝システムのこうした「逆転現象」は、生殖における突然変異の有害作用をさらに大きくするものであり、そのため個体群の繁殖率を押し下げるのである。

　大半の有性生殖生物（哺乳類など）のように雌が同型の性染色体を持つ種と異なり、鳥類と蝶類においては産卵を行なう性が異型配偶子を有しているため、Z染色体で突然変異が繰り返されたことによる生殖への有害作用は被曝後ただちに現れる、というのが我々の仮説である。雌が同型の性染色体（哺乳類の場合XX）を有している種においては、遺伝物質が過剰に存在するため、これら染色体で突然変異が繰り返されたことによる有害作用はすぐには発現しない。鳥類や蝶類では遺伝子の数量による代償作用がないと思われることから、これは特に重要である。加えて、突然変異によるわずかな作用は常染色体に比べ性染色体でより急速に蓄積されると思われる。このことは、鳥類および蝶類で確認された放射線へのより大きな脆弱性を少なくとも部分的に説明するものかもしれない。

　簡潔に言えば、鳥類と蝶類の雌は逆の性決定システムを有するため、電離放射線によって突然変異の繰り返される可能性が他の種の雌に比べて高い、ということになる。さらに、種の繁殖においては雌の果たす役割が大きい（卵を産むなど）ため、突然変異による影響は、個体群の成長率を決定する上で最も重要な要素となることが多い多産能力に直接的な影響を与え得る。

　調査対象としたその他多くの無脊椎動物（バッタ、トンボ、ハチ、クモなど）について言えば、事故後20年以上を経たチェルノブイリの高濃度汚染地域で個体数の著しい減少が見られたものの、福島で同じ現象が発生した証拠はない。それどころか、少なくとも震災後最初の夏、クモの個体数は著しい増加を示してい

た（Mousseau and Møller 2014）。個体数に対する影響の経時変化がこのように異なっていることは、チェルノブイリにおいて劣性の有害な突然変異が数世代にわたって繰り返された結果であり、福島で観察された鳥類および蝶類に対する即時の影響とも一致している。言い換えれば、クモの数が増えたのは捕食者（鳥類など）の圧力が減少したためかもしれず、だとすれば、捕食の圧力がなくなった結果いくつかの種で個体数の増加が確認されたチェルノブイリ地方において、大型哺乳類の数が増えた事実と合致している。

　最近行なわれた研究の結果、放射性物質の突然変異原的性質に対する反応度を決定する際にも、DNAの補修能力が関わっているのではないかと示唆されている。またチェルノブイリに生息する鳥類32種に関し、被曝した種における個体数の減少幅と、ミトコンドリアDNAの置換率の変遷との間に有意な相関関係のあることが、分析の結果示されている（Møller et al. 2010）。置換率の高い種は放射能濃度に対する個体数の減少幅が最も大きく、DNAの補修能力における差異が個体数の増減に影響を及ぼしているのではないかと推測されるものの、この仮説は実験によって検証されなければならない。本質的に、チェルノブイリと福島で電離放射線による遺伝子の損傷が増大したことに対し、ある種の個体はそれに対処する能力が低いのである。

大型哺乳類——特殊なケースか？

　チェルノブイリの立入禁止区域で一部の大型哺乳類が数を増やしているという報告が最近なされている。そうした哺乳類が絶えず狩猟の対象とされている種であるなら、それは驚くべきことではないだろう。チェルノブイリと福島の立入禁止区域においては狩猟の可能性が完全にではないものの大きく減少しており、狩猟対象動物にとって格好の避難場所となっている。近年実施された2件の調査研究でも、チェルノブイリの立入禁止区域でオオカミ、シカ、そして野生イノシシの数が増加したと推測されている。しかしこれらの研究は、個体の繁殖や動物の健康に対して放射線がどのような影響を与えたかに関し、厳密な分析を可能にするような方法で実施されたものではない。哺乳類の分布および個体数に関して実

施された以前のより詳細な分析では、同じ区域の放射能濃度がさらに高いエリアにおいて、全ての種（ただしオオカミを除く）で個体数の著しい減少が確認されており（Mousseau and Møller 2014）、また齧歯類について最近実施された複数の調査研究でも、チェルノブイリ立入禁止区域の放射能濃度が高いエリアで個体数と繁殖数の著しい減少（Mappes et al. 2016）に加え、白内障の増加が確かめられている（Lehmann et al. 2016）。これら哺乳類の調査研究を総括すれば、放射線による影響の兆候ははっきり見られるものの、こうした分析には狩猟の圧力も組み込まなければならないと言える。また漁の対象とされてきた福島の魚類についても、最近になって同様の影響が報告されている。

放射線への適応？

　自然淘汰による進化は、単純な生物学的過程において不可避でありかつ遍在的に起こる結果である。程度の差こそあれ、全ての生物は生殖することができ、生殖可能性における差異の一部は、多かれ少なかれ遺伝子によって決定される各個体の表現型と関係している。自然界の個体群における遺伝子的多様性を対象とした以前の研究（Mousseau and Roff 1987 など）によると、遺伝子の多様性はほとんどの種に、かつ大半の性質について存在するという。また実験結果からも、高線量の放射線に適応し得る生物のあることが繰り返し立証されている（クマムシを対象とした Jönsson et al. 2008 など）。しかし自然状態で暮らす生物に関し、放射線への適応反応を対象とした研究は比較的少数にとどまっている。筆者らは最近、チェルノブイリに生息する生物の進化反応に関する研究を全て見直した（Møller and Mousseau 2016）ものの、適応こそが電離放射線に対する一般的な反応だとする論拠はほとんど存在しなかった。この疑問を扱うにあたって十分な厳密さを有する研究論文 14 点のうち、進化した適応反応の存在を示すものは 1 点（バクテリアに関する論文、Ruiz-González et al. 2016）に過ぎなかった。さらに、これら自然個体群でホルミシス（訳注：放射性物質が低濃度あるいは微量に用いられれば有益な作用をもたらすとする説）が見られたとする研究論文は現時点で存在しない。放射線が存在する状況下で適応反応が進化しないことにはいくつか理由があり、

適応反応に関する遺伝子的差異が個体群の中に存在しない可能性、あるいは進化反応を引き起こすほど事故から十分な時間が経過していない可能性もそれに含まれる。生物が数千年をかけて環境放射線という自然淘汰に適応してきた地域に関する研究から、適応反応の基となったメカニズムを解明する貴重な手がかりだけでなく、原発事故の影響を受けた地域でこうした反応が起きる可能性についても、価値ある洞察がもたらされるだろう（Mousseau and Møller 2014）。

原発事故の生態系への影響

　生態系は地球上で暮らす生命体に対し、基本的な必要事項の多くを与えている。人間にとってそれは水、薬品、食料の供給であり、そして他の多くの機能に加え、地球は生産力を提供している。植物、動物、微生物の個体、個体群、そして共同体に対する放射線の影響は様々であることから、生態系の機能にまで影響が及んでいたとしても不思議ではない。現在のところ、チェルノブイリあるいは福島において生態系レベルの研究はほとんど行なわれていない。しかしデータは限られていても、生態系が原発事故の影響に無縁でないことは明白である。最近行なわれた調査研究でも、チェルノブイリ原発事故で発生した放射線によって植物の基礎生産力が負の影響を受けたことが明らかになっている。つまり1986年以降、とりわけ干ばつによるストレスが加わった年に、樹木の成長率が低下したのである（Mousseau et al. 2013）。地表に落ちた枯葉の分解率に関する実証研究でも、放射線の線量が高い地域で分解率が劇的に減少していることが示されており、微生物（特に菌類とバクテリア）の群集に影響を及ぼした可能性が指摘されている（Mousseau et al. 2014）。枯葉の分解におけるこうした影響は、土壌中の養分循環率に大きな影響を与え、ひいては地域全体における植物の生産力にも打撃を及ぼし得ると考えられる。事実、チェルノブイリで観測された樹木の成長率低下は、地中の微生物群集に対する放射線の影響と間接的に関係しているかもしれない。植物がミネラル養分を吸収するにあたってはこれら微生物群集が重要な役割を果たすからである。またその他の調査研究においても、植物、授粉を媒介する昆虫、そして果実産出との間の相互作用に放射線が影響を及ぼし、生態系におけるその

他の構成要素にも明らかに負の影響を与えていることが示されている（Møller, Barnier, and Mousseau 2012など）。また現在では、放射線によるストレスが気候変動と相互に作用し合い、放射能汚染地域の周辺に暮らす人間を絶えず脅威に晒す形で、生態系の継続様式に影響を及ぼすものと考えられている。一例を挙げると、放射能汚染地域で枯葉の分解率が低下したことによって生物の死骸（枯葉など）が地表に蓄積し、その結果、森林火災を引き起こす燃料が劇的に増加した。事実、この地域における気候変動の結果として、近年森林火災の規模と頻度がともに増大している（Mousseau et al. 2014）。枯葉自体の放射能濃度が高いことから、森林火災は放射性物質を揮発させ、周辺諸国の人口密集地域にこれら汚染物質を拡散させる恐れがある(Evangeliou et al. 2015)。そのことは、2015年夏にチェルノブイリの立入禁止区域で連続して発生した森林火災でも示されている（Evangeliou et al. 2016）。

結　論

　結論として、チェルノブイリと福島で発生した核の惨事は、自然界の個体群が地域的ないし局地的規模で、突然変異原に急性的・慢性的に晒されたことによる遺伝子学的、生態学的、進化学的、そして生態系的影響を検証する上で特異な機会となった。最近の研究結果によると、分子レベルから生態系に至るまで、生物システムに対する大小の影響が数多く発生しており、そのため今後数十年あるいは数百年にわたり、生態系の形態および機能にも影響を及ぼしかねないことが示唆されている。チェルノブイリで近年実施された個体群への影響に関する調査（Garnier-Laplace et al. 2013）でも、様々な自然的ストレス要因（生物および非生物）の下で暮らす個体群が電離放射線の影響を受ける度合いは、原子力規制機関や政府機関が通常用いている方法で推計した結果に比べおよそ10倍に上ることが示されている。このことは、実証的な生態学的研究と、放射線効果に関する通常の生態学的モデルから得られた予測結果との間に明らかな差異が見られることについて、その原因を明らかにするものと思われる。チェルノブイリおよび福島に生息する生物を比較対照することで、以前の研究では不可能だった科学的厳密性

(つまり繰り返し)を得ることが可能になり、また同時に、反応が生じ得る時間的枠組みの分析と、予測モデルの発展も可能になることで、将来原発事故が発生した場合における生態系の管理と保全にとっても有益だと考えられる。また分子遺伝学的技術における最近の進歩から、放射性突然変異原の生物学的影響に関する基礎研究に持続的かつ大規模に資金を投入し、福島およびチェルノブイリの原発事故をはるかに超える生態系をも対象とすることで、多くの新たな知識が得られるものと思われる。近い将来に大小の原発事故が発生するのはほぼ確実であり、過去の原発事故による環境への影響を突き止めるために必要な基礎研究に投資することが賢明であると言えよう。

〔献辞〕

　我々はウクライナ、ベラルーシ、日本など世界各地の友人および同僚に深い感謝を捧げる。彼らがいなければ、この論文が結実することはなかった。また我々の研究はフランス国立科学研究センター(CNRS)、アメリカ国立科学財団、アメリカ国立衛生研究所、CRDFグローバル、ナショナルジオグラフィック協会、サウスカロライナ大学、フルブライト財団、サミュエル・フリーマン慈善信託、アメリカ学術団体評議会、中部大学などの諸機関、そして日米の個人から資金援助を受けている。最後に、ユージーン・ピサネッツ、ディミトリ・グロジンスキー、そしてアレクセイ・ヤブロコフに本論を捧げる。

〔参考文献〕

Bonisoli-Alquati, A., K. Koyama, D. J. Tedeschi, W. Kitamura, H. Suzuki, S. Ostermiller, E. Arai, A. P. Møller, and T. A. Mousseau, 2015. Abundance and genetic damage of barn swallows from Fukushima. *Scientific Reports* 5: 9432. doi.org/10.1038/srep09432

Burris, J. E., J. C. Bailar III, H. L. Beck, A. Bouville, P. S. Corso, P. J. Culligan, P. M. Deluca Jr, R. A. Guilmette, G. M. Hornberger, M. Karagas, R. Kasperson, J. E. Klaunig, T. Mousseau, S. B. Murphy, R. E. Shore, D. O. Stram, M. Tirmarche, L. Waller, G. E. Woloschak, and J. J. Wong, 2012. *Analysis of Cancer Risks in Populations Near Nuclear Facilities: Phase I*. Washington, DC: National Academies Press.

Evangeliou N., Y. Balkanski, A. Cozic, W. M. Hao, F. Mouillot, K. Thonicke, R. Paugam, S. Zibtsev, T. A. Mousseau, R. Wang, B. Poulter, A. Petkov, C. Yue, P. Cadule, B. Koffi, J. W. Kaiser, and A. P. Møller, 2015. Fire evolution in the radioactive forests of Ukraine and Belarus: Future risks for the population and the environment. *Ecological Monographs* 85(1): 49–72. doi.

org/10.1890/14-1227.1

Evangeliou, N., S. Zibtsev, V. Myroniuk, M. Zhurba, T. Hamburger, A. Stohl, Y. Balkanski, R. Paugam, T. A. Mousseau, A. P. Møller, and S. I. Kireev, 2016. Resuspension and atmospheric transport of radionuclides due to wildfires near the Chernobyl nuclear power plant (CNPP) in 2015: An impact assessment. *Scientific Reports* 6: 26062. doi.org/10.1038/srep26062

Fairlie, I., 2014. A hypothesis to explain childhood cancers near nuclear power plants. *Journal of Environmental Radioactivity* 133: 10–17. doi. org/10.1016/j.jenvrad.2013.07.024

Galván, I., A. Bonisoli-Alquati, S. Jenkinson, G. Ghanem, K. Wakamatsu, T. A. Mousseau, and A. P. Møller, 2014. Chronic exposure to low- dose radiation at Chernobyl favours adaptation to oxidative stress in birds. *Functional Ecology* 28(6): 1387–403. doi.org/10.1111/1365-2435.12283

Garnier-Laplace, J., K. Beaugelin-Seiller, C. Della-Vedova, J. M. Métivier, C. Ritz, T. A. Mousseau, and A. P. Møller, 2015. Radiological dose reconstruction for birds reconciles outcomes of Fukushima with knowledge of dose-effect relationships. *Scientific Reports* 5: 16594. doi.org/10.1038/srep16594

Garnier-Laplace, J., S. Geras'kin, C. Della-Vedova, K. Beaugelin-Seiller, T. G. Hinton, A. Real, and A. Oudalova, 2013. Are radiosensitivity data derived from natural field conditions consistent with data from controlled exposures? A case study of Chernobyl wildlife chronically exposed to low dose rates. *Journal of Environmental Radioactivity* 121: 12–21. doi.org/10.1016/j.jenvrad.2012.01.013

Jönsson, K. I., E. Rabbow, R. O. Schill, M. Harms-Ringdahl, and P. Rettberg, 2008. Tardigrades survive exposure to space in low Earth orbit. *Current Biology* 18(17): R729–31. doi.org/10.1016/j. cub.2008.06.048

Kivisaari, K., Z. Boratynski, S. Calhim, P. Lehmann, T. Mappes, T. A. Mousseau, and A. P. Møller, 2016. Cut to the chase: Radiation effects on sperm structure at Chernobyl. In review.

Lehmann, P., Z. Boratynski, T. Mappes, T. A. Mousseau, and A. P. Møller, 2016. Fitness costs of increased cataract frequency and cumulative radiation dose in natural mammalian populations from Chernobyl. *Scientific Reports* 6: 19974. doi.org/10.1038/srep19974

Mappes, T., Z. Boratynski, K. Kivisaari, G. Milinevski, T. A. Mousseau, A. P. Møller, E. Tukalenko, and P. Watts, 2016. Radiation effects on breeding and population sensitivity in a key forest mammal of Chernobyl. In review.

Møller, A. P., and T. A. Mousseau, 2006. Biological consequences of Chernobyl: 20 years on. *Trends in Ecology and Evolution* 21(4): 200–7. doi.org/10.1016/j.tree.2006.01.008

Møller, A. P., and T. A. Mousseau, 2013. The effects of natural variation in background radioactivity on humans, animals and other organisms. *Biological Reviews of the Cambridge Philosophical Society* 88(1): 226– 54. doi.org/10.1111/j.1469-185X.2012.00249.x

Møller, A. P., and T. A. Mousseau, 2015. Strong effects of ionizing radiation from Chernobyl on mutation rates. *Scientific Reports* 5: 8363. doi.org/10.1038/srep08363

Møller, A. P., and T. A. Mousseau, 2016. Are animals and plants adapting to low-dose radiation at Chernobyl? *Trends in Ecology and Evolution* 31(4): 281–9. doi.org/10.1016/j.tree.2016.01.005

Møller, A. P., and T. A. Mousseau, 2017. Radiation levels affect pollen viability and germination among sites and species at Chernobyl. *International Journal of Plant Species* 178(7): 537–45. doi.org/10.1086/692763

Møller, A. P., F. Barnier, and T. A. Mousseau, 2012. Ecosystem effects 25 years after Chernobyl: Pollinators, fruit set, and recruitment. *Oecologia* 170: 1155–65. doi.org/10.1007/s00442-012-2374-0

Møller A. P., J. Erritzøe, F. Karadas, and T. A. Mousseau, 2010. Historical mutation rates predict susceptibility to radiation in Chernobyl birds. *Journal of Evolutionary Biology* 23(10): 2132–42. doi.org/10.1111/ j.1420-9101.2010.02074.x

Møller, A. P., F. Morelli, T. A. Mousseau, and P. Tryjanowski, 2016. The number of syllables in Chernobyl cuckoo calls reliably indicate habitat, soil and radiation levels. *Ecological Indicators* 66: 592–7. doi. org/10.1016/j.ecolind.2016.02.037

Møller, A. P., T. A. Mousseau, I. Nishiumi, and K. Ueda, 2015. Ecological differences in response of bird species to radioactivity from Chernobyl and Fukushima. *Journal of Ornithology* 156(S1): 287–96. doi. org/10.1007/s10336-015-1173-x

Møller, A. P., I. Nishiumi, and T. A. Mousseau, 2015. Cumulative effects of radioactivity from Fukushima on the abundance and biodiversity of birds. *Journal of Ornithology* 156(S1): 297–305. doi.org/10.1007/ s10336-015-1197-2

Møller, A. P., J. C. Shyu, and T. A. Mousseau, 2016. Ionizing radiation from Chernobyl and the fraction of viable pollen. *International Journal of Plant Sciences* 177(9): 727–35. doi.org/10.1086/688873

Mousseau, T. A., G. Milinevsky, J. Kenney-Hunt, and A. P. Møller, 2014. Highly reduced mass loss rates and increased litter layer in radioactively contaminated areas. *Oecologia* 175(1): 429–37. doi.org/10.1007/ s00442-014-2908-8

Mousseau, T. A., and A. P. Møller, 2014. Genetic and ecological studies of animals in Chernobyl and Fukushima. *Journal of Heredity* 105(5): 704–9. doi.org/10.1093/jhered/esu040

Mousseau, T. A., and D. A. Roff, 1987. Natural selection and the heritability of fitness components. *Heredity* 59(Pt 2): 181–97. doi. org/10.1038/hdy.1987.113

Mousseau, T. A., S. M. Welch, I. Chizhevsky, O. Bondarenko, G. Milinevsky, D. Tedeschi, A. Bonisoli-Alquati, and A. P. Møller, 2013. Tree rings reveal extent of exposure to ionizing radiation in Scots pine *Pinus sylvestris*. *Trees: Structure and Function* 27(5): 1443–53. doi.org/10.1007/s00468-013-0891-z

Murase, K., J. Murase, R. Horie, and K. Endo, 2015. Effects of the Fukushima Daiichi accident on goshawk reproduction. *Scientific Reports* 5: 9405. doi.org/10.1038/srep09405

Otake, M., and W. J. Schull, 1991. A review of forty-five years study of Hiroshima and Nagasaki atomic bomb survivors: Radiation cataract. *Journal of Radiation Research* 32: 283–93. doi.org/10.1269/jrr.32. SUPPLEMENT_283

Otake, M., and W. J. Schull, 1998. Radiation-related brain damage and growth retardation among the prenatally exposed atomic bomb survivors. *International Journal of Radiation Biology* 74(2): 159–71. doi.org/10.1080/095530098141555

Ruiz-González, M. X., G. Á. Czirják, P. Genevaux, A. P. Møller, T. A. Mousseau, and P. Heeb, 2016. Resistance of feather-associated bacteria to intermediate levels of ionizing radiation near Chernobyl. *Scientific Reports* 6: 22969. doi.org/10.1038/srep22969

Samet, J. M., and J. Seo, 2016. The financial costs of the Chernobyl nuclear power plant disaster: A review of the literature. Zurich: Green Cross Switzerland.

US GAO (Government Accountability Office), 2011. Nuclear Regulatory Commission: Oversight of underground piping systems commensurate with risk, but proactive measures could help address future leaks. Report GAO-11-563. Washington, DC: US Government Accountability Office.

Wheatley, S., B. K. Sovacool, and D. Sornette, 2016. Reassessing the safety of nuclear power. *Energy Research & Social Science* 15: 96–100. doi.org/10.1016/j.erss.2015.12.026

第4部

ポスト原子力の未来

第10章

原子炉の廃炉

カルマン・A・ロバートソン

要 旨

　廃炉事業は今後20年間にわたり世界中で急速に拡大すると見込まれており、この分野で限られた経験しか有していない多数の国家や事業者に大きな技術的・経営的課題を突きつけている。本章では原発閉鎖から跡地の新たな一般利用に至るまでの各段階における放射線のリスクを明らかにする。廃炉戦略の選定には相反する政治的条件が絡んでおり、それは廃炉資金と安全性の確保、世代間の公平性、そして事業者ならびに利用者の費用負担原則と関係する二つの主要原則に基づき評価される。廃炉に関する現状の評価に基づき、廃炉の費用推定を改善すると同時に、高まりゆく需要に対して国際協力を強化する機会が生まれる。また廃炉および跡地再利用にまつわるリスクは高度に技術的なものであることから、リスクに関する情報共有と国民の参加については特別な注意を必要とする。

はじめに

　商用原子炉の運転開始から70年が経とうとしている今、世界は廃炉を必要としている原子炉の数が前例のない水準に高まりつつある状況に直面している。原子炉の老朽化と早期の閉鎖という現在の傾向から、廃炉工程に入る原子炉の数は今後20年間で倍増すると予測されており、廃炉ならびに廃棄物保管で2030年までに1,000億ドル規模の市場が生まれるものと見込まれている（*Nucleonics Week* 2016）。

　原則として、原発跡地にまつわる安全リスクの多くは、廃炉が進むにつれて次第に減少する。しかし原子炉のライフサイクルは通常長期にわたることから、廃炉事業は独自の選択肢と課題を突きつける。世界的に見ても、本格的な原子炉の完全廃炉という経験はわずかな事例にとどまっている。廃炉費用と必要となる事項は、原子炉の種類、それまでの稼働状況、そして立地する国家によって大きく異なる。また原発立地の状況に関する知識の継続性を維持することも容易ではない――設計、建設、および稼働時になされた様々な決定、そして稼働中に発生した事故が、数十年後の廃炉過程で重要な意味を持つ場合もあるのだ。

　廃炉件数が急上昇するという見込みは、放射性廃棄物とりわけ使用済み燃料（高レベル放射性廃棄物）の処理問題が世界のどの国でも完全に解決されていない状況下で発生している。この事実は、その他すべての廃炉事業と、原発跡地の最終状態において重大な意味を持つ。廃炉計画の決定にまつわる選択肢には、労働者および国民の放射線防護について世代間で異なる関心、環境保護、そして費用面での複雑なトレードオフが絡んでいる。

　本章では本格的な廃炉工程に入った原子炉を例にとり、廃炉事業が辿る基本的な各段階を概説する。そして増加する原発閉鎖件数への対処、廃炉費用および時機の予期せぬ変更への対応、そして跡地を安全な状態にした上で一般開放することなど、廃炉の分野における現在の課題を説明する。その上で、廃炉費用の調達、透明性の確保、そして廃炉事業の増加に対する国際協力の強化について提言を行なう。

「廃炉」の定義

　原子炉は廃止工程が最も複雑な産業施設の一つである。稼働中は制御され自立した核分裂連鎖反応を続け（IAEA 2002: paragraph 5.5）[1]、それによって有用なエネルギー、通常は電気を生み出す。対照的に、試験炉は発電目的で使用されることがないため、タービンや発電機は備えていない。また熱出力が比較的小さいので、物理的に小規模で放射線の発生も低く抑えられている。

　原子炉の一生には6つの主要な段階がある。すなわち立地選定、設計、建造、立上げ、稼働、そして廃炉である。稼働中の原子炉は放射性の使用済み燃料に加え、主に2種類の危険を引き起こす。すなわち汚染物質と放射化である[2]。汚染物質とは、固体の表面、もしくは液体ないし気体の中に蓄積された放射性物質のことである。原子炉の主要な冷却物質は炉心内部で常に放射性物質（主に燃料）と接触状態にあるため、稼働中にひどく汚染される傾向にある。また冷却物質と接触した物資（配管やポンプなど）の表面も汚染されやすい。これら汚染物質の科学的構造によっては、そうした物資の表面から周辺環境に排出される可能性が比較的高い。一方の放射化は、炉心内部の核分裂反応で発生した中性子が放射性のない物質（原子炉の壁面に付着したコバルトなど）に吸収されることで主に生じ、

1———それによると臨界集合体も、冷却および放射線防護の手段がより少ない小型の研究炉とみなすことができる。一方、放射性物質の崩壊によって生じた熱を発電に用いる放射性同位体熱電気転換器（宇宙船など、長期かつ低出力の機器に用いられることが多い）は、核分裂の連鎖反応を伴わないため原子炉には分類されない。

2———原子力に伴うリスクとして電離放射線が挙げられる。電離放射線とは、その種類ないしエネルギーにより、体内組織の原子ないし分子をイオン化する放射線を指す。放射能の一般的知識については Knoll（2010）を参照のこと。本章では廃炉にまつわる原子力の安全性および放射線防護のみを扱い、溶媒、非放射性の重金属、あるいはアスベストなど、原発に存在するその他の危険物による問題は扱わない。

その物質は放射性となる。一部の物質において、中性子は吸収される前にかなりの距離を移動することがあるため、老朽化した原子炉の建材の奥深くで放射化による生成物が発見されることもある。

　稼働を停止した原子炉は、最終的にその跡地を安全に再利用するように廃炉とされなければならない。[3]国際原子力機関（IAEA）は廃炉を次のように定義している。「施設の管理体制の一部ないし全部を解除するためにとられる経営上・技術上の諸活動」（IAEA Department of Nuclear Safety and Security 2007: 48; IAEA 2016a: 34）。また放射線リスクの低減、公衆および環境の長期的な防護の実現、そして跡地の再利用を図るため、廃炉は通常施設の解体や建造物の除染を含む。

　基本的に、廃炉は安全確保に関する二つの主要原理に基づいている。すなわち世代間の公平性と事業者および利用者による費用負担である。建造、稼働、そして廃炉に至る長期の時間的尺度、そして廃棄物の放射性崩壊にかかるさらに長い時間的枠組みにもかかわらず、原子炉の廃炉は未来の世代に対する不当な負担を避けるよう行なわれるべきというのが一般的な考え方である（Bråkenhielm 2005）。廃炉に関する諸々の決定は、未来の世代のために公衆の安全、環境の持続性、核の保安、そして資源活用について、妥協を排した基準をもとに下すべきである（Taebi and Kadak 2010 参照）。

　事業者および利用者による費用負担という原則は、原子力発電によって利益を得た人々（電力会社や消費者など）が廃炉の完了に責任を持ち、かつその費用を納税者全体に移転するのでなく自ら負担すべきことを意味している。IAEAによる勧告でも、各原発保有国は廃炉の主たる責任を施設の免許事業者に負わせ、廃炉監督機関、健康および安全に携わる規制機関、地元当局、そして環境規制機関などによる監督の下、廃炉事業にあたらせるべきとしている（Stoiber et al. 2010: 73）。この点に関して言えば、原子力に対する規制は初期の時代から大きく改善しているものの、廃炉費用の見通しが不透明であるという課題は今も残っている（下記を参照）。今日、原発保有国（あるいは原発導入を検討中の国々）の大半は電

　3――――「廃炉」（decommissioning）という語はその他の燃料サイクル設備に対しても用いられるが、本章では原子炉のみを考察対象とする。

力会社に対し、原子炉の稼働開始に先立ち廃炉計画を立てるよう求めている（Laraia 2012参照）。それとは逆に、第1世代原子炉の多くは、最終的な廃炉予定を詳細に検討することなく建設された（Samseth et al. 2013）。IAEAが廃炉についての主要な指針文書を初めて刊行したのは1970年代半ばであり（IAEA 1976）、その対応の遅さが際立っている。

廃炉に関する世界的状況と現在の見通し

廃炉事業の需要は今後15年間で急速に増加するものと見込まれている。2015年末現在、稼働中ないし一時停止中の原子炉は世界中で443基に上る。[4]これら原子炉の平均稼働年数は30年であり、一部の原子炉は寿命延長工事がなされているものの、大半の原子炉は40年の寿命と見込まれている。またドイツは2022年までに国内の全原発を早期退役させる予定である（Schneider et al. 2015; International Energy Agency 2016）。

現在原発を保有している国の多くは、廃炉に関する経験を全くではないにせよほとんど有していない（表10-1参照）。この分野で最も経験豊富なのはアメリカであり、過去15年間で閉鎖された原子力発電所の跡地のほとんどは、使用済み燃料保管施設の管理が続けられながらも、原子力規制委員会（NRC）によって一般に開放されている。また研究炉の廃炉の経験を生かすことができる国もあるかもしれない。世界規模で見ると、これまでに33ヵ国（および台湾）で合計352基

---

[4] 本章では艦船推進用原子炉の廃炉は扱わない。原子力潜水艦の退役にかかる費用は一般的にその原子炉ではなく艦船全体を指すものであるため、静止型原子炉との比較は難しい。ソビエト海軍が艦船推進用原子炉を海中投棄したことによる影響については、Mount, Sheaffer, and Abbott（1994）を参照のこと。また1960年代から80年代にかけてソビエトとアメリカが打ち上げた原子力衛星の運用終了後における状況も、本章では扱わない。安全な周回軌道上にある原子力衛星の原子炉をいかに停止させるか、およびコスモス954レーダー海洋偵察衛星が地表に落下した際引き起こされた環境に対する損害については、Harland and Lorenz（2006: 235-6）を参照のこと。

表10-1　世界における原子炉の現状(2015年12月31日現在)

現状	基数	国数
稼働中ないし一時停止中	443	31（および台湾）(注1)
永久的に停止中（廃炉工程に入った原子炉も含む）	157	19（ヨーロッパ、北アメリカ、カザフスタン、日本）(注2)
廃炉作業中ないし廃炉済み	124	18（注3）

注1：出力5メガワット（MWe）級の寧辺核施設（北朝鮮）およびバターン原子力発電所（フィリピン）は含まない。
注2：数基（10基未満）の実験用原子炉は含まない。
注3：サンタスザーナ野外実験所の原子炉は含まない。
出典：IAEA（2016c: 47-58）。

の研究炉が廃炉となった（IAEA 2016b）。研究炉は発電用原子炉と比べて物理的に小さく、放射性物質による汚染や放射化の水準も低いため、廃炉にかかる費用と技術的複雑さも抑えられる。また研究炉の圧力容器は、切断および解体という、作業員を放射性粒子に晒しかねない厄介なプロセスを経ることなく、そのまま埋められることもある。そのため、研究炉の廃炉が必ずしも発電用原子炉の廃炉の経験に等しいとは限らない。原子炉の廃炉を経験したことがない国々は、より経験豊富な国家と情報共有することによって利益を得られるだろう。

廃炉の終結点

　どの時点をもって廃炉が終結したとするかについて、統一された基準は存在しない――その定義は規制機関による監督体制の種類と、その根底にある目的とによって決定される。一例を挙げると、原子力の保障措置は、核物質、装置、および技術が核兵器開発プログラムへの寄与ではなく、あくまで平和目的に利用されていることを確認するのが第1の目的である。こうした保障措置の観点から見れば、事業所内に残る施設ないし装置を使って核物質を処理あるいは利用することができなくなった時点をもって、その施設は廃炉とされたと言える（IAEA 2002: paragraph 5.31）。それとは対照的に、原子力の安全という観点から見ると、事業所内における放射線リスクやその他の危険性が、あらかじめ定められた基準にまで減少した時点をもって完全に廃炉されたということになる。IAEAは2014年10

月時点で17基の発電用原子炉が「完全に廃炉とされた」としているが、その定義は明示されておらず、除外された実験用小型原子炉がいくつかあると思われる（IAEA2015b: paragraph 74）。

各国の原子力規制機関の大半は、事業者が廃炉計画に記された各工程を全て完了し、さらなる解体作業や除染作業が必要なく、原子炉の運転免許が失効した上、規制機関による制限の有無にかかわらず、跡地が再利用可能な状態になった時点をもって、廃炉の完了としている。本論においては、この意味で「完全に廃炉された」と称し得る原子炉約30基を列記する（**表10-2**および**表10-3**参照）。通常、各国の政府および規制機関は、廃炉の終結および監督対象からの事業所の除外について、安全面・環境面の明確な基準を定めている。

原発跡地の最終状態は3つの種類に分類される。第1に、原子炉や低レベル放射性廃棄物処理施設など、新たな原子力関連施設が建造される場合が挙げられる。また原発跡地（および残存する発電設備）が化石燃料発電所として再利用される場合もある。しかし原発跡地の利用法に関する提案が、受け入れ可能な残留放射線の水準など、環境改善に関する諸目標を決定する場合が多いため、それらの事例は原発跡地の環境回復を研究するのに価値が限られている（Laraia 2012）。

第2に、原発跡地の大部分が規制対象から除外される一方、残りの部分で乾式キャスクによる使用済み燃料の長期保管（「独立した使用済み燃料保管施設」）が続けられるという事例が挙げられる。これは高レベル放射性廃棄物を永久貯蔵する手段が存在しない現状と、新たな燃料を生み出す手段として再処理を活用することが難しい実情とを埋め合わせる手段である（Hiruo 2016）。こうした例の中には、原子力規制の観点から見れば「無制限の利用」が許されているものの、使用済み燃料の貯蔵や地下水のモニタリングに関係する諸活動を行なうにあたり、敷地所有者（つまり廃炉を完了させた電力会社）によって立ち入りが制限されているものもある。アメリカのコネチカットヤンキー原発やヤンキーロウ原発がこれにあたり、跡地の活用法について現在のところ決定の見込みは立っていない（Connecticut Yankee 2015）。湿式の貯蔵方法（すなわち使用済み燃料プールによる貯蔵）に比べ、乾式キャスクは最小限の管理で使用済み燃料を安全に貯蔵できる。しかし破壊活動からの防護は必要かつ現在すでに負担となっている費用である

表10-2 廃炉が完了したアメリカ国内の原子炉および跡地の現状 (2015年12月現在) (注1)

名称	所在地	種類	定格電気出力 (MWe)	稼働期間 (注2)	跡地の現状
ビッグ・ロック・ポイントNPP	ミシガン州シャールボイ	BWR	67	1962-97	無制限の利用および使用済み燃料の乾式キャスク貯蔵 (注4)
沸騰水型原子炉過熱蒸気発生装置	プエルトリコ、リンコン	BWR	17	1964-68	無制限の利用、原子炉は敷地内に遮蔽隔離 (注3)
カロライナ・ヴァージニア管式原子炉	サウスカロライナ州パー	PHWR	17	1963-67	新規原子力発電所に隣接
コネチカットヤンキー (ハダムネック) NPP	コネチカット州ハダムネック	PWR	560	1967-96	無制限の利用および使用済み燃料の乾式キャスク貯蔵 (注4)
エルクリバー発電所	ミネソタ州エルクリバー	BWR	22	1963-68	化石燃料発電所が立地
エンリコ・フェルミ原子力発電所1号機	ミシガン州モンロー	FBR	61	1966-72	新規原子力発電所が立地 (1号機の部品の大半は搬出されたが、跡地で2号機が稼働中)
フォート・セント・ブレイン	コロラド州プラットヴィル	HTGR	330	1974-1989	化石燃料発電所が立地、および使用済み燃料の乾式キャスク貯蔵
ハラム	ネブラスカ州ハラム	SCGR	75	1963-64	化石燃料発電所が立地および低レベル放射性廃棄物を貯蔵、また原子炉容器を敷地内に遮蔽隔離
フンボルト・ベイ3号機	カリフォルニア州ユーリカ	BWR	63	1963-76	化石燃料発電所が立地
メーンヤンキーNPP	メーン州ウィスカセット	BWR	860	1972-97	無制限の利用および使用済み燃料の乾式キャスク貯蔵 (注4)
パスファインダーAPP	サウスダコタ州スーフォールス	BWR	59	1966-67	化石燃料発電所が立地
ピクゥNPP	オハイオ州ピクゥ	その他	12	1963-66	無制限の利用 (注3)、および原子炉容器を敷地内に遮蔽隔離
ランチョ・セコ	カリフォルニア州ヘラルド	PWR	873	1974-89	冷却塔が残存、低レベル放射性廃棄物と使用済み燃料を貯蔵、跡地の一部に太陽光発電アレイを設置する計画
サンタスザーナ野外実験所	カリフォルニア州ベルキャニオン	SCGR	最大6 (注5)	1957-64	産業研究活動
サクストン実験炉	ペンシルヴァニア州サクストン	PWR	3	1967-72	無制限の利用 (注3)
シッピングポートAPP	ペンシルヴァニア州シッピングポート	PWR	60	1957-82	新規原子力発電所が立地
ショアハムNPP	ニューヨーク州ショアハム	BWR	820	1986-89	化石燃料発電所が立地
トロージャンNPP	オレゴン州レイナー	BWR	1095	1975-92	無制限の利用および使用済み燃料の乾式キャスク貯蔵 (注4)
ヤンキーロウNPP	マサチューセッツ州フランクリン	PWR	167	1960-91	無制限の利用および使用済み燃料の乾式キャスク貯蔵 (注4)

注1:同一敷地内で同じ種類の原子炉が稼働中の場合、この表には含まれていない(ドレスデン原子力発電所〔オハイオ州〕、サンオノフレ原子力発電所〔カリフォルニア州〕など)。
注2:「稼働期間」は、最初に配電網へ接続された年から、配電網への電力供給を最後に行なった年までを指す。
注3:「無制限の利用」は、当該跡地が現在「未開発地域」であることを指す。公園として活用されているもの(トロージャンなど)もあれば、野生動物の保護地域として活用されているもの(コネチカットヤンキーなど)もある。
注4:「無制限の利用および使用済み燃料の乾式キャスク貯蔵」は、跡地の大半が「未開発地域」であり、残りの部分で乾式キャスク貯蔵を行なう許可を規制機関から与えられていることを指す(独立した使用済み燃料貯蔵施設)。
注5:IAEA (2015a, 2016c) には記載されていない。出力はWald (2011) を基に概算したもの。
出典:IAEA (2015a, 2016c) ; US NRC (2015b)。

表10-3 廃炉が完了したアメリカ国外の原子炉(および廃炉工程の後期段階にある原子炉)および跡地の現状(2015年12月現在)(注1)

名称	所在地	種類	定格電気出力(MWe)	稼働期間(注2)	跡地の現状
シノン原子力発電所A-1, A-2, A-3号機	フランス、アヴォワーヌ	GCR	70, 180, 360	1963-90	新たな原子力発電所が立地、A-1号機の一部は博物館として活用、その他の原子炉の運転停止後、最終解体工程に入る予定
サンローラン原子力発電所A-1,A-2号機	フランス、サン=ローラン=ヌーアン	GCR	390, 465	1969-92	新たな原子力発電所が立地
HDRグロースヴェルツハイム(カール)	ドイツ、カールシュタイン・アム・マイン	BWR	25	1969-71	無制限の利用(注3)、現在は軽工業が行なわれている
カールVAK NPP	ドイツ、ゼリーゲンシュタット	BWR	15	1961-85	無制限の利用(注3)(商業および製造業が立地)
ニーダーアイヒバッハNPP	ドイツ、ラントシュット	HWGCR	100	1973-74	新規原子力発電所に隣接
シュターデ	ドイツ、バッセンフレス	PWR	640	1972-2003	残存構築物の最終解体待ち、低レベル放射性廃棄物を貯蔵
ヴュルガッセンNPP	ドイツ、ベーヴェルンゲン	BWR	640	1971-94	廃炉工程で発生した低・中レベル放射廃棄物を一時貯蔵
動力試験炉	日本、東海村	BWR	12	1963-76	原子力研究所が立地、および低レベル放射性廃棄物(コンクリート)を敷地内に埋め立て
東海発電所1号機	日本、東海村	GCR	137	1965-98	新規原子力発電所が立地
ルーセンス原子炉	スイス、ルーセンス	HWGCR	6	1968-69	原子炉が立地していた地下の洞窟は密閉され、地上は未開発地域
ウィンズケール改良型ガス冷却炉	イギリス、セラフィールド	GCR	24	1963-81	新規原子力施設が立地

注1: 同一敷地内で同じ種類の原子炉が稼働中の場合、この表には含まれていない(グンドレミンゲン原子力発電所〔ドイツ〕など)。
注2: 「稼働期間」は、最初に配電網へ接続された年から、配電網への電力供給を最後に行なった年までを指す。
注3: 「無制限の利用」は、当該跡地が現在「未開発地域」であることを指す。
出典: IAEA (2015a, 2016c); Schmittem (2016); Weigl (2008); World Nuclear News (2015)。

表10-2・表10-3 略号一覧

APP	原子動力プラント
BWR	沸騰水型原子炉
FBR	高速増殖炉
GCR	ガス冷却黒鉛減速炉
HTGR	高温ガス炉
HWGCR	重水減速ガス冷却炉
MWe	メガワット電気
NPP	原子力発電所
PHWR	加圧重水炉
PWR	加圧水型原子炉
SCGR	ナトリウム冷却黒鉛減速炉

(US NRC 2016参照)。アメリカにおいては、独立した使用済み燃料貯蔵施設は人口密集地域から離れた場所にあり、破壊工作の標的としての価値は低い。しかし稼働中の原子炉を攻撃するだけの武力を持たず、また十分な訓練を受けていないテロリストが、放射性物質を拡散し、経済的損失を与えるとともに、周辺住民をパニックに陥れる目的で乾式キャスクを攻撃対象にする可能性もある。

そして第3に、跡地全体が無制限に解放され、農業用地、公園、あるいは商業施設といった形で一般利用される場合がある。現在のところ、この種に分類される原子力発電所は低出力のものか短命に終わったものに限られている（表10-2および10-3参照）。無制限の再利用に適しているか否かを決定する第1の要素は、敷地全体における放射能濃度が、政府ないし規制機関によって定められた制限値まで低下したという、規制機関による認証である。原子炉免許の失効に必要な年間線量の上限値を守るため、放射性物質に汚染された構造物は通常敷地から除去する必要がある。また原子炉があった場所の表土も取り除かなければならない。

線量の許容上限値は、人間および環境に対する放射線のリスクが「もはや存在しない」水準に定められるべきだとしばしば主張されている（Nuclear Energy Agency 2016: 51など参照）。しかし「放射線のリスク」と見なされる実効線量（シーベルト〔Sv〕で測定）の水準、およびそれを下回ればリスクはないという上限値について広く認められた定義は存在しない。またごく低線量の被曝による健康への確率論的影響を厳密に測定する明確な手段もない。年間0.1Sv未満の被曝による影響は測定が難しく、1度の事象で急激に被曝したのでなく、1年をかけてその線量を被曝した場合、困難はさらに増す。

低線量被曝で発生することが予想される影響のうち、最も明らかなのはがんリスクの増加だが、被曝からの時間差、および元々の自然発症率の高さから、がん発症率への影響を測定するのは容易でない。むしろ低線量被曝による影響は、高線量被曝で生じた影響の測定結果から推定される。これは通常、被曝線量と反応との間には直線的な相関関係があり、かつリスクが消失するしきい値は存在しないという、しきい値なし直線仮説（LNT仮説）を基に行なわれる（Calabrese 2013; Morgan 2013参照）。このLNT仮説は放射線のリスクを推定するにあたり信頼度が高い慎重なモデルとして広く受け入れられている。

LNT仮説を厳密に適用すると、全ての環境に自然放射線の発生源があるため、どの場所についても、放射線リスクが過去にも現在にも全く存在しないとは言えなくなる。人間が1年間で被曝する自然放射線の線量は地域ごとで大きく異なるが、通常は1ないし5ミリシーベルト（mSv）の範囲内である（UNSCEAR 2008）。

　そのため、人工的な放射線発生源からの被曝上限値は、許容可能かつ現実的に達成可能な特定のリスク水準の算定を基に、恣意的に決定されるのが普通である。国の規制や国際基準においては、原発跡地など放射性物質に汚染された敷地を無制限の利用に供するにあたり、自然発生源や医療行為によって人間が1年間に被曝する実効線量の平均値よりも低い値を、人工的な発生源による年間被曝の上限値として定める傾向にある。廃炉による被曝線量は、廃炉後の活動レベルと建設前の活動レベルとを比較することで推計される。LNT仮説を適用すれば、人工的な放射線発生源による追加リスクは、自然発生源によるリスクと同程度か、低い水準となる傾向にある。そして現在、こうした傾向の例外として最も注目されているのが、福島第1原子力発電所の周辺地域から避難した住民に対し、自然放射線の水準を上回る年間20mSvという基準線量が適用されていることである（Office of the Deputy Chief Cabinet Secretary 2011）。

廃炉費用の調達

　資金調達は廃炉にまつわる諸問題のうち最も論争を招きやすいものの一つである。大半の国では事業者および利用者による費用負担原則に従い、原発事業者が

5────一例を挙げると、NRCは原発跡地の無制限な一般開放を許可するにあたり、残留放射線の上限許容値を年間0.25mSvと定めている（US NRC Regulations 2015: 20.1402）。通常、線量の計算は外部放射線の測定値を用い、呼吸および経口摂取の一般的比率に関する仮定を基に算出された、内部被曝の推定値を加えることで行なわれる。

6────廃炉の法制化に関するIAEAのモデル規定は、規制機関が事業者に対し、廃炉後の最終状態と比較すべく、原子炉建造に先立ち事業所内の放射線の状況に関する基本的調査を実施させるよう勧告している（Stoiber et al. 2010: 72）。

資金調達の責任を負っている。しかし「使用済燃料管理及び放射性廃棄物管理の安全に関する条約」（1997）の締約国は、廃炉事業の安全を確保すべく、「能力を有する職員及び適当な財源が利用可能であること」（第26条）を義務づけている。再利用可能な原子炉部品を販売するなど[7]、廃炉事業で少額の利益が生み出されることもあり得るが、本質的には発電が終わった時に生じるコストに他ならない。それゆえ廃炉の資金調達には、将来的な経済的負担義務という課題がつきまとう。また原子炉のライフサイクルにおいては様々な出来事が発生し、予期せぬコストや損失が突然発生することもあるため、資金の効率性を保つのも難しい。また事故ないし規制の改変で当初の予定よりも早く廃炉しなければならない状態に陥ったとすれば、適切な時期に資金を調達することも課題となるだろう。

資金調達戦略

廃炉費用の調達には、資金の前払い、および積み立てという二つの基本的戦略が存在する。このうち前者は、原子炉の建造に先立ち、予想される廃炉費用に応じた一定の金額を前払費用の一部として計上するというものである。また後者は、まず償却基金を設定しておき、次いで原子炉の稼働期間を通じ、電力料金収入のごく一部を徐々に基金へ組み入れるというものである。いずれの戦略も、廃炉費用を賄うのに十分と予想される金額が原子炉の退役予定時期に利用できるよう、資金を別途計上するのが一般的である。

原子炉が早期退役のため予定された収入を生み出せなくなる一方で資金調達が難しいという場合、前払い資金は一種の保険として機能する。また資金の積み立てには、電力料金の一部という形で利用者からの資金調達を可能にするという利点があるものの、原子炉の早期退役による収益機会の喪失に対処するのは難しい。

---

[7] 廃材が無制限の再利用ないし処分を「許可される」には、それらの放射能が一定のしきい値未満になければならない。その値は非常に慎重に定められ、自然放射線と同程度の線量しか放出しない場合にのみ許可されるのが一般的である。放射性物質は廃材に均一に分布しているわけではないため、そうした控えめなしきい値の設定や、慎重な安全の確認が重要である。

また考え得る全ての緊急事態に対し、利用可能な前払い資金や積立金が十分な額に達しているとは限らない。原則としてこれら資金には、緊急事態による廃炉費用の増加予想分を組み入れることができる。しかし廃炉のタイミングとコストは確定的なものでないため、緊急事態による費用増加を予想するための指針は少ない（Nuclear Energy Agency 2016: 82）。廃炉の時点で十分な額の資金が利用できないのならば、事業者および利用者による費用負担原則を捨て、納税者にコストを移転するか、あるいは他の電力源を利用しているかもしれない将来の電力消費者に負担させる必要が生じるだろう（Drozdiak and Busche 2015; Pagnamenta 2016）。2016年4月、ドイツの「脱原発の資金調達に関する検討委員会」は勧告を行ない、電力会社は廃炉にかかる費用230億ユーロを負担すべきとした（*World Nuclear News* 2016a）。原子力発電所の早期退役という政府の決定により予定されていた収入源がすでに絶たれていることから、これら電力会社による廃炉費用負担は軽減されるべきという議論もあるが、いまだ結論は出ていない。

費用の算定

　原子炉の立地、国の規制、そして詳細な廃炉工程といった特定の諸条件により、廃炉費用は大きく左右される。しかし原子炉の規模、稼働年数、そして種類が廃炉費用に及ぼす影響については、いくつかの一般的傾向が観察できる。まず第1に、原子炉における放射能汚染ならびに放射化の範囲は、その出力と稼働年数に比例して広がりを見せる傾向にある。現在のところ、廃炉の後期工程に入った原子炉のうち数基は、稼働年数が短い比較的低出力のものである（表10-2および10-3参照）。それと比較して、稼働年数が40年を超える出力1ギガワット級の発電用原子炉は、放射性廃棄物の量がより多くなる。

　アメリカ原子力委員会は各原発事業者に対し、原子炉の種類、労務費、光熱費、そして廃棄物処理費用に応じ、一定の金額を廃炉のために積み立てるよう規則（The US NRC Regulations 2015）で定めている（US Government Accountability Office 2012）。2016年の時点で廃炉に充当可能な資金の金額は、少ないところで数億ドル、多いところで10億ドルに上る（US NRC 2013参照）。これら金額の差異は、原子炉の基本的な種類の違いを反映したものである。

NRCの推定によると、加圧水型原子炉（PWR、軽水炉の一種）は最も安価な部類に入るという。現在稼働している原子炉の64パーセントを占めるPWRは二つの冷却循環系の熱交換を利用しており、うち一つは炉心内部を通り放射能濃度も高いが、もう一つの冷却系はタービン内部を循環していて放射能もゼロに等しい。タービン建屋の放射能濃度は一般的に低いため、普通の方法で解体することができ、部品も再利用されるか、地表近くに埋めることができる。加圧水型重水炉（カナダのCANDU炉など）も同様の傾向が見られるものの、中性子を吸収することで生じた比較的放射能の高いトリチウムが減速材に含まれるため、その保管と処理に費用がかかる。

　それとは対照的に、日本やスウェーデンで多く使われている沸騰水型原子炉（BWR）の冷却系は一つであり、施設内部の「放射線管理区域」にはタービンや復水器も含まれるなど、PWRに比べその範囲ははるかに広い。また大半の部品が放射性物質に汚染されていることから、廃炉工程もより複雑で、部品の処理費用も高くなりがちである。

　黒鉛減速ガス冷却炉（GCR、イギリスのマグノックス炉など）はPWRおよびBWRの廃炉に比べて数倍高くつくことが、NRCの規則文書に記されている。GCRの黒鉛減速材は稼働中に放射性の炭素を蓄積させる。そのため廃炉の際、原子炉へ安全に接近することが難しく、また高レベルの放射性廃棄物をさらに多く生み出すのである。なおチェルノブイリなど旧ソ連で用いられていた黒鉛減速軽水冷却原子炉もこれと同様である（*NucNet* 2015）。

　液体金属冷却高速炉の廃炉にまつわる主な特徴として、液体金属の酸化を防ぎ、放射性冷却材の残留物に対処しつつ冷却材を排出させるための追加費用が挙げられる（Goodman 2009）。これはPWRやBWRから水を排出させるのに比べてより複雑で、燃料の被覆材が破れ冷却材が放射性物質に汚染されていると、その複雑さはさらに増すことになる。しかし高速炉6基（サンタスザーナ野外実験所のナトリウム実験炉、ハラム、フェルミ-1、フェニックス、EBR-1、EBR-2）の運用経験から、廃炉費用の総額は高速増殖炉（FBR）やBWRと同程度と推測されている（Michelbacher et al. 2009参照）。

　全体的に見て、廃炉費用に関して信頼度が高く比較可能なデータは各国ともに

不足している。原子炉の種類、出力、および稼働実績が類似していても、廃炉にかかる費用と時間の見積もりには大きな差異が存在する。費用は原発跡地の最終状態をどのようにするかによって大きく異なる——新たな原発用地にふさわしい場所にするよりも、無制限の利用を認める一般開放のほうが高くつく。原子炉の「運転コスト」と異なり、「廃炉費用」の範囲を定めるにあたっては巨大かつ複雑な差異がある（Nuclear Energy Agency 2012）。原子炉の種類の大半では、核燃料の挿入と取り出しが稼働期間中に繰り返し行なわれる。ゆえに、使用済み燃料の処理（貯蔵、処分、ないし再処理）は廃炉費用でなく運転費用とされている[8]。また事業所内外での乾式キャスク貯蔵を費用見積もりに含めることもあれば、そうでないこともある。

　総費用の推計が諸々の活動を分解作業、事業管理、および廃棄物処理に分割できる場合でも、各項目の費用見積もりはその国における労務費など様々な役務費用に大きく左右される（Nuclear Energy Agency 2016: 67参照）。また規制機関、事業者、および請負業者が廃炉の経験をどれだけ有しているかも費用の決定要素となり得る。

　国ごとに違いはあるものの、廃炉費用の大半は原子炉部品という低レベルないし中レベル放射性廃棄物の処理にかかるものである[9]。フランスやアメリカといった国々は、低レベル放射性廃棄物を貯蔵ないし処分する広大な用地を有しており、大型の部品を解体する必要がない。またこうした国では、原発の運転停止後すぐに複雑な解体工程を要せず部品を持ち出すことができ、事業所内に残った部品の維持・解体にかかる費用を大きく減らすことになる。

8───原子力施設を保有する7ヵ国が採用している算出方法の要約については、Nuclear Energy Agency（2016: 61）を参照のこと。

9───様々な放射能レベルの廃棄物の処理など、廃棄物の分類に関する概念についてはIAEA（2009）を参照のこと。

廃炉工程の諸段階

この節では、原子炉の運転停止から跡地の開放に至るまでの各段階におけるリスクを説明するとともに、それぞれの廃炉方法における選択肢とトレードオフについて論じる。

廃炉前工程その1——原子炉の運転停止

原子炉の運転を停止し、永久に稼働させないという決定は、技術的、財政的、および政治的理由に基づくのが一般的である。国際原子力事象評価尺度（INES）で定義された稼働中の「深刻な事故」「大事故」および「広範囲な影響を伴う事故」の直接的結果によって閉鎖に追い込まれた原子炉は6基あり、リュサン原子炉、スリーマイル島原発2号機、チェルノブイリ原発4号機、そして福島原発1号機〜3号機がそれにあたる。[10] INESの定義によると、これらの事象においては、「炉心の重大な損傷」「放射線による死亡」ないし「対策実施の必要性」を伴う放射性物質の放出が発生する（IAEA n.d.）。[11]

大半の原子炉は予定された寿命が近づいた段階で廃止され、その時期は部品の老朽化や規制基準の変更に伴う維持管理費用の増大により、これ以上稼働させることがもはや経済的に見合わなくなると推定される時点を基に決められるのが一般的である。また最近では、電力需要の低下や化石燃料の価格下落も廃止の要因となっている。

原子炉の運転を永久停止する決定が下された後は、最終的な照射済み燃料を炉

10——東日本大震災当時、福島第1原発の他の原子炉は稼働していなかった。またサンタスザーナ野外実験所の原子炉やサン＝ローラン A-1 および A-2 など、事故を経験した後で再稼働した原子炉もある。サンタスザーナの事故は尺度の制定以前に発生したものであり、レベルの確定はされていないものと思われる。

11——原子炉における発電機の故障といった事象が、メディアによって「事故」（accident）とされる場合もあるものの、放射線による作業員、公衆、および環境への直接的影響がないこともある。

心内部に残し、冷却させるのが普通である。水で冷却された原子炉の温度と圧力が一定レベルを下回ると、沸騰を防ぐために冷却水を循環させる必要がなくなり（「冷温停止」）、冷却源の喪失という重大事故の可能性は著しく減少する。東日本大地震で津波が到来した際、福島第1原発の5号機と6号機は冷温停止状態にあったため、水素爆発は起こらなかった。また1〜3号機は2011年12月に冷温停止状態となったが、原子炉に亀裂が発生したため水の注入がその後も続けられた（Brumfiel 2011）。

　運転停止後の期間は、原発事業者の社風や組織の変化にも大きく左右される。発電終了に伴い作業員の士気が下がることは珍しくない（Laraia 2012）。また発電所で勤務する従業員の一部は、廃止後の新たな短期業務に向けた訓練を受ける必要がある（機器の取り外しおよび処理など）ものの、その後は解雇の可能性に直面する。また廃炉という専門的業務を遂行するにあたって新たな請負業者を雇う必要が生じるかもしれず、そうなった場合、発電所の配置、稼働実績、そして現状を正確に伝えなければならない。

廃炉前工程その2——原子炉の廃止

　使用済み燃料から放出される放射線（およびその結果生じる熱）が一定レベルに下がった後は、炉心から使用済み燃料棒を取り出してプールに貯蔵し、それから冷却材を排出することになる。平均すると、運転停止時における放射能のおよそ99パーセントが使用済み燃料に伴うものである（Nuclear Energy Agency 2016: 50）。

　原子炉が炉心溶融（メルトダウン）に陥った場合、燃料棒に加えて溶解した炉心デブリを取り出す必要がある。福島第1原発1〜3号機における炉心デブリの取り出しは少なくとも2020年代初頭までかかる見込みであり、取り出したデブリの処分方法もまだ決定していない（Schneider et al. 2015; International Energy Agency 2016: 78）。これら原子炉からのデブリ取り出しは、放射線に耐え得る遠隔操作式の新型設備を用いて行なう必要がある（Inter-Ministerial Council for Contained Water and Dicommissioning Issue 2015: 18）。

　全ての使用済み燃料が原子炉から抜き取られ、かつ敷地内の貯蔵プールから搬

出された時点でその原子炉は「廃止された」ことになり（IAEA 2002 paragraph 5.30）、放射性物質の大規模放出というリスクは大きく減少する。この時点で規制機関は原発事業者に対し、事業所内における完全な緊急対策体制の解除を許可することもある（Cama 2014）。アメリカのデイヴィッド・ヴィッター上院議員によると、廃炉中（つまり燃料抜き取り後）に何らかの事故が発生し、大衆の安全が脅かされたことは1度もないという（Cama 2014）。また使用済み燃料は乾式キャスクを用いることで比較的安全に貯蔵できる（US Senate 2014）。福島第1原発では、1～4号機に残された燃料と異なり、乾式キャスクに格納された使用済み燃料は地震と津波に耐え、大きな損傷も見られなかった（Suzuki 2015: 597）。

通常、使用済み燃料と冷却材が取り出される頃、事業者は敷地全体における放射能汚染および放射化を慎重に測定し図表化（「サイトの特性化」）した上で、最新の廃炉計画を提出する責任がある[12]。また原子炉の廃止後、部品の解体および搬出を行なう前にこの手続きを完了させるよう規則で定めている国もある（IAEA 2014: 15）[13]。

除染・解体・処分の戦略

原子炉の稼働停止後、事業者が廃炉計画を立て、規制機関が必要な許可を与えて初めて、廃炉を始めることができる。使用済み燃料が搬出されたならば、作業員にとっての主な放射線リスクは、燃料集合体の移動・貯蔵・防護・冷却に関わる様々なシステムを解体する際、放射能の残る構造物内部で手作業を行なう間に被曝することである。原子炉の通常稼働と異なり、廃炉工程においては作業員が長時間にわたって中・高度の放射能汚染区域に立ち入ることが多い。その一方、

12――福島第1原発における放射線量率マップの実例は、Kotoku（2016）を参照のこと。

13――たとえばアメリカでは、原子炉部品の搬出は国家環境政策法における廃炉の一形態であるという決定が第1巡回高等裁判所によって下されている。ゆえにNRCはヤンキー原子力エネルギー会社に対し、完全な廃炉計画の提出に先立つ「早期の部品搬出」を許可できなかった。*Citizens Awareness Network Inc. v United States Nuclear Regulatory Commission*（1995）を参照のこと。

事業者および規制機関は周辺環境における低線量かつ長期の残留放射線にも注意しなければならない。

　原子炉の廃炉には3つの基本的選択肢がある。すなわち即時解体、安全な現状維持、そして遮蔽隔離である。いずれの選択肢も、工程に左右されるコスト（廃炉工程における「手作業」などで、機材費や労務費を含む）、期間に左右されるコスト（管理費、免許関連費用、保安関連費用、電力費、保険料、固定資産税、および敷地の維持管理にかかるその他の費用）、そして偶発費用（予見不可能な障害、悪天候、規制の変更、あるいは主要な請負業者の撤退に対応するための資金）に関してそれぞれ一長一短がある（Atomic Industrial Forum 1986）。

　これら各戦略の主な違いは、原子炉の圧力容器、内部部品、冷却配管、放射能防護コンクリート、そして使用済み燃料貯蔵棚など、放射能汚染や中性子による放射化の度合いが比較的高い区域にどう対処するか、という点である。どの戦略を用いるかにかかわらず、放射能汚染や中性子放射化を避けるために炉心および冷却系から十分離れたところに存在する建物や予備システムは環境放射線しか放出しないはずなので、通常の解体廃棄物と同じように扱い、適当な時期に処分できる。

　第1に、即時解体は原子炉の永久停止後すぐ廃炉作業を始めるというものだが、過去の経験によると、稼働停止から敷地の解放まで少なくとも10年を要している（表10-2および10-3参照）。福島第1原発においても、現在続けられている努力にもかかわらず、廃炉の完了には30ないし40年かかると見込まれている（Inter-Ministerial Council for Contained Water and Dicommissioning Issue 2015: 8）。つまり、資金が容易に調達可能であるならば、即時解体は期間に左右されるコストを最小化する傾向にあるため、経済的観点から見れば魅力的な選択肢である。また原子炉の運転に携わり、稼働記録の作成を担当していた作業員も、廃炉工程に関わることができる。

　ヨーロッパの数ヵ国や台湾のように、原子力への依存度を減らそうとしている、あるいは脱原発を進めようとしている国々にとって、即時解体には政治的・実践的な魅力があるものと思われる（Adelman 2016）。フランス、ドイツ、イタリア、リトアニア、スロバキア、スペイン、スウェーデン、そしてアメリカは即時解体

の採用を進めているか、あるいはそれまで安全保存状態にあった原子炉の廃炉を加速するよう求めている（Adelman 2016; Autorité de sûreté nucléaire 2009: 4; *Nuclear Energy Insider* 2016; Thomas 2016）。また即時解体は跡地の早期再利用を可能にするとともに、次世代の負担を軽減する。さらには、放射能に汚染された構造物を適時適切に除染・解体することで、原子炉建屋の風化や劣化、あるいは腐食によって発生する放射線放出のリスクを減らすことにもつながる。

　第2に、安全な現状維持とは原子炉施設のうち放射能に汚染された区画の解体を先延ばしするものである。現在のところ、廃炉工程にある原子炉の半分強が現状維持状態にある。国の規制によっては、予定されている現状維持期間に合わせて原発の事業免許を1世紀にわたって延長できる場合もある。原子炉における放射性物質や放射化生成物の多くは半減期が数年ないしそれ未満のため、原子炉の放射能濃度は現状維持期間中に大きく減少する。原則として、それにより作業員は放射線被曝の水準が比較的低くなった段階で解体作業にあたることができる。また処分を必要とする高レベル放射性廃棄物の数量も、解体を先延ばしにすることで減少する。

　現状維持状態にある原子炉が、稼働中の原子炉など別の原発施設と同じ敷地内にある場合、その状態を続けることは発電所の維持管理にかかる追加費用を最小化することにつながる。原発事業者が廃炉費用を調達したり作業員を集めたりするのに時間を要する場合も、安全な現状維持は魅力的な選択肢となる。さらに、事業者と規制機関が安全な現状維持を選んだ場合、半減期が長い放射性廃棄物の処理方法や、廃炉作業を遠隔操作で行なえるロボット技術の開発など、将来の技術的発展から利益を得られる可能性も高い（Nagata 2016）。

　第3に、遮蔽隔離とは放射性の構造物（原子炉の圧力容器など）を、コンクリートなど耐久性の高い物体に封じ込めることを指す。遮蔽隔離では原発施設を完全に解体する必要がないため、作業員による放射性物資への接触が最小限にとどまるとともに、他の場所で処分しなければならない破棄物の量を減らすことができる。しかし放射能濃度が徐々に低下する間その施設を安全に維持するために、極めて長期にわたる監視・維持体制が必要となる。現在、IAEAは大半の原子炉型について遮蔽隔離を用いないよう警告している（IAEA 2016a: 35）。またチェル

ノブイリ原発4号機に関し、作業員および周辺環境を危険に晒すことなく即時解体ないし安全な現状維持を実施するのは不可能だったことから、ソビエト政府は石棺による遮蔽隔離を採用した。そして2016年から17年にかけ、石棺の上に鋼鉄製の「新安全閉じ込め設備」が構築され、費用は10億ドルに上っている（*World Nuclear News* 2016b）。また遮蔽隔離は、稼働期間が短く放射能濃度も比較的低い、小型の原子炉数基にも用いられている（表10-2参照）。

　廃炉戦略の決定は、作業員の被曝の最小化、周辺環境に対する長期的影響、財政的負担、そして処理を必要とする放射性廃棄物の量の間でのトレードオフを基に下される。また個々の放射性構造物の解体・除染にも同様のトレードオフが内在している。小さな部分だけが高度に汚染されている場合もあれば、施設の大半がごくわずかに汚染されているという場合もある。たとえば、金属製冷却パイプの内部は放射能濃度が高い一方、パイプを取り囲むコンクリートは濃度が事実上ゼロである。中レベル放射性廃棄物として長期貯蔵ないし埋め立て処分しなければならない物資の数量を削減するためには、金属パイプをコンクリートから慎重に切り離すことが望ましいものの、その過程で作業員が比較的高レベルの放射線に晒されるかもしれない。同様に、壁の表面が高濃度の放射能に汚染されている一方、コンクリート内部の放射能濃度はわずかである。壁の除染は乾燥研磨剤の吹き付けといった技術によって行なわれるが、その作業も放射線被曝のリスクを増大させる。国際放射線防護委員会（ICRP）は、大衆の被曝に対する許容上限値（人工発生源からの被曝許容値は年間1mSvなど）と、原子力施設作業員の被曝に対する許容上限値（年間20mSvなど）を別個に設けることで、これら諸要素の釣り合いをとるよう勧告している（The International Committee on Radiological Protection 2005）が、作業員は一定のリスクを承知の上で受け入れている、というのがその理由の一部である（Clarke 2011: 31参照）。

現在と将来における廃炉の課題

　原子力発電の将来的な方向性にかかわらず、廃炉事業は人的資源と技術革新において優先度の高い分野である。だが世界的に見て、原子炉の廃炉および長期的

な原発跡地回復に関する経験は限られている。原発の廃止が相次ぐ現在、廃炉事業の需要は今後増加するだろう。必要な専門家、人材、および請負業者の勧誘、動機づけ、そして訓練は、原子力が衰退傾向にある国々において特に問題となる。
　そこで重要なのが、原子炉のライフサイクルにおける初期段階から廃炉計画の策定を始めることである。現在稼働中の原子炉に関し、詳細な記録作成や敷地特性調査などといった過去50年間における進歩によって、敷地内の様々な場所において放射能濃度に（したがって廃炉計画にも）影響を及ぼし得る事象を確実に記録することができるはずだ。将来の原子力発電所について言えば、各国は原発事業者に対し、設計段階で廃炉計画を策定するよう求め、跡地の最終状態をどうするかについても説明させるべきである。また廃炉費用の見積もりが資金調達の根拠として用いられる場合、その見積もりは、資金がいつ利用可能になるか、どういった不測の事態を想定しているか、跡地の最終状態についてどのような仮定をしているか、といったことが明確にされていなければならない。さらに、費用の見通しを立てる際には、使用済み燃料の管理について考え得る将来のシナリオを考慮に入れる必要があり、とりわけ高レベル放射性廃棄物を最終処分することができず、引き続き敷地内の使用済み燃料保管施設で貯蔵しなければならない可能性を検討することが求められる。
　規制機関および国民の目に対する透明性確保の観点から言えば、廃炉費用の算定方法は各国で統一することが望ましい。だが現在のところ、廃炉事業の費用が国ごとに大きく異なるため、それは極めて困難だと思われる。しかし廃炉事業の競争的な国際市場が生まれつつあり（Schmittem 2016; Fell 1999参照）、これが現実のものとなれば、費用の見積もりを全ての国で一貫性のあるものとし、廃炉に関するあらゆる活動の真のコストを正確に反映させるという観点から、算定方法の統一という問題は再検討する必要があるだろう。
　より広い視点から見るならば、廃炉事業の拡大が見込まれる中、関係者間における情報および成功事例の共有がますます重要になるだろう。IAEAの国際廃炉ネットワークといったフォーラムにおいては、原発の計画、建設、および稼働を進めているアジア諸国を支援するにあたり、北アメリカとヨーロッパで第1世代原子炉の廃炉事業から得られた教訓をどう活用できるかに焦点を当てるべきであ

る。

　原子力の専門家にとって、目に見えない確率論的プロセスに伴う危険性をどう伝えるかという課題が廃炉事業にもつきまとっている。教育、情報伝達、そして国民との意識共有については、事業者と政府がともに責任を負わなければならない。現在アメリカの原発事業者には、跡地の再利用や環境保全など、廃炉に関係する諸々の分野に国民のさらなる参加を促すべく、一般市民で構成される諮問委員会を設けるという選択肢が存在している（US NRC 2015b）。こうした委員会の活用と、そこで行なわれた議論の公開が、より広く促進されるべきである。廃炉段階に入る原子炉の数が増えるにつれ、工程の各段階および跡地の最終状態に関する透明性の確保は、原子力技術に対する国民の信頼を維持する上でますます重要性を帯びるだろう。

〔献辞〕
　著者は本章執筆中の2015年から16年にかけてハーバード大学ケネディスクールのベルファー科学・国際関係研究所でスタントン核セキュリティー博士研究員として勤務していたが、本章の記述は著者自身の見解に基づくものであり、何らかの機関の見方を反映したものではない。

〔参考文献〕
Adelman, Oliver, 2016. 'Prompt' decommissioning a potential trend, some in industry say. *Nucleonics Week* 57(10): 5.
Atomic Industrial Forum, 1986. Guidelines for producing nuclear power plant decommissioning cost estimates. National Environmental Studies Project AIF/NESP–036, Washington, DC.
Autorité de sûreté nucléaire, 2009. La politique de l'ASN en matière de démantèlement et de déclassement des installations nucléaires de base en France. Revision 0.v3, Paris, April. www.asn.fr/Media/ Files/La-politique-de-l-ASN-en-matiere-de-demantelement-et-de- declassement-des-installations-nucleaires-de-base-en-France (accessed 24 January 2017).
Bråkenhielm, Carl Reinhold, 2005. Ethical guidance in connection with decommissioning of nuclear power plants. Nuclear Energy Agency Report No. NEA/RWM/WPDD(2005)4. Paper presented to Topical Session on Funding Issues in Connection with Decommissioning of Nuclear Power Plants, Paris, 9 November 2004. www.iaea.org/ inis/collection/ NCLCollectionStore/_Public/45/026/45026338.pdf (accessed 24 January 2017).

Brumfiel, Geoff, 2011. Fukushima reaches cold shutdown. *Nature*, 16 December. doi.org/10.1038/nature.2011.9674

Calabrese, Edward J., 2013. Origin of the linearity no threshold (LNT) dose-response concept. *Archives of Toxicology* 87(9): 1621–33. doi. org/10.1007/s00204-013-1104-7

Cama, Timothy, 2014. Senators: Nuclear decommissioning process is flawed. *The Hill*, 14 May. thehill.com/policy/energy- environment/206110-senators-nuclear-decommissioning-process-is- flawed (accessed 24 January 2017).

Citizens Awareness Network Inc. v United States Nuclear Regulatory Commission, 1995. *Federal Reporter*, third series, 59: 284.

Clarke, Roger H., 2011. Changes in underlying science and protection policy. In *Evolution of ICRP Recommendations 1977, 1990 and 2011- 42.07: Changes in Underlying Science and Protection Policy and Their Impact on European and UK Domestic Legislation*, edited by Nuclear Energy Agency, 11–42. NEA No. 6920. Boulogne-Billancourt: Nuclear Energy Agency.

Connecticut Yankee, 2015. CY property. www.connyankee.com/html/ future_use.asp (accessed 24 January 2017).

Drozdiak, Natalia, and Jenny Busche, 2015. Germany's nuclear costs trigger fears. *Wall Street Journal*, 22 March.

Fell, Nolan, 1999. Decommissioning: A rapidly maturing market. *Nuclear Engineering International*, 29 October.

Goodman, L., 2009. Fermi 1 sodium residue cleanup. In *Decommissioning of Fast Reactors after Sodium Draining*, 39–43. IAEA TecDoc 1633. Vienna: IAEA.

Harland, David M., and Ralph D. Lorenz, 2006. *Space Systems Failures: Disasters and Rescues of Satellites, Rocket and Space Probes*. Chichester: Praxis Publishing.

Hiruo, Elaine, 2016. DOE should take fuel from reactors in order they shut, former executive says. *Nuclear Fuel* 41(11): 8.

IAEA (International Atomic Energy Agency), 1976. Decommissioning of nuclear facilities. Report of a technical committee meeting held in Vienna, 20–24 October 1975. IAEA TecDoc 179. Vienna: IAEA.

IAEA (International Atomic Energy Agency), 2002. *IAEA Safeguards Glossary: 2001 Edition*. 3rd edn. Vienna: IAEA.

IAEA (International Atomic Energy Agency), 2009. Classification of radioactive waste: General safety guide. Safety Standards Series No. GSG-1, STI/PUB/1419. Vienna: IAEA.

IAEA (International Atomic Energy Agency), 2014. Decommissioning of facilities: General safety requirements part 6. IAEA Safety Standards for Protecting People and the Environment. No. GSR Part 6. Vienna: IAEA.

IAEA (International Atomic Energy Agency), 2015a. *Nuclear Power Reactors in the World*. Reference Data Series No. 2. 35th edn. Vienna: IAEA.

IAEA (International Atomic Energy Agency), 2015b. Nuclear technology review 2015: Report by the director general. General Conference Document GC/59/INF/2, 2 July.

IAEA (International Atomic Energy Agency), 2016a. *IAEA Safety Glossary: Terminology used in Nuclear Safety and Radiation Procedures, Draft*. Vienna: IAEA.

IAEA (International Atomic Energy Agency), 2016b. Research reactor database. nucleus.iaea.org/RRDB/RR/ReactorSearch.aspx?rf=1 (accessed 24 January 2017).

IAEA (International Atomic Energy Agency), 2016c. *Nuclear Power Reactors in the World*. Reference Data Series No. 2. 36th edn. Vienna: IAEA.

IAEA (International Atomic Energy Agency), n.d. INES: The international nuclear and radiological event scale. www.iaea.org/sites/default/files/ ines.pdf (accessed 24 January 2017).

IAEA (International Atomic Energy Agency) Department of Nuclear Safety and Security, 2007. *IAEA Safety Glossary: Terminology Used in Nuclear, Radiation, Radioactive Waste and Transport Safety*. Vienna: IAEA.

Inter-Ministerial Council for Contaminated Water and Decommissioning Issues, 2015. Mid-and-long-term roadmap towards the decommissioning of TEPCO's Fukushima Daiichi nuclear power station. 12 June. www.meti.go.jp/english/earthquake/nuclear/ decommissioning/pdf/20150725_01b.pdf (accessed 24 January 2017).

International Commission on Radiological Protection, 2005. Low-dose extrapolation of radiation-related cancer risk. *Annals of the ICRP* 35(4): publication 99.

International Energy Agency, 2016. *Energy Policies of IEA Countries: Belgium: 2016 Review*. Paris: International Energy Agency.

Joint Convention on the Safety of Spent Fuel Management and on the Safety of Radioactive Waste Management, 1997. Opened for signature 29 September, 2153 UNTS 37605 (entered into force 18 June 2001).

Knoll, Glenn F., 2010. *Radiation Detection and Measurement*. 4th edn. Brisbane: John Wiley & Sons.

Kotoku, Tetsuo, 2016. Robot challenges for nuclear decommissioning of Fukushima Daiichi nuclear power station. Presentation to the IAEA International Conference on Advancing the Global Implementations of Decommissioning and Environmental Remediation Programmes, Madrid, 25 June. irid.or.jp/_pdf/20160523.pdf (accessed 24 January 2017).

Laraia, Michele, ed., 2012. *Nuclear Decommissioning: Planning, Execution and International Experience*. Philadelphia, PA: Woodhead Publishing. doi.org/10.1533/9780857095336

Michelbacher, J. A., S. P. Henslee, C. J. Knight, and S. R. Sherman, 2009. Decommissioning of experimental breeder reactor-II complex, post sodium draining. In *Decommissioning of Fast Reactors after Sodium Draining*, 59–65. IAEA TecDoc 1633. Vienna: IAEA.

Morgan, William F., 2013. Issues in low dose radiation biology: The controversy continues: A perspective. *Radiation Research* 179: 501–10. doi.org/10.1667/RR3306.1

Mount, Mark E., Michael K. Sheaffer, and David T. Abbott, 1994. Kara Sea radionuclide inventory from naval reactor disposal. *Journal of Environmental Radioactivity* 25(1–2): 11–19. doi. org/10.1016/ 0265-931X(94)90004-3

Nagata, Kazuaki, 2016. Toshiba unveils remote-controlled device to remove reactor 3 fuel assemblies at Fukushima No. 1. *Japan Times*, 18 January.

Nuclear Energy Agency, 2012. *International Structure for Decommissioning Costing (ISDC) of Nuclear Installations*. Radioactive Waste Management Series, NEA No. 7088. Paris: NEA, www.oecd. org/publications/ international-structure-for-decommissioning-costing-isdc-of-nuclear-installations-9789264991736-en.htm Accessed 13 February 2017).

Nuclear Energy Agency, 2016. *Costs of Decommissioning Nuclear Power Plants*. Nuclear Development Series, NEA No. 7201. Paris: NEA. www.oecd-nea.org/ndd/pubs/2016/7201-costs-decom-npp.pdf (accessed 24 January 2017).

Nuclear Energy Insider, 2016. European nuclear decommissioning activity to rise 8% per year. 2 June. analysis.nuclearenergyinsider.com/content/ european-decommissioning-activity-rise-8-year (accessed 24 January 2017).

Nucleonics Week, 2016. China's nuclear waste market to get a boost. 57(13) (31 March): 5.

NucNet, 2015. Russia announces successful decommissioning of El-2 LWGR. 191(28 September). www.nucnet.org/all-the-news/ 2015/09/28/russia-announces-successful-decommissioning-of-el-2- lwgr (accessed 24 January 2017).

Office of the Deputy Chief Cabinet Secretary (Japan), 2011. Report: Working group on risk management of low-dose radiation exposure. 22 December. www.cas.go.jp/jp/genpatsujiko/info/twg/Working_Group _Report.pdf (accessed 24 January 2017).

Pagnamenta, Robin, 2016. Early closure of nuclear power station could cost £22bn. *The Times* (London), 19 March.

Samseth, Jon, Anthony Banford, Borislava Batandjieva-Metcalf, Marie Claire Cantone, Peter Lietava, Hooman Peimani, and Andrew Szilagyi, 2013. Closing and decommissioning nuclear power reactors. In *United Nations Environment Programme Year Book 2012*, 35–49. Nairobi: United Nations Environment Programme.

Schmittem, Marc, 2016. Nuclear decommissioning in Japan: Opportunities for European companies. Tokyo: EU–Japan Centre for Industrial Cooperation, March. www.eu-japan.eu/sites/default/ files/publications/docs/2016-03-nuclear-decommissioning-japan- schmittem-min_0.pdf (accessed 24 January 2017).

Schneider, Mycle, and Antony Froggatt, with Julie Hazemann, Tadahiro Katsuta, M. V. Ramana, and Steve Thomas, 2015. *The World Nuclear Industry Status Report 2015*. Paris: Mycle Schneider Consulting Project.

Stoiber, Carlton, Abdelmadjid Cherf, Wolfram Tonhauser, and Maria de Lourdes Vez Carmona, 2010. *Handbook on Nuclear Law: Implementing Legislation*. Vienna: IAEA.

Suzuki, Tatsujiro, 2015. Nuclear energy policy issues in Japan after the Fukushima nuclear accident.

第10章 原子炉の廃炉 311

Asian Perspective 39(4): 591–606.
Taebi, Benham, and Andrew C. Kadak, 2010. Intergenerational considerations affecting the future of nuclear power: Equity as a framework for assessing fuel cycles. *Risk Analysis* 30(9): 1341–62. doi. org/10.1111/j.1539-6924.2010.01434.x
Thomas, Karen, 2016. Sweden's plant closures to hike skills demand from 2017. *Nuclear Energy Insider*, 21 March. analysis. nuclearenergyinsider.com/swedens-plant-closures-hike-skills-demand-2017 (accessed 24 January 2017).
UNSCEAR (United Nations Scientific Committee on the Effects of Atomic Radiation), 2008. *Sources and Effects of Ionizing Radiation.* Vol. 1. Annex B. New York: United Nations.
US Government Accountability Office, 2012. NRC's oversight of nuclear power reactors decommissioning funds could be further strengthened. GAO-12-258, April.
US NRC (Nuclear Regulatory Commission), 2013. Report on waste burial charges: Changes in decommissioning waste disposal costs at low-level waste burial facilities: Final report. NUREG-1307, Rev. 15. Washington, DC: Nuclear Regulatory Commission, January. www. nrc. gov/docs/ML1302/ML13023A030.pdf (accessed 24 January 2017).
US NRC (Nuclear Regulatory Commission), 2015a. Communication strategy for the enhancement of public awareness regarding power reactors transitioning to decommissioning. February. www.nrc.gov/ docs/ML1501/ML15013A068.pdf (accessed 24 January 2017).
US NRC (Nuclear Regulatory Commission), 2015b. Backgrounder on decommissioning nuclear power plants. May. www.nrc.gov/reading-rm/ doc-collections/fact-sheets/decommissioning. html (accessed 24 January 2017).
US NRC (Nuclear Regulatory Commission), 2016. Background on the proposed security rulemaking for independent spent fuel storage installations. www.nrc.gov/about-nrc/radiation/related-info/isfsi-security/ background.htm (accessed 4 September 2017).
US NRC (Nuclear Regulatory Commission) Regulations, 2015. § 50.75: Reporting and recordkeeping for decommissioning planning. www. nrc.gov/reading-rm/doc-collections/cfr/part050/part050-0075.html (accessed 24 January 2017).
US Senate, 2014. Nuclear reactor decommissioning: Stakeholder views. Hearing Before the Committee on Environment and Public Works, 130th Congress, 2nd Session, 14 May.
Wald, Matthew L., 2011. Keeping score on nuclear accidents. *New York Times*, 12 April.
Weigl, M., 2008. Decommissioning of German nuclear research facilities under the governance of the Federal Ministry of Education and Research. Paper presented to the Hazardous Wastes & Environmental Management Symposium, Phoenix, 25 February.
World Nuclear News, 2015. Vattenfall, EOn team up on German decommissioning. 29 May. www. world-nuclear-news.org/WR- Vattenfall-EOn-team-up-on-German-decommissioning-2905154. html (accessed 24 January 2017).
World Nuclear News, 2016a. Proposal for financing German nuclear phase-out. 28 April. www.

world-nuclear-news.org/WR-Proposal-for- financing-German-nuclear-phase-out-2804164. html (accessed 24 January 2017).

World Nuclear News, 2016b. EU increases Chernobyl funding on eve of anniversary. 25 April. www. world-nuclear-news.org/WR-EU-increases-Chernobyl-funding-on-eve-of-anniversary-25041602.html (accessed 24 January 2017).

第11章

持続可能エネルギーという選択肢

アンドリュー・ブレイカーズ

要旨

　太陽光発電（PV）と風力発電はいずれも他の代替エネルギーより安価であることから、新たな低排出発電技術の分野で支配的地位を保っている。全世界で毎年新規に増強される発電出力のうち、太陽光と風力によるものが半分を占める。どちらも燃料、環境、資材の問題、水の供給、あるいは安全対策によって制限されることがなく、新化石燃料や原子力と比べ価格も競争力のあるものになっている。一般的な水力発電は、ダム建設用地の不足から太陽光および風力に太刀打ちできず、バイオマス発電の利用機会も極めて限られている。原子力、炭素回収・貯蔵（CCS）、太陽熱、潮力、および地熱といったエネルギー源が風力ならびに太陽光に追いつくには、20倍から100倍に上る差を埋めるほどの大胆な成長率が必要となる。しかもこの目標値は、太陽光発電と風力発電がいずれも急速に拡大しており、規模の経済が大きく働いていることから、今も変化し続けている。また電力供給産業における蓄電の99パーセントは揚水式発電（PHES）によって行なわれており、それぞれ150ギガワット以上の電力を供給している太陽光発電、風力発電、そして揚水式発電の組み合わせによって、再生可能エネルギー市場の高い割合（80～100パーセント）が占められている。さらに、陸上の輸送機関や都市の廃熱を電力供給に結びつけることで、再生可能エネルギーによる電力は中期的に、最終エネルギー需要の4分の3を満たすことができると見込まれている。

エネルギーの選択肢

エネルギーと温室効果ガスの排出

図11-1が示すように、全世界における温室効果ガス排出の4分の3はエネルギー部門での化石燃料の使用によるものである。危険な気候変動を避けるためには、この化石燃料を温室効果ガスを排出しないエネルギー源に置き換える必要がある。

エネルギー技術

現在使用可能で、かつ将来的に温室効果ガスの排出量を抑えるエネルギー源として以下のものが挙げられる。
・太陽光——太陽から直接エネルギーを得るもの(太陽光発電〔PV〕や太陽熱発電)、および間接的にエネルギーを得るもの(風力、水力、バイオマス、波エネルギーなど)の両方を含む。
・炭素回収・貯蔵(CCS)技術を備えた化石燃料

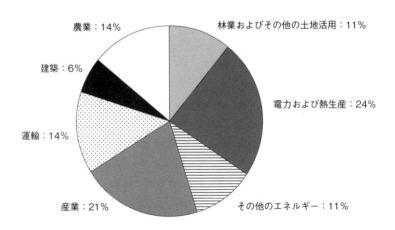

図11-1　100年間の時間的枠組みにおける経済部門別の温室効果ガス排出割合
出典：IPCC (2014: 88)。

・原子力（核分裂および核融合）
・地熱
・潮力

　本章の主題は、エネルギー利用による温室効果ガス排出を今後20年間で大きく削減するための道筋である。この目標を達成し得るエネルギー技術は豊富な資源基盤を有している必要があり、他の深刻な問題を引き起こしてはならず、また将来の普及率や費用低減について、技術的・経済的進化に関する大胆な仮説を要するものであってはならない。今後20年間で普及するであろう低排出エネルギー技術のうち支配的地位を占めると思われるのが風力と太陽光であり、上に掲げたその他エネルギー技術の一部も大きな補助的役割を果たすだろう。

　風力と太陽光は全世界で大規模に普及しつつあり（両方合わせて出力100ギガワット〔GW〕以上の発電設備が毎年建造されている）、続く10年間で巨大産業に成長する可能性が高い。2015年に全世界で新たに生み出された純発電容量のうち、再生可能エネルギー（主に水力、風力、太陽光）発電はその64パーセントを占めており、残りの大半は化石燃料によるものである（図11-2参照）。現在の傾

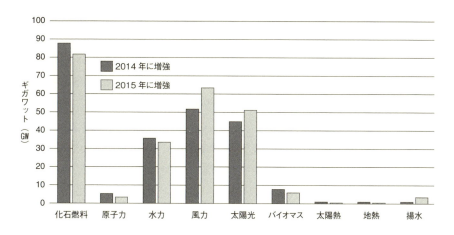

図11-2　2014年および2015年に増強された、技術タイプ別の新規発電容量
注：2015年における風力・太陽光の発電容量純増は113GWだが、これは他の技術を全て合わせた新規発電容量とほぼ同じである。
出典：REN21（2016）; Frankfurt School-UNEP Collaborating Centre（2014）; IRENA（2016）。

向から判断すると、1年間で新たに生み出される発電容量という点で、風力および太陽光は化石燃料と原子力を合わせた数値を2018年に追い抜くことが予想される。またオーストラリアなど数ヵ国では、新たに生み出される発電容量のほぼ全てが太陽光ないし風力によるものとなっている。

　2015年における太陽光および風力の発電容量増加は、前年に比べ19パーセントの伸びを見せた。一方、その他の発電技術の設置率は横ばいか減少傾向にある。風力と太陽光はいずれも、資源、環境、および資材の供給に制限されることがなく、また保安問題に悩まされることもない。

　水力発電はダム用地不足のためこの伸びに追いつくことができず、バイオマス発電の可能性も極めて限られている。その他の低排出技術（原子力、CCS、太陽熱、潮力、および地熱）が風力ならびに太陽光に追いつくには、20倍から100倍に上る差を埋めるほどの大胆な成長率が必要となる。しかもこの目標値は、太陽光発電と風力発電がいずれも急速に拡大しており、規模の経済が大きく働いていることから、日々変化し続けている。

　低排出発電部門の覇権争いでは、太陽光と風力が「勝利」したかのように思われる。そのため、電力市場がそれらによって飽和状態になるより早く、他の低排出技術が太陽光と風力に追いつくのは難しい。また、太陽光および風力によるエネルギー産出の限界費用は（水力発電と同じく）ゼロに近いため、他の再生可能発電技術が市場においてそれらの牙城を切り崩すのは困難である。

　以下では様々なエネルギー技術を論じるが、その対象は大規模な展開が可能なもの（2030年の時点で年間100GW以上の発電容量増加）に絞られる。現在、全世界の発電量は年間およそ2,300万ギガワット時（GWh）であり、うち22パーセントが再生可能エネルギー（大半は水力）によるものである。こうした状況の下、風力および太陽光の発電容量がそれぞれ年間175GW増強されているという事実は、再生可能エネルギーによる発電量を2035年の時点で2,300万GWhに増やすという目標を達成するのに十分だろう。それには風力および太陽光の年間展開率を現状（2015年）の3倍に増やせばいいだけなので、達成可能なのは明らかである。当然ながら、全世界で人口および富の増加が続いているため、また輸送機関、暖房、および産業で用いられている化石燃料の大半が、低排出エネルギー源によ

って生み出された電力に置き換えられることが予想されるため、電力需要は今後も増加するものと思われる。

化石燃料

　化石燃料の燃焼によって生じる二酸化炭素（CO_2）は、回収した上で地下に貯蔵することができる。だが実際には困難を伴い、大規模に行なおうとすると費用も高くつくことがわかっている。二酸化炭素を他の気体（窒素、アルゴン、酸素、および水蒸気）から分離し、適切な場所へ輸送した上、圧縮して液体を生成し、そしてそれを安全な場所の地下深く（キロメートル単位）に注入しなければならないからである。こうしたCCS技術の補助的使用は石炭燃料および天然ガス燃料発電所の全体的な効率を低下させるとともに、資本費用と運転費用を増大させる。現在すでにある発電所にCCS装置を後付けするのは難しくまた費用も高額に上るため、CCS技術を普及させるには今後建設される発電所をCCSに適応させる必要がある。

　電力部門における最初の大規模CCSプロジェクトは、カナダ・サスカチュワン州のバウンダリーダム計画であり（Global CCS Institute 2014）、年間およそ100万トンの二酸化炭素が回収され地下に貯蔵されることになっている。比較のために述べておくと、この量のCO_2削減は0.3GWの風力発電増強、もしくは0.6GWの太陽光発電増強で可能であり、参考までに挙げておくが、2016年の1年間で、風力と太陽光は全世界でそれぞれ60〜70GW相当が展開された。

　また二酸化炭素は原油をさらに利用するためにも用いられることがある。つまり地中の油層に圧力をかけることで、より多くの原油を抽出するのである。これは経済的に見れば好都合であり、かつ相当量の二酸化炭素を地下に封じ込めることになるものの、結果として産出された原油は温室効果ガスの排出を増やしてしまう。

　CCS装置を備えた新化石燃料発電所が幅広く普及する見込みは薄い。技術水準の低さ、コストの高さ、リスクの大きさ、そしてはるかに大規模に展開され、かつCCSシステムの試作型よりコストも低い水力、風力、そして太陽光と競争しなければならないためである（Frankfurt School-UNEP Collaborating Centre 2014）。

原子力

全ての原子炉は重い元素、通常はウランの核分裂からエネルギーを得ている。原子力は広く普及しており、全世界の発電量のおよそ11パーセントを占めている。その一方で核兵器技術の拡散、核分裂性物資の生産、原発事故、そして廃棄物処分といった問題を抱えている。また原子炉には地元の強い反発、長期の計画・建設期間、厳しい安全基準、そしてハイリスクという認識が常につきまとう。こうした要因のために原子力発電の急速な展開は強く制限を受けている。現在の実質的な展開率（新規に建設された原子炉の数から退役した原子炉の数を引いたもの）は、風力および太陽光それぞれの数値に比べ15分の1にとどまっている。

核融合エネルギーは太陽の源である。つまり重水素とトリチウム（水素の同位体）の磁気および慣性閉じ込めによって、核融合エネルギーの放出に必要な温度と時間を得るのである。しかし核融合炉の実現には極めて大きな困難が伴い、商業利用は2050年以降になるものと見込まれている。

地熱および潮力

地熱および潮力発電は、いくつかの国で一定の地位を占めている。しかし一部の地域では重要であるものの、地球規模で経済的に活用可能な資源としては、世界的に意味を持つにはあまりに規模が小さい。地熱エネルギーは地球内部の熱から得られるものである。アイスランドやインドネシアなどの火山地帯では地表近くに温度の高い岩石が存在しており、その水蒸気を直接活用したり、あるいは発電に用いたりすることができる。

わずかに放射能を帯びた岩の塊が地下数キロの深さに存在し、摂氏約300度という高温の熱を活用できる地域もある。つまり冷水を高圧で注入することにより岩を破砕し、そこから水蒸気を取り出すのである。だがこうした高温かつ乾燥した岩を用いる技術には困難が伴い、それにふさわしい地理的条件を有する地域でしか活用できない。そのため現在に至るまで本格展開はなされていない。

通常の水力発電技術を用いることにより、潮の流れからもエネルギーを得ることができる。一般的には入り江を横切る形で堰を設け、潮の干満で生じる水の流

れによってタービンを回す。だが干満の差が大きく、かつ環境的影響をさほど及ぼさないという、潮力発電に適した場所はほとんどない。

太陽光エネルギーの供給

　太陽光エネルギーは莫大かつ地球上のどこでも豊富に得られ、しかも無限に持続可能である。またその活用によって環境面、社会面、および保安面の影響が生じることも永遠にない。近年の大幅なコスト低減により、太陽光から得られたエネルギーは今や化石燃料および原子力と同じ価格水準にある。主に太陽光、風力、そして水力など、太陽を発生源とする再生可能エネルギーは現在、世界で毎年増強される発電能力の大半を占めるようになっている。

　太陽は今後数十億年にわたって輝き続ける。地球には毎年、人類が商業活動で消費するエネルギーより4桁多い太陽光エネルギーが降り注いでいる。変換損失（太陽熱収集器に降り注ぐ太陽光エネルギーのうち回収され、利用可能な形に変換できる割合は15〜50パーセントに過ぎない）および利用不可能な場所（海洋上、北極・南極、山岳、森林など）を考慮に入れたとしても、人類が商業活動で消費する数百倍の太陽光エネルギーが利用可能なのである。

　太陽のエネルギーを利用可能な形に変換する二つの主要技術として太陽光発電と太陽熱発電が挙げられる。前者は太陽の光を直接電気に変換するものであり、後者は建物内部や産業活動（太陽光による温水や建物のソーラー暖房など）において太陽の熱を集め活用したり、太陽熱発電（日光を太陽炉で集光し、高温の蒸気を発生させる）を行なったり、あるいは熱化学反応の補助的役割を果たしたりというものである。

　また太陽光エネルギーは風力、水力、波力、海洋温度差、およびバイオマスといったエネルギーを間接的に生み出すことで、世界のエネルギー構造を支えている。

太陽という資源

　太陽は、地球の日光に照らされる半分の上層大気に1平方メートルあたり1.3キロワット（kW/m^2）相当のエネルギーを供給している。そのうちの大半は大気

圏を通って地表に到達するが、一部は大気に吸収され反射される。晴れた日の正午における地表での太陽光エネルギー密度はおよそ1kW/m^{2}であり、地球は毎年3.8×10^{24}ジュールの太陽光エネルギーを受ける。これは現在全世界で消費されている電力のおよそ5万倍に上る。このエネルギーの大半は直接光線放射の形をとっている。つまり、我々の目で見ている太陽から直接発せられたものである。また地表付近では、雲や霧などの気体によって拡散するため、あるいは地表が日光を反射するため、太陽光のかなりの部分が間接放射（拡散放射）として現れる。さらに、太陽光エネルギーの比較的わずかな部分は、風力、水力、海洋エネルギー、およびバイオマス発電に活用され得るエネルギー形態へと変換される。

　太陽炉が集光する直接放射と拡散放射の合計が全天放射と呼ばれるものである。非集光型太陽光パネルといった一部の集光システムは、日光の直接放射と拡散放射の両方に対応している。また集光型太陽光発電システム（CPV）や太陽熱システムといったその他の集光設備は、主として直接光線放射に対応している──つまり基本的な物理法則によって、拡散した光を集中させるのが難しいのだ。そのため集光システムは雲の量が少なく大気汚染の度合いが低い乾燥した地域が最も適している。一例を挙げると、オーストラリアの諸都市に降り注いだ日光のうち1年間に拡散する光線放射の割合はおよそ3分の1であり、つまり利用可能な太陽光エネルギーの3分の1が太陽光集光システムの内部で無駄になっている。なお熱帯の都市と砂漠地帯における光線拡散の割合は、1年間に降り注いだ太陽光のそれぞれ半分および4分の1となる。

　利用可能な太陽放射の水準は、緯度、気象状況、および大気汚染の度合いに左右される。また夏に回収したエネルギーを冬まで貯蔵するのは高くつくため、太陽放射の季節変動も重要な要因である。一般的に言えば、低緯度地帯では太陽光エネルギーの利用可能水準についても、またエネルギー需要（冷暖房など）についても季節変動がはるかに少ない。

　世界の全人口のおよそ3分の2は緯度35度以内で暮らしており、そこでは太陽光が比較的豊富に利用可能であり、また高緯度地帯に比べ太陽光エネルギーの供給量とエネルギー需要のいずれにおいても季節的変動が穏やかである。緯度35度の内側には、アフリカ、中南米、オーストラリア、オセアニア、東南アジア、

インドおよび南アジア、そして中東の人口の大半が暮らしている。しかし高エネルギー型経済を擁し、かつ影響力が大きい国々はそれより高緯度の地域に存在しており、ヨーロッパ諸国、韓国、ロシア、カナダ、アメリカの大部分、中国、そして日本がそれにあたる。そして太陽光エネルギーの利用可能性と適合性に関する認識も、これらの諸国が現在有している経済力と政治力によって歪められることが時にある。

太陽光および風力エネルギーの環境的・社会的側面

　極めてわずかな例外を除き、太陽光および風力エネルギーの収集にはごくありふれた材料が使われている。太陽光発電システムを例にとると、ソーラーセルにはシリコン、ソーラーモジュールのカバーガラスにはシリコン・酸素・ナトリウム、プラスチックカプセルには酸素・炭素・水素、ソーラーモジュールの枠組みにはアルミニウム、そして支柱には鉄が用いられており、そこにリン・ホウ素・銅・銀などの物質が少量ずつ加わる。これらの元素は地表や大気中の至る所に存在しており、枯渇する可能性は考えられない。一定量の太陽光エネルギーを得るにあたり、採掘で動かさなければならない岩の量は、化石燃料および原子力エネルギーの活用におけるそれに比べ数桁少なくすむ。それは主に、燃料を採掘ないし抽出する必要がないためである。

　太陽光および風力エネルギーはほぼあらゆる場所で豊富に利用することができるため、化石燃料にまつわる状況とは対照的に、人々が太陽光や風力を巡って戦争を起こすとは考えにくい。ゆえに太陽光および風力エネルギーの活用は、保安リスクや軍事的リスクの最小化をもたらす。また何百万という太陽光および風力エネルギーの収集装置が広範囲に分散していることは、戦乱やテロ行為の余地を少なくする強固で弾力性のあるエネルギーシステムを可能にする。

　現在の太陽光発電システムを用いて世界の商用エネルギー需要を満たすには、全陸地の1パーセント未満の面積があればよい。全世界で用いられるエネルギーの大部分は屋根に設置された集光装置によって生み出すことが可能であり、そうなれば土地を占有する必要も事実上なくなる。また不毛の地に太陽光発電装置を置き、それに長距離高電圧直流送電（HVDC）システムを組み合わせれば、同じ

く相当量の電力を賄える。また風力発電で1メガワット（MW）の電力を生み出すには数平方メートルの土地（風力発電用地）さえあれば十分であり、その下で農業を続けることも可能である。商業的に取り引きされるエネルギーの大半が太陽光および風力から得られるという世界経済を実現するためには、生産性の高い農地、森林、および生態系を占有する必要性が比較的低いことが必要不可欠である。

太陽光および風力発電システムは稼働中に温室効果ガスを排出しないが、製造段階で主に二酸化炭素から成る温室効果ガスが生み出される。しかし太陽光ないし風力発電システムの建設で生じた二酸化炭素と同じ量を、それらによる発電を通じて削減するのに必要な期間は半年から2年であり、発電システムの寿命は平均20〜30年である。また二酸化炭素の発生量と価格は（物資の消費や効率性を通じて）直接結びついているため、二酸化炭素の「償還期間」は価格の下落に伴い短くなる。さらに二酸化炭素の償還期間は、電力システムにおける低排出発電機の割合が増えることでも短縮され、最終的には1年に満たないごく短期間になるだろう。

太陽光および風力発電システムの製造・運用による環境汚染と騒音も最小限にとどまるため、社会的受容度も一般的には高いが、景観を損なうとして風力発電に反対する人もいる。また化石燃料および原子力による発電システムに比べ、事故の可能性とその影響も極めて小さい。

太陽光および風力エネルギーの未来

再生可能エネルギー技術によって、向こう数十年以内に化石燃料の使用を低コストで終了させることが可能であり、完全に持続可能なゼロ炭素エネルギー社会を実現することができる。屋根に設置された太陽光発電システムによって家庭や産業活動で用いる電力と温水を生み出し、熱エネルギーによって建物の冷暖房を行なう。小売段階における太陽光発電のグリッドパリティ（訳注：太陽光など再生可能エネルギーによる発電コストが、既存の電気料金と同等かより低くなること）は世界の大半ですでに実現しているため、助成制度を導入せずとも、住宅向けならびに事業所向けの販売が急速に伸びている。

大規模な太陽光および太陽熱発電所と風力ならびに水力発電を組み合わせるこ

とで、全世界の産業向けエネルギー需要の大半を賄うことができる。太陽光エネルギーを直接回収することに加え、風力、バイオマス、波力、そして水力といった間接的活用も重要になるはずだ。

　また太陽光ないし風力による発電と、電気自動車および電気輸送機関への移行が組み合わされば、世界の輸送用エネルギーの大半も賄えることになる。

太陽光発電

　世界のエネルギー生産を最終的に支配するのは太陽光発電である可能性が高い。太陽光発電で用いられるエネルギーは風力のそれに比べはるかに大規模で、かつ遍在的だからである。太陽光発電は部品を動作させることなく日光から直接電力を生み出せるという、簡潔な技術である。全世界における太陽光発電の大半は、結晶シリコン太陽電池（ソーラーセル）によって行なわれている（Reinders et al. 2015）。日光はソーラーセルに吸収され、そのエネルギーの15〜20パーセントが電力へと変換される。また残り（75〜85パーセント）の太陽光エネルギーは熱となる。なおこのプロセスは光起電力効果（photovoltaics, PV）と呼ばれる。

　シリコン製のソーラーセル内部では、日光によってシリコン原子から電子が分離される。またセルの表面近くにはpn接合と呼ばれる「一方向の薄い膜」がある。このpn接合を通過した電子は容易に戻れないため、日光が当たっている側の表面で負の電圧（裏側では正の電圧）が生じる。またpn接合の両面は、ソーラーセルから電流、電圧および電力を取り出すためのバッテリーないし抵抗で構成される外部の回路によって接続されている（図11-3参照）。

　世界における太陽光発電の90パーセント以上は単結晶ないし多結晶シリコン型の太陽電池によって行なわれており、将来的にもしばらくはこの傾向が続くだろう。シリコンを用いる主な利点としては、豊富に存在すること（地殻に含まれる元素の第2位）、低廉な費用、毒性がないこと、効率の高さ、動作の安定性、簡素であること（太陽電池セルは単元素半導体である）、物理的強度、素材および技術に関する豊富な先進的知識、そして現在すでに広く普及していることが挙げられる。そのうち最後の点について言えば、それを可能ならしめているのは、大規

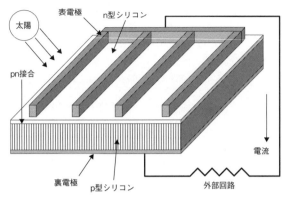

図11-3 典型的な太陽電池の概念図
出典：著者作成。

模かつ効率的な供給網、大量生産施設に対する巨額の投資、シリコン型太陽電池の技術および市場に関する深い理解、そして幾千もの質の高い専門家たち――科学者、設計者、および技術者――の存在である。

　太陽電池を製造するにあたっては、まずシリコンを摂氏1,400度で融解させて型に入れ、鋳塊を作る。そして刃を用いて直径156mmの薄い（厚さ0.15〜0.2mm）ウェーハーを鋳塊から多数切り出し、溶剤で刃の切り傷を取り除く。次にごく少量のリンを太陽側の表面に散布し厚さ0.001mmほどの薄い膜を生成することで、pn接合を作り出す。それから薄い金属板を裏側に、金属の格子を太陽側に接着し、電気の取り出しを可能にする。

　次に60〜80枚の太陽電池を電気作用で接続してプラスチックの薄い層で挟み込み、その上を強固な厚さ3mmのガラス板で覆うことで、出力約300Wの太陽電池モジュールが作られる。そこに電気端子を内蔵した接続箱が取り付けられる。そして最後に、小さいもので数十、大規模なもので数百万のモジュールを設置し相互接続することで、太陽光発電システムが構成される。

　太陽光発電システムの中には、赤道を向くよう傾斜がつけられた固定式の架台に設置されるものがあり、その傾きは設置場所の緯度に等しい。これによって年間の発電能力を最大化するのである。一方、大規模なシステムは太陽追尾装置の上に設置されることが一般的である。太陽電池モジュールによって生み出された

電気は電力調整装置に供給される。この装置は電圧を最適化し、太陽電池が生み出した直流電気を配電網で用いられている交流に変換、その地域の配電網で使われている電圧にするとともに、配電網との接続を管理する。

太陽光発電システムには可動部品がないため、信頼度が他のどのシステムよりも高く、維持にかかる費用も安い。製造元によるモジュールの保証期間は通常25年だが、乾燥地帯では50年以上にわたって運用可能な場合もある。また故障のメカニズムを解明し、それを防ぐため、試験用モジュールによる加速破損実験が行なわれる。なお太陽電池モジュールの劣化・破損要因としては、人間の故意的・偶発的行為、あるいは激しい雹を伴う嵐による物理的破損、化学変化による透明樹脂の黄変、および湿気の侵入による金属部品の腐食が挙げられる。

太陽光発電技術

結晶型シリコン太陽電池は現在、全世界における太陽光発電市場の90パーセント以上を占めている。現在販売されている結晶型シリコン太陽電池の大半は金属接点のスクリーン印刷を技術的基盤としており、それによって14〜20パーセントの変換効率を達成している。一方、薄膜シリコンを多接合した太陽電池の変換効率は22〜24パーセントに上るものの高額であり、主にスペースが狭い場所で用いられる。なお実験段階にあるセルの変換効率は25〜26パーセントであり、理論上の最大値は29パーセントである。また最近では裏面パッシベーション（PERC）型太陽電池（Blakers et al. 1989）の効率性が改善されたことから、2020年には世界市場の大半を占めるものと予測されている（Reinders et al. 2015）。

現在主力となっている非シリコン系太陽電池はテルル化カドミウムを用いたものであり、ファーストソーラー社が実用化に成功したことから市場シェアのおよそ4パーセントを占めている。またCIGSという化合物（銅、インジウム、ガリウム、セレニウムから成る）やアモルファスシリコンを用いた太陽電池もあり、それぞれ市場シェアの1ないし2パーセントを占めている。またペロブスカイトなど、その他の物質を用いた太陽電池も数多く開発されているが、量産化されたものは今のところ存在しない。しかしペロブスカイト太陽電池は実験室用の小型モデルで最大20パーセントという変換効率を達成しており、また結晶シリコンと

の組み合わせでタンデム型太陽電池を生産できる可能性があることから、大いに注目を集めている。

　太陽光発電において将来重要になるとされているのが集光型太陽光発電（CPV）である。太陽を追尾するには集光装置を必要とするが、鏡あるいはフレネルレンズを用いて太陽光を100〜1,000倍に集光した上で、少数の高効率型太陽電池（費用も高額である）に当てるというものである。また通常は加熱を防ぐために太陽電池を冷却する必要がある。最高性能の集光型太陽光発電装置は50パーセント近い変換効率を誇り、周期表の第3列および第5列にある元素から作り出されたそれぞれ異なる半導体を3層以上重ねることで製造される。このような太陽電池は一般的なシリコン型のものに比べ1平方センチあたりの費用が極めて高額になるが、集光することで装置1平方メートルあたりの実質コストは大きく削減される——つまり、太陽電池の大半が、より安価な鏡ないしレンズに置き換えられることになるのである。CPVは将来的に大きな可能性を秘めているが、現在の市場シェアは小さく、また集光できるのは直射日光だけであることから日照量が豊富で大気汚染の度合いも低い場所でしか運用できない。なおCPVは集光型太陽熱発電システムと技術的にかなり類似しているため、装置の大半（太陽追尾機器、制御機器、レンズ、鏡など）は共用可能である。

太陽光発電市場

　エネルギーの1単位あたり費用が大規模システム（メガワット単位）と小規模システム（キロワット単位）でほぼ同じという点で、太陽光発電は特異な技術である。つまり大規模システムでは資本費用が低いものの資金調達費用が高く、小規模システムではそれが逆になる。一方、他の大半のエネルギー源では規模の経済が強力に作用する。太陽光発電の大きな利点はそこにある。つまり、一つの基本的商品——シリコン型太陽電池——について、ワット級からギガワット級までどの発電規模に対しても、それぞれ市場が成り立つためである。

　最初の数十年間、太陽光発電は家庭用電化製品、遠隔地の電気供給、そして人工衛星といったニッチな市場で幅広く使われてきた。世界各所の遠隔地には、太陽光、風力、ディーゼル機関、そしてバッテリーなど様々な手段で電気が供給さ

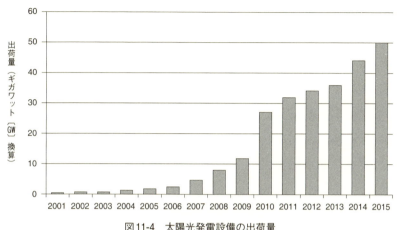

図11-4　太陽光発電設備の出荷量
出典：著者作成。

れている。そのうちディーゼル機関とバッテリーへの依存度を減らすべく、最近では能動負荷制御技術が取り入れられている。太陽光発電市場は近年拡大を続けており（図11-4参照）、費用も急速に安くなっている。太陽光発電装置はいまや都市部の数千万という家屋の屋根に設置されており、大規模な発電所も存在する。大量生産によってコストが急速に下落しているのである。

　世界の大半において、太陽光発電による電力は今や、配電網を通じて供給される家庭用および事業用電力よりも安価になっており、卸電力ともコスト競争状態に近づきつつある（IRENA 2015; Breyer and Gerlach 2013）。世界中で太陽光発電が急速に普及しているのもこのためである。卸電力供給における化石燃料との直接競争でも、カーボンプライシング（訳注：炭素の排出量に価格をつけること）、あるいは化石燃料に対する支援の撤廃ないし平等化によって有利になっている。また太陽光システムの費用が今後数十年にわたって下落し続けることも間違いないと思われる。

　発展途上国のほとんどは低緯度地帯にあり、日照量が豊富で、しかもエネルギー需要と日照量の季節変動が少ないことから、太陽光エネルギーによって大きな利益がもたらされる。照明、コンピュータ、通信、冷蔵、脱穀、あるいは水の汲み上げといった電気の利用を可能ならしめる太陽光発電は、たとえ小規模なもの

であっても生活水準を大きく改善し得るのである。

　発展途上国では一般的に広範囲かつ安定性の高い配電網が存在しない。そのため数千ないし数百万の小規模な太陽光および風力発電システムが自然発生的に拡大し、その国の配電網を徐々に形成する可能性もある。つまりそうした国々では、先進国型の中央集中的な配電網が敬遠されるかもしれない。低・中所得国では固定回線でなくモバイル通信網への依存度が高いのと同じである。

風力発電

　現在のメガワット級風力発電設備は、立地に恵まれた場合、最も安価な発電技術である。今後数十年間、数ある発電方法のうち、多くの国々で風力と太陽光の展開率が最も大きくなるものと予想される。相互補完的という点で、風力と太陽光はしばしば理想的な組み合わせとなる。つまり太陽が出ていない時は風が強く、その逆も当てはまるからである。現代的な風力発電設備は、タワー、発電機と制御装置を収めたタワー頂部の回転式ナセル、そして風を受ける3枚のブレード（羽根）で構成される。数百の風力発電機が間隔を取って配置され、集合型風力発電所を形成する。風車は農地に設置されることが多く、タワー周辺では農業が引き続き行なわれる。また各風車はローター部の直径の5～10倍を隔てて設置される。なお、将来的には浅瀬への風力発電所の建設が広く普及するものと思われる。利用可能な場所が増えるとともに、風速は一般的に海上のほうが大きいからである。しかし乗り越えるべき技術的・経済的課題はなお残っている。

　商用風力発電機の定格出力は1～8メガワットであり、現在実用化されている最大のタービンは海上用に設計されたヴェスタス社製のV164で、定格出力は8メガワット（Wikipedia 2015）、翼端部の高さは最大220メートル、ローターの直径は164メートルに上るが、それよりもさらに大きなタービンが現在開発中である。タービン規模が巨大化するほど、その製造に要する費用は急速に増大するが、ローター部の高さに比例して発電能力も大きく向上する。

　風力発電機によって得られる電力は、タワー頂部の平均風速とほぼ比例する。これは風の強い場所を見つけ、高いタワーを建設する強力な誘因となる。現在で

は場所および標高を変数として風速を正確に計測することができ、これと最新の予測モデルを組み合わせることで、発電所における各発電機の正確な設置位置を決めることが可能になる。

　風力発電機の年間発電量と、その発電機が1年を通じて最大出力で稼働した時の発電量との比率を設備利用率と言うが、平均風力と設備利用率との間には相関関係がある。またより大型の発電設備が利用可能になり、さらに多くの洋上風力発電所が建設されれば、高所ならびに海上で吹く安定した強風を捉えることができ、設備利用率もさらに上昇する。一方、風力発電のコストは設備利用率に反比例する。陸上では老朽化した小型発電機からより大きな新型モデルへの置き換えが徐々に進んでおり、そのことも設備利用率を押し上げている。

　設備の大型化と利用率の上昇は風力発電のコスト低減をもたらすため、費用曲線が近い将来底打ちすることはありそうにない。さらに、世界中の多くの地域で、風力発電による電力は今や化石燃料および原子力による電力と完全な競争状態にあり（IRENA 2015）、風力発電が世界各地で急速に普及しているのもそのためである（図11-5参照）。

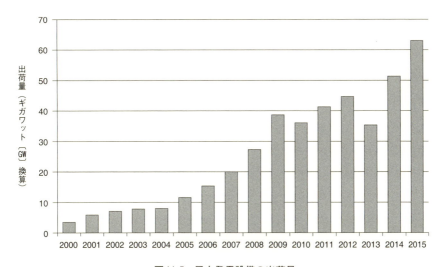

図11-5　風力発電設備の出荷量
出典：Global Wind Energy Council（2015）。

その他の太陽光エネルギー技術

水　力

　水力発電は高度に発達した技術であり、全世界の発電量のおよそ16パーセントを占めるのみならず、風力および太陽光発電と合わせ、再生可能エネルギーによる電力のほぼ全てを生み出している。通常、水力発電にはダムの建設が伴い、ダム湖を形成する。それから導水管ないしトンネルの建設を行ない、発電タービンと送電線を設置するのである。また水力発電システムの中には、小規模な堰および水路しか必要としない「流れ込み式」というものもある。先進国の大半は水力発電に適した場所をほぼ使い切ったが、発展途上国には多くの機会が残されている。しかし渓谷や農地、さらには都市部にまで洪水の及ぶ危険性があることから、水力発電計画が環境的・社会的な反対運動に直面することもある。

太陽熱

　自然の太陽熱と太陽光を活用でき、かつ断熱にも優れている建物は、暖房に必要なエネルギーを最小限にできる。世界各地において、太陽熱温水は電気およびガスと直接的な競争関係にある。また太陽熱発電は太陽追尾式の反射鏡を使い、日光を集熱器に集めることで行なわれる。その結果生じた熱で蒸気を生み出し、タービンを回すことで電力が生み出される。また集光型太陽熱発電はCPVシステムにも応用可能である。現在普及している集光型太陽熱発電システムはパイプに光を集める方式（トラフ式、曲面型の反射鏡ないし屈折レンズを用いる）および一点に光を集める方式（タワー式およびヘリオスタット式）に分類される。

　集光した太陽光は熱化合物の生成や蓄熱にも活用し得る。太陽光による蓄熱は溶解塩に高温の熱を蓄えることで行なわれ、24時間の発電を可能にする。また集められた太陽光エネルギーは直接的方法（反射鏡を用いる方法）と間接的方法（太陽光エネルギーで生み出された化学合成物を用いる方法）のいずれかを通じ、化石燃料および核燃料と同じ温度の熱を生み出すことができる。

集熱器は直射日光だけを用いるため、経済的な運用を可能にするには、拡散の度合いが低い乾燥地帯に設置しなければならない。太陽熱で生み出された電力は太陽光発電と同じ市場に分類されるものの、価格競争力を得るには規模の大きさが必要である。ゆえに太陽光発電と比べ参入障壁が高く、金融面の危険因子も大きい。規模の大小にかかわらず発電コストがほぼ同じためである。さらに、太陽光発電に適した都市部の市場は、太陽熱発電にはふさわしくない。現在のところ、太陽光発電システムは太陽熱発電システムの100倍の速度で普及が進んでいる。蓄熱装置を伴った太陽熱発電システムが、負荷管理機能や蓄電機能（バッテリーおよび揚水式発電〔PHES〕）を備えた太陽光発電システムと競争できるかどうかは現在のところ不明である。

バイオエネルギーと海洋エネルギー

　日光によってバイオマスが増加および蓄積されたとき、バイオエネルギーが得られる。日光を化学エネルギー（つまりバイオマス）に変換することは、太陽電池および集熱器による太陽エネルギーの獲得に比べはるかに非効率的である。太陽光および太陽熱発電における変換効率が15〜50パーセントである一方、バイオエネルギーの変換効率はほとんどの場合1パーセントに満たない。さらに、バイオマスの増加には広大な土地、豊富な水、そして肥料と殺虫剤を必要とし、食料や木材の生産を妨げかねない。

　廃棄物系バイオマスの焼却は、多くの国々で商業用エネルギー生産に大きく貢献している。しかしエネルギーの生産効率が低いというバイオマス固有の問題は、これが先進国の商用エネルギー生産においてはごく一部に過ぎないということを意味している。一方、発展途上国では暖房や調理など幅広い分野でバイオエネルギーが使われているものの、多くの国では所得の増加に伴い、徐々に電気やガスに置き換えられている。またこの点について言えば、普及において太陽光発電システムが誇る柔軟性の高さも大きな影響を与えるはずだ。

　海洋エネルギーは波、潮流、深海における温度差、そして塩分の濃度差から得られるエネルギーを指す。潮位が高く海底の状況もそれにふさわしい一部の国家では、技術の発展に伴い波エネルギーが重要となり得る。しかし世界規模で見れ

ば小規模なエネルギー源にとどまるものと思われる。

再生可能エネルギーの大規模な普及

大規模なエネルギー貯蔵

　風力と太陽光は電力市場におけるシェアをこれからも伸ばし続けるものと思われるが、そこから発電量の変動にどう対応するかという問題が生じる。これまでの状況を見ると、配電網の広い普及が必ずしも電力供給の不安定性をもたらすとは限らず、結果として配電網が普及するまで相当規模の蓄電設備を持つ必要性も高くない（Fraunhofer Institute for Solar Energy Systems 2015）。一例を挙げると、南オーストラリア州における年間発電量の半分近くは風力および太陽光によるものであり、揚水発電所などの電力貯蔵施設も大規模なものは存在せず、他の地域の電力系統との接続も小規模である。

　電力貯蔵の観点から見て重要なのは、風力および太陽光発電の普及を進めるにはわずか数時間分の蓄電で十分という事実である。いずれの発電方法も需給ともに絶えず変動しているが、両者は常に均衡を保っていなければならない。この条件は応答時間の短い一般的な水力発電所や低デューティー比のガス燃料発電所を通じて満たすのが普通である。

　短時間の蓄電能力（4〜24時間分）さえあれば、一昼夜のサイクルをカバーできるのみならず、真夏の午後や真冬の朝夕といった需要がピークを迎える時期、無風状態や曇天など発電能力が低くなる期間、そして発電所や送電網に不具合が発生した時にも対応でき、また供給不足が長引いた場合でも、低デューティー比のバイオマス発電所、石炭燃料発電所、およびガス燃料発電所が稼働するまでの電力供給を賄うことができる。それに加え、短時間の蓄電能力は、限られた送電網の稼働率を改善させる。風が強い、あるいは日照量の多い地域にある風力発電所や太陽光発電所を全国的な電力系統と接続する送電網がその例にあたる。また蓄電施設の所有者は裁定取引（電力価格が低いときに電気を買い、価格が上昇したときに売電する）が可能である。

揚水式発電（PHES）は全世界における総蓄電容量（155GW、IRENA 2016: 17参照）の99パーセントを占めているが、バッテリーなど他の方法に比べて安価なことが理由である。そのため今後とも卸蓄電市場で支配的地位を保つものと思われる。揚水式発電は慣性エネルギーをこれ以上ないほど見事に活用しており、短時間のエネルギー蓄積と即座の起動および自力の起動が可能である。揚水式発電では、電力の過剰が発生した時に水を上部貯水池へ汲み上げておき、後にその水をタービン経由で下部貯水池へ放出することでエネルギーを取り出す。応答時間（停止状態から完全稼働に至るまでの時間）は1分未満である。また寿命は50年以上で、運転費用も安い。設計が優れていれば循環エネルギーの蓄積効率は80パーセントに上る。つまりポンプ、パイプ、およびタービンで20パーセントのエネルギー損失が発生するに過ぎないのである。揚水発電所に貯蔵可能なエネルギーの容量は、上下貯水池の標高差（通常100〜1,000メートル）、そして上部貯水池の水量と比例する。

現存する揚水発電所の大半は、河川に設置された水力発電システムと接続されている。それとは対照的に、独立した揚水発電所では、同じ水が上下貯水池の間を永遠に循環し続けることになり、河川が存在する必要はない（「純揚水発電」）。しかし多くの国々では新規にダムを建設するのが難しく、その要因として、未開発かつ経済的なダム建設用地の不足、発電施設の新規建設による環境への影響、そして送電線を新規に建設する必要性が挙げられ、その建設場所も遠隔地の山中にある国立公園内であることが多い。しかし最も安価な大規模蓄電施設として純揚水式の発電所を建設することには大きな意味があり、それを容易にする条件として、大きな標高差（400〜1,000メートル）、氾濫を防ぐ必要がないこと、水路が急勾配で短いこと、貯水池が狭いこと（1〜20ヘクタール）、そして変電所、送電線、および風力発電所や太陽光発電所と近接することが挙げられる——そうした場所は世界に数多く存在している。

純揚水発電所は河川の自然流量を併用する混合揚水発電所と比べはるかに広い地域を利用でき、それによって変電所や送電施設に近い最適な用地を多数見つけることができる。また重要なこととして、上部貯水池は川の流域でなく丘陵地帯の頂部にあるため、3〜5倍の標高差を確保できる。エネルギー貯蔵容量と発電

容量はいずれも標高差と比例し、費用はそれと反比例するので、このことは大きな利点となる。

　純揚水発電所の用地はヘクタール規模の比較的小さな複数の貯水池から成り、中央部の掘削で発生した土により、貯水池を囲む壁が築かれる。正味発電量はない。上下貯水池は変電所および送電網に近接した山地にあり、ポンプとタービンを備えた水管ないしトンネルによって繋がれる。上下貯水池の面積が各15ヘクタール、平均水深が各20メートル、標高差が750メートルの場合、純揚水発電システムで1ギガワットの電力を5時間にわたって供給できる。それとは対照的に、一般的な水力発電システムでは貯水池の流域面積が数千ヘクタールに上り、高額の氾濫防止システムを要する一方、標高差ははるかに小さい。なお純揚水式発電所の場合、1メガワットの電力を4時間にわたって供給する際に指標となる費用は80万ドルである。

　洞窟内の圧縮空気、新型バッテリー、あるいは太陽熱の溶解塩での貯蔵など、その他の大規模蓄電技術も2025年までに実用化される見通しである。これら新技術の費用が急速に下落すれば、揚水式発電との競合が可能になるだろう。また太陽熱の貯蔵は、太陽熱発電を大規模に行なうにあたって必要不可欠な要素である。しかしこれら蓄電技術はいずれも揚水式発電と比べて普及の規模が小さく、将来の費用や技術的な実現可能性についても確実ではない。

長距離送電

　先進工業国の送電網は比較的少数の大規模な化石燃料発電所、原子力発電所、そして水力発電所を軸に構成されている。こうした場合の負荷調整は、需要が低い時間帯の電力料金を引き下げることで行なわれている。また相互接続の規模が大きくなるほど電力供給の安定性も高まり、負荷の種類およびタイミングが増えることで電力需要の変動がより円滑になり、また揚水式発電など様々な電源を組み入れることができる。加えて、広範囲にわたる各地の発電所が高圧送電網で接続されることで、十分な量の日光および風力が同時に得られない可能性も減少する。現在では大陸規模の送電網も実現しており、ますます強化されている。長距離送電は市場での競争力を高めると同時に、大陸両端の時差を埋める「タイムシフト」を可能にする。

さらに現在、様々な再生可能エネルギー電源が普及しつつある。太陽光は都市部を含む分散型発電を可能にしたが、再生可能エネルギーによる発電は都市から遠く離れた場所で行なわれることが多い。洋上風力発電や砂漠地帯での太陽光発電がその例である。その際必要な長距離送電には長距離高電圧直流送電（HVDC）システムを用いることが一般的である。送電容量は電圧の2乗に比例するため、数百キロボルトから数メガボルト（数百万ボルト）の電圧で送電される。しかし高圧の交流電気を遠くまで送電するのは技術的に難しい。またHVDCには送電塔の設置に関わる地役権（訳注：他人の土地を、通行など自分の土地の便益に供し得る物権）の取得を減らすという利点の他に、送電線の下で暮らしたり働いたりする人々に流れ込む誘導電流を減らす効果もある（Andersen 2006; Hammons 2008; Hammons et al. 2011; Kutuzova 2011）。

　HVDC技術が最初に導入されたのは1954年、スウェーデン本土とゴトランドを結ぶ送電線においてである。この送電線は20メガワットの電力を100キロボルトという電圧で送電することができ、水中ケーブルの長さは98キロメートルに及んだ（Peake 2010）。この送電線の設置以降、送電距離、電圧、そして送電電力はいずれも大幅に上昇した。現在最長のHVDC送電線は中国の向家壩ダムと上海を結ぶものであり、最大6.4ギガワットの電力を±800キロボルトの電圧で送電し、総延長は2,071キロメートルに上る（Hammons et al. 2011）。

　HVDCの建設には多くの権利取得が必要になる。容量5ギガワットの送電線を設置する場合、地上では幅60メートルの敷地を確保しなければならない（Kutuzova 2011）。また通行権の取得もHVDC送電の障害となる。地下にケーブルを走らせるのであれば必要な敷地の幅も大幅に狭くて済むが、建設費用が高額になり、また大量の電気を送ることが難しくなる。

　シーメンス社によると、電圧800キロボルト、容量5ギガワットの高電圧直流送電における送電損失は、1,000キロメートルあたり3パーセントになるという（Siemens 2012）。加えて送電線の両端で数パーセントの変換損失が発生する。大規模なHDVC送電線の費用は、今後数十年間でさらに導入が進むことで大幅に低減するものと予想されている。その場合、1メガワット・1キロメートルあたりの建設費用は300ドル未満になると見込まれている（Blakers, Luther, and Nadolny 2012）。

都市部における太陽光発電システム

現在、世界中の数千万という建物の屋根に太陽光発電システムが設置されている。これらシステムの出力は、一般家屋の場合で0.1〜10キロワット、商業ビルの場合数十キロワットから数千キロワットに及ぶ。また設置に必要な屋根の面積は、1キロワットあたり7〜10平方メートルである。人口密度が低い地域の家屋の屋根は一般的に広く、その家屋で1年間に用いる電力を賄うのに十分である。また低層ビルや軽工業の建物の屋上でも、送電網に送ることができるほどの余剰電力を生み出すことができる。しかし都市部の人口過密地域では太陽光発電の普及にあたり、その建物の電力需要を賄うのに必要な遮る物のない屋根の面積が不足しがちである。

屋根設置型の太陽光発電システムの料金は一般的に、卸電力の2〜4倍に上る小売り電力に対抗可能である。中・低緯度地帯（35度未満）の屋根に設置された太陽光発電システムによる電力の均等化原価は、多くの都市における小売り電力料金を大きく下回っている（Breyer and Gerlach 2013）。これは屋根設置型太陽光発電システムの急成長を支える原動力となっており、たとえばオーストラリアでは2015年現在、およそ6軒のうち1軒の割合で家屋の屋根に太陽光発電システムが設置されている。

数百万という家屋の屋根に太陽光発電システムが設置されたことで、配電網における需要サイドに大きな変化が起きつつある。蓄熱・蓄電技術の大規模な普及は都市部における太陽光発電の浸透をもたらし、電力産業の経済的側面に一大変革をもたらすであろう。太陽光発電による電力供給と電力需要との間にはしばしばずれが生ずるため、蓄電システムは必要不可欠である。効率的な発電制御と管理を組み合わせることで、蓄電・蓄熱システムは建物の所有者だけでなく配電事業者にも利益をもたらすと言えよう。

屋根設置型太陽光発電の自家消費を増やすにはバッテリー式蓄電が有効であり、また反応性が良く随時使用可能であるという利点を活かすことで、配電網と発電システムを効率的に運用することができる。しかしバッテリーの価格は（下落しているものの）依然として高額であり、太陽光発電による電力供給とその家屋の

電力需要を一致させるためにバッテリーを用いることは、他の蓄電方法に比べて高くつく。

　保温性の高いタンクに温水を入れる形の蓄熱技術は広く普及している。しかし太陽光、ガス、および電気による従来の温水システムは、屋根設置型太陽光発電システムによる発電費用が急速に下落していることから、営利面での圧力を受けている。また太陽光発電と高効率の蒸気圧縮ヒートポンプを併用することで、コスト面で有利な温水供給オプションとなり得る。ヒートポンプは電気によって高温の熱をある場所（建物の外）から別の場所へ移すものであり、1単位の電力によって数単位の熱エネルギーを輸送することができる。またヒートポンプ式の温水蓄熱システムは他のエネルギー貯蔵技術と同様、屋根設置型太陽電池の発電状況や家庭内の電力負荷に応じた制御が容易である。

　蓄熱システムによる建物の冷暖房は低コストのエネルギーが利用可能な時に建物の温度を上下することで行なわれるが、それは熱を貯蔵する熱容量、および熱損失を減らす保温の良し悪しに左右される。その点において、可逆サイクル式のエアコンディショナー（これも一種のヒートポンプである）はますます費用効率が高まっており、屋根設置型太陽光発電システムによって運転することができる。またセラミックのレンガに高温の熱を蓄えておき、ファンを随時回すことで熱を循環させるヒートバンクというシステムもある。これと太陽光発電を組み合わせれば、日中に熱を貯蔵し、夜に使うことができる。さらに、日中に太陽光発電でヒートポンプを動かし、冷水や氷を作り出すことで、冷気の貯蔵も可能になる。そして、建物の冷暖房を媒介とした熱エネルギーの貯蔵を温水蓄熱やバッテリーと合わせれば、太陽光発電の利用を最適化できるだけでなく、家庭の電力需要を管理することもできる。

　建物におけるガスの使用を減らし、その代わりに太陽光発電とヒートポンプで熱エネルギーを賄うことは、都市部で急速に普及しつつある。一般家庭で温水や暖房にガスを使うことは、太陽光発電に比べ費用が高く効率も悪い。加えて、ガス式の温水器や暖房器も比較的高額である。またガスの使途として目立たないながらも極めて一般的であるコンロは、IHクッキングヒーターへの転換が進むだろう。

　都市部において産業活動で用いる中程度の熱（摂氏100度以上）を生み出すに

あたっては、一般的にガスが用いられる。つまり従来型の熱サイフォンや真空式の集光器でこのような温度の熱を生み出すのは不可能である。しかしヒートポンプと電気抵抗を太陽光発電によって動作させれば100～150度の熱を生み出すことができるため、この組み合わせは今後普及することが予想される。

輸送機関と太陽光燃料

　輸送機関で用いられる化石燃料は、先進国における温室効果ガス排出のおよそ20パーセントを占めている。そのほとんどは自動車、バス、および商業用輸送車によるものだが、電気自動車への移行と公共交通機関の電化を進め、かつ電力の大半が再生可能エネルギーによって賄われるようになれば、排出量を削減することができる。電気自動車の販売数は近年急速に伸びているが、それは価格の下落と自動車システムおよびバッテリーの改善によるところが大きい。1年あたり8,000キロメートルを走らせるには出力1kWの太陽光パネル1枚があれば十分であり、その占める面積はおよそ7平方メートルに過ぎず、車の屋根など日の当たる場所に設置するのが望ましい。太陽光パネルの価格は設置費込みで1,500～2,000ドルであり、寿命は通常25年――自動車の平均寿命の2倍――である。よって購入費用に数千ドルを追加すれば電気自動車の電力を廃車まで賄うことができ、燃料費も1キロメートルあたりおよそ1セントに過ぎない。

　陸上輸送機関（自動車および鉄道）の動力源を再生可能エネルギーによる電気に置き換えることは十分実現可能であり、化石燃料の消費を大幅に削減することとなる。しかし船舶、航空機、そして大型作業車といった輸送機関は、その大きさと重量、そして動かすのに必要なバッテリーの価格といった要因のため、電気による運航・運転は不可能である。また（再生可能エネルギーによる）電力の活用が難しい工程も一部存在する。さらに、化石燃料に対抗し得るほど費用対効果の高い再生可能エネルギーによる燃料合成技術も、その過程で多くのエネルギーが失われてしまうことと相まって、広く普及するまで時間を要するものと見られている。

　太陽光エネルギーによる化学反応を用いた燃料合成技術は、輸送機関や産業活動で用いられる化石燃料を太陽光など再生可能エネルギーで置き換えることを可能にする。資源の存在量、毒性、そして貯蔵性などを考慮すると、化学燃料に適

した物質は限定される。その有力な候補としては、炭素化合物（メタン〔CH_4〕、軽油〔$C_{12}H_{23}$〕、ケロシン〔$C_{12}H_{26}$〕）、水素（H_2）、およびアンモニア（NH_3）が挙げられる。なお既存のエンジン、すなわち炭素燃料（炭化水素）の使用を前提としたエンジンを今後も用いるため、合成燃料の大半は既存の燃料を「一次的」に置き換えるものとなるだろう。

　炭化水素の合成には、低排出技術によるエネルギー源が必要となる。また再生可能な炭素の供給源もなくてはならず、その候補としては大気ないし海水より二酸化炭素を直接回収する方法と、バイオマスによる方法が挙げられる。後者の場合、バイオマスを二酸化炭素を得るためだけに用い、エネルギー源とはしないならば、必要量を減らすことができる。バイオマスは太陽光の回収手段としては効率が非常に低く（変換効率は1パーセント未満）、しかも大量の土地、水、殺虫剤、そして肥料を必要とするので、この点は重要である。

　太陽光エネルギーを用いた燃料の化学合成は、熱もしくは電力によって行なうことが可能である。しかし熱を遠いところへ運ぶことはできない——生み出された熱は、その地域で使わなければならないのである。加えて、工業地帯に集光器を設置するのは高価である。そのため、高温の太陽熱を産業の分野で直接（地域で）活用するには、日光の直接放射が強く、かつ地価の低い場所が求められる。しかし世界中のほぼ全ての工業地帯はそれらに当てはまらず、そうした傾向が顕著な地域として中国およびインドの大半（大気汚染が深刻である）、東南アジアの大半（熱帯特有の曇天が多い）、ヨーロッパおよび北アメリカの大半（雲量が多く、日照量の季節差も大きい）が挙げられる。さらに、放射拡散によって全世界に降り注ぐ日照量の50パーセント以上が失われているという事実は、集光器の経済性を大きく押し下げている。

　一方、電気による燃料合成は、風力や太陽光といった再生可能エネルギー電力の急速な価格下落から恩恵を受けている。太陽光および風力エネルギーの回収は、風が強い、あるいは日照量が多い遠く離れた土地で行なうことができ、あとは工業地帯に送電すればよい。ゆえに重工業では、集光器による蓄熱よりも再生可能エネルギー電力のほうがはるかに有利である。燃料合成、あるいはアンモニア生産などその他の産業化学技術における主要な条件として、水素を得られるか否か

が挙げられる。現在、産業活動で用いられる水素の大半は天然ガス（CH_4）から得られたものである。一方、再生可能な燃料合成では水の電気分解によって水素を得る。再生可能な炭素燃料合成を空気中からの二酸化炭素回収によって行なうならば、その最も大きな条件は水の分解という電気的な処理であり、それによって水素を得ることなのである。

100パーセント再生可能なエネルギー

　オーストラリア国立大学が行なった最新の研究結果（Blakers, Lu, and Stocks 2016）によると、オーストラリアでは完全に再生可能な発電を低コストで実現でき、似た条件を備える他の国や地域でもそれは同じだという。この研究では将来の技術革新についてなんら大胆な仮説を立てておらず、すでに広く普及している技術（現時点で150ギガワット以上の規模を持つもの）、つまり太陽光、風力、長距離高圧直流送電、そして揚水式発電だけを考慮に入れたものである。

　このモデルにおいては年間発電量の90パーセントが風力および太陽光によるものである一方、既存の水力発電とバイオマス発電が残りの10パーセントを占めている。太陽光と風力はいずれもコストが低いため、新世代の低排出技術の中で圧倒的に優位な立場にあり、世界中で毎年新たに増強される発電能力の半分を占めるのみならず、オーストラリアにおいては新世代発電設備の全てが太陽光か風力のいずれかによるものである。またこのモデルでは2006年から2010年までの1時間ごとの風力、日照量、そして電力需要のデータを用いており、十分な容量の揚水式発電と長距離高圧直流送電、および風力と太陽光による余剰発電能力を加えることによって、エネルギー需給のバランスを保っている。

　またこのモデルにおける主要な結果として、再生可能エネルギー発電が100パーセント普及した場合、エネルギーのバランスをとるのに必要な1時間あたりの費用は比較的低く、1メガワット時（MWh）あたり15ドルに収まることが挙げられる。これは揚水式発電と長距離高圧直流送電にかかる費用、また風力と太陽光による電力供給が需要を超過し、かつ蓄電容量も満杯時の漏洩率も含んだものである。オーストラリアで再生可能電力が100パーセントに達した場合の総費用は1MWhあたり50ドルと見込まれており（ただし2020年以降）、そこには今触れ

た需給バランスにかかる費用だけでなく、風力および太陽光発電の費用も含まれている。また需給バランス費用の大半は、数年に1度発生する数日間にわたる曇天ならびに無風状態が原因で生じるものである。さらに、契約に基づく電力負荷制限、揚水式発電用の貯水池を満たすために時折併用するガス・石炭発電、そして電気自動車の充電時間を管理することによって、電力料金の大幅な引き下げも可能になると思われる。

　大量輸送機関への移行と、電気自動車および電気式ヒートポンプに対する低温の熱の供給はそれぞれ電力需要を押し上げる方向に働くが、温室効果ガスの排出を低いコストで大幅に削減することができる。また長期的観点から考えると、先進国のエネルギー構造が完全に電化されたとすれば、大半の電気機器がより効率化されたとしても電力需要はおよそ3倍に跳ね上がる（電力供給に必要なエネルギーをジュールで計算した場合）。それを賄うのに太陽光および風力だけで十分過ぎるほどであり、その総費用も化石燃料が支配的地位を占めている現在のエネルギー構造におけるそれとほとんど変わらないと見られている。

〔献辞〕
　本論はオーストラリア再生可能エネルギー庁（ARENA）を通じオーストラリア政府の支援を受けて執筆されたものであるが、本論に記された見解、情報、ないし助言の責任はオーストラリア政府が負うものではない。

〔参考文献〕

Andersen, Bjarne, 2006. HVDC transmission – Opportunities and challenges. In *The 8th IEE International Conference on AC and DC Power Transmission, 2006 (ACDC 2006)*, 24–9. London: Institution of Electrical Engineers, 28–31 March.

Blakers, Andrew, Bin Lu, and Matthew Stocks, 2016. 100% renewable electricity in Australia. Unpublished.

Blakers, Andrew, Joachim Luther, and Anna Nadolny, 2012. Asia Pacific super grid – Solar electricity generation, storage and distribution. *GREEN – The International Journal of Sustainable Energy Conversion and Storage* 2(4): 189–202.

Blakers, Andrew, Aihua Wang, Adele Milne, Jianhua Zhao, and Martin Green, 1989. 22.8% efficient silicon solar cell. *Applied Physics Letters* 55: 1363–65. doi.org/10.1063/1.101596

Breyer, Christian, and Alexander Gerlach, 2013. Global overview on grid-parity. *Progress in Photovoltaics: Research and Applications* 21(1): 121–36. doi.org/10.1002/pip.1254

Frankfurt School–UNEP Collaborating Centre, 2014. Global trends in renewable energy investment 2015. Frankfurt: Frankfurt School– UNEP Centre.

Fraunhofer Institute for Solar Energy Systems, 2015. *Current and Future Cost of Photovoltaics: Long-term Scenarios for Market Development, System Prices and LCOE of Utility-Scale PV Systems*. Study on behalf of Agora Energiewende. Berlin: Agora Energiewende.

Global CCS Institute, 2014. *The Global Status of CCS: 2014*. Melbourne: Global Carbon Capture and Storage Institute.

Global Wind Energy Council, 2015. Global annual installed wind capacity 2000–2015. www.gwec.net/wp-content/uploads/2012/06/ Global-Annual-Installed-Wind-Capacity-2000-2015.jpg (accessed 22 November 2016).

Hammons, Thomas James, 2008. Integrating renewable energy sources into European grids. *International Journal of Electrical Power & Energy Systems* 30(8): 462–75. doi.org/10.1016/j.ijepes.2008.04.010

Hammons, Thomas James, Victor F. Lescale, Karl Uecker, Marcus Haeusler, Dietmar Retzmann, Konstantin Staschus, and Sébastien Lepy, 2011. State of the art in ultrahigh-voltage transmission. *Proceedings of the IEEE* 100(2): 360–90. doi.org/10.1109/JPROC. 2011.2152310

IPCC (Intergovernmental Panel on Climate Change), 2014. *Climate Change 2014: Synthesis Report. Contribution of Working Groups I, II and III to the Fifth Assessment Report of the Intergovernmental Panel on Climate Change* (Core Writing Team, Rajendra K. Pachauri and Leo A. Meyer, eds). Geneva: IPCC.

IRENA (International Renewable Energy Agency), 2015. Renewable power generation costs in 2014. Abu Dhabi: IRENA. www.irena. org/menu/index.aspx?mnu=Subcat&PriMenuID=36& CatID=141& SubcatID=494 (accessed 21 November 2016).

IRENA (International Renewable Energy Agency), 2016. Renewable capacity statistics 2016. Abu Dhabi: IRENA. www.irena.org/DocumentDownloads/Publications/IRENA_RE_Capacity_ Statistics_2016.pdf (accessed 21 November 2016).

Kutuzova, N. B., 2011. Ecological benefits of DC power transmission. *Power Technology and Engineering* 45(1): 62–8. doi.org/10.1007/ s10749-011-0225-5

Peake, Owen, 2010. The history of high voltage direct current transmission. *Australian Journal of Multi-disciplinary Engineering* 8(1): 47–55.

Reinders, Angèle, Pierre Verlinden, Wilfried van Sark, and Alexandre Freundlich, eds, 2015. *Photovoltaic Solar Energy: From Fundamentals to Applications*. Chichester, West Sussex: Wiley & Sons.

REN21, 2016. *Renewables 2016: Global Status Report*. Paris: REN21 Secretariat.

Siemens, 2012. Factsheet energy sector. Abu Dhabi: Siemens.

Wikipedia, 2015. Vestas V164. en.wikipedia.org/wiki/Vestas_V164 (accessed 1 April 2015).

第12章

フクシマの教訓
―― 9つの「なぜ」

ピーター・ヴァン・ネス

要 旨

　福島原発事故の後、我々は東アジアにおける原子力問題の答えを見出すべく専門家から成るグループを結成し、2度にわたる国際ワークショップでこの問題を検討した。本章は我々の活動に関する一致した意見の報告書ではなく、原子力に関して我々が行なった集団的討議の――1参加者としての立場から記した――個人的見解である。すでに核兵器保有国であるか、あるいはそれを目指しているのでない限り、原子力はどの国においても良からぬ選択肢であり、それには9つの理由がある、というのが私の意見である。また核保有を目指している国であっても、そこへ至るにはいくつかの重大な問題がある。そして2014年にオーストラリア国立大学で実施された2度目のワークショップにおいて、私が述べる9つの理由のそれぞれから9ヵ条の政策提言が打ち出された。

序　論

　The Global Nuclear Power Database: World Nuclear Power Reactor Construction, 1951-2017（Schneider et al. 2017、*Bulletin of the Atomic Scientists* 2017にも収載）は現在までに建設された41ヵ国計754基の原子炉（うち廃炉とされた原子炉は90基）を対象にしている、現時点で全世界の原子力に関する最も広範な分析報告である。

　新たな原子炉および原子力発電所の建設に関心を持つ国々にとって、このデータベースは原子力の世界的な歴史を理解する上で有益である。我々の研究は東アジアにおける事態の推移を検証し、とりわけ中国と日本の状況が大きく異なる点に目を向けることで、このデータベースを補完すると同時に、各国、特にオーストラリアや東南アジア諸国連合（ASEAN）の10ヵ国など、原子力を採用すべきか否か検討している国々が答えなければならない疑問点を明確にしようとするものである。

　このデータベースによると、2017年1月1日現在、全世界で55基の原子炉が建造中であり、そのうち少なくとも35基が当初の予定より遅れているという。また55基のうち40基が核兵器保有国で建造されており、20基は中国で建造中である。また完工済みの原子炉の最も多く（90基、他に12基が廃炉済み）がウェスティングハウス社製のもので、当時4基がアメリカ、同じく4基が中国で建造中だった。しかし2017年2月、親会社である東芝は63億ドルの損失が発生していると公表し、今後は原子炉の輸出を積極的に促進しないと発表した。ゼネラルエレクトリック社やフランスおよびロシアは世界各地で原子炉の建造を進めている。

　2014年8月、我々がオーストラリア国立大学において「東アジアにおける原子力：費用と効用」というテーマの国際ワークショップを行なった際、アメリカ、日本、シンガポール、台湾、そしてオーストラリアから参加者を得た。ワークショップの目的は、各国の原発計画について実証的分析を行なうとともに、賛成派と反対派が互いに過去を語り、時に説得力のない主張を行なうという、これまでの討論の形から脱却することにあった。

　我々は将来の原子力プロジェクトに関する9つの論点を設定し、過去に原発へ

の支持ないし反対を公言したか否かにかかわらず、それぞれの論点を検証するのにふさわしい専門家を招いた。その論点は以下の通りである。

・建設の初期費用
・原子炉の運転および維持における専門的スタッフの必要性
・独立性と透明性を兼ね備えた規制機関の確立
・事故発生時の責任
・通常の状況と異常な状況（チェルノブイリや福島など）それぞれにおける廃炉の費用および作業工程
・原子力発電と核兵器の関係
・核廃棄物の処分問題
・放射線被曝による健康への影響
・原子力と気候変動

　3日間にわたるワークショップには、自然科学者、社会科学者、物理学者、生物学者、そして歴史学者から成る25名の学者が参加した。そこから生み出された洞察の深さと議論における冷静さに、主催者である私は感激したものである。そして最終日までに導かれた彼らの結論は私を大いに驚かせた。

1. 建設の初期費用

　原子力発電所の新規建設は巨額のプロジェクトであり、原子炉の建造費用を正しく見積もるのは複雑な作業である。また石炭、ガス、あるいは再生可能エネルギーといった他の電力源とのコスト比較（アンドリュー・ブレイカーズの章を参照）も、原子力が持つ独特な性質のために容易ではない。廃炉費用、および高レベル放射性廃棄物の処分費用を見積もりに含めるべきか、そうであれば、特に後者の場合、長期の時間的枠組みの中でその費用をどう見積もるべきか、というのがその一例である。

　チェルノブイリおよび福島で原発事故が発生してからというもの、安全性への

懸念はかつてないほど高まっている。しかしどれだけの安全性を確保すれば十分と言えるのか？　原発への危険性に対処するには、どういった安全対策が求められるのか？　その場合、どれほどの費用が建設費に追加されるのか？

原発の批判者はまた、極めて長い時間的枠組みの存在を指摘する。すなわち原子力発電所の建造期間、稼働期間、そして発電所から放出される潜在的に危険な放射線の寿命である。これらの問題は費用見積もりを一層複雑なものにする。またコスト超過や建設の遅れも原子力の相対的な費用を大きく押し上げる。世界中で現在建設中の原子炉55基のうち、35基が遅延しているというデータベースの内容を思い起こしていただきたい。

代替エネルギー源のコストを比較するにあたっては、いわゆる均等化発電原価（LCOE）を用いることが多い。これは発電コストのうち適切なもの全てを考慮に入れようとする計算方法であるが、その際にはどの項目を含めるべきか、あるいはどの価値を用いるべきかといったことに注意しなければならない。また本書でダグ・コプロウが記したように、政府の助成金や税金もコスト比較に影響を与える。

2. 原子炉の運転および維持における専門的スタッフの必要性

原子炉を建造し、適正な維持を行ない、かつ必要な電力を安全に供給できると国民に納得させるには、専門的な訓練を受けたスタッフの存在が必要だが、その点がエネルギー源のコスト比較で十分考慮されることはほぼなかった。必要とされる原子力物理学者および工学者は、長期にわたる学問的・職業的訓練を受けた人材のことを指すが、そのことは、原発導入を決めた国家が教育機関に長期的かつ大規模な投資を行ない、必要とされる技術スタッフを育成しなければならないことを意味する。こういった訓練を継続できず、原発を長期にわたって稼働させるのに必要な技術スタッフを支援できなければ、運営上の深刻な問題が生じるはずだ。また緊急事態が発生した場合には、適切な訓練を受けたスタッフの必要性はさらに高まる。

3. 独立性と透明性を兼ね備えた規制機関の確立

　ここに挙げた諸問題のうち、規制機関はその任務を遂行するにあたり、必要な技術的能力と原子力業界に関する深い知識を有していなければならない。しかし核兵器に関する安全保障上の問題が存在する場合、規制機関が透明性を維持するのは極めて難しくなる。

　また独立性の問題も深刻であることが明らかになっている。日本には「原子力村」なるものが存在しており、ジェフ・キングストンはそれを次のように定義している（Kingston 2012: 1）「電力会社、原発関連業者、官僚、国会、経済界、マスメディア、および学界から成る、個人および法人の原発推進派」つまり原発導入を推進すべく、既得権益を有する原発関連企業、政府、マスメディア、さらには学界の一部から成る閉鎖社会が構築されたのである。そして福島原発事故が発生した時、責任ある立場の者は全くそれに対応できず、信頼できる情報を国民に与えることすらできなかった。そのため日本の被災者は東京電力や政府による情報を信用せず、自分たちの健康と安全への脅威に関する彼らの言葉を信じないようになってしまったのである。

　メリー・カバレロ＝アンソニーとジュリウス・セザール・I・トラヤーノは本書の中で、ASEANの視点から見たこれら問題の多くを論じている。また東南アジアにおける可能性の一つとして、スルフィカール・アミールは地域的規制機関の構築を挙げており（Amir 2014）、その理由をこう記している。「その論理は単純である。地域内のある1国が原子力発電所を建設したら、利益を得るのはその国だけである。しかし地理的観点から見れば、多くの国がそのリスクを共有することとなる」。その上でアミールは、ASEAN加盟国は地理的に近接しているのだから、ある国で原発事故が発生したら近隣諸国も被害を受けることになると指摘した。

　一般的に言えば、原子力業界に対する規制は業界自身による規制へとつながる。さらに、原子力発電と核兵器開発は互いに関係があるため、一定の秘密保持と保安体制が必要となり、そのこともまた当局の説明責任を妨げる要因となる。要す

るに、独立性と透明性を兼ね備え、かつ説明責任を果たすことのできる原子力規制機関の確立は、ほぼ不可能と言っていいことが立証されたのだ。

4. 事故発生時の責任

　原発事故が発生した場合、巨額の費用負担が生じ得ることから、民間投資家にとって責任体制は大きな懸念材料である。チェルノブイリと福島で発生したメルトダウンによる最終的な損失額はいまだ定まっていない。民間資本による原発建設を決めた国家は、投資家の責任を制限する戦略を編み出さなければならない。ワークショップのある参加者はこう述べている。「問題なのは、民間業者は原子炉を売る一方、事故が発生しても責任を免がれたいと考えていることだ。」
　アメリカのプライス＝アンダーソン原子力産業免責法は1957年に制定され、その後議会による改正を経て2025年12月までの効力延長が可決された。同法の目的は原子力に投資した民間投資家の責任に上限を設けることであり、その手段として企業自身の保険金と、事故発生時の補償に充てる120億ドルのプール資金を組み合わせることが定められている。1979年に発生したスリーマイル島原発事故でこの法律は有効に機能したとされている（NAIC and Center for Insurance Policy and Research 2016）が、政府によるこうした保険体制は、チェルノブイリと福島で発生したより深刻な原発事故によってさらなる試練を受けている。

5. 通常の状況と異常な状況（チェルノブイリやフクシマなど）それぞれにおける廃炉の費用および作業工程

　廃炉を成功へと導くにあたって何が必要とされるかは、多くの議論を生んでいる。石炭燃料や石油燃料の発電所と異なり、施設がもはや必要なくなった時に、スイッチを切って立ち去るわけにはいかない。カルマン・ロバートソンはこの問題を詳細に分析している。
　端的に言えば、廃炉後の目標は原発跡地をいわゆる「未開発」の状態に戻すことである。廃炉は長期にわたる極めて技術的な作業であり、その工程は原子炉の

解体、残留放射能への対処、そして跡地の再利用に向けた準備作業から構成される。一般的に原子力発電所は政府による厳格な規制下に置かれているが、廃炉を無事に完了させれば規制は不要となる。しかし廃炉を完了させる前に関連企業が倒産したり、規制の責任を負う政府が変わったりすればどうなるだろうか？

ロバートソンによると、今後15～20年間で多数の原子炉が寿命を迎えるため、廃炉となるべき原子炉の数が前例のない水準に達する見込みだという。

6. 原子力発電と核兵器の関係

本書で個別研究の対象とされた国家のうち、中国は核兵器を保有し（M・V・ラマナおよびエイミー・キングの章を参照）、他の3ヵ国（日本、韓国、台湾）は原子力発電所を有しているものの核兵器は保有していない。しかしこれら3ヵ国の原子力開発史において、核兵器保有の可能性は常にその一部だった。グロリア・クアン＝ジュン・スーは本書において台湾の歴史を描写している。日本は原子力発電を海外に広めている国家の代表的存在だが、1960年代に非核三原則――作らず、持たず、持ち込ませず――を打ち出し、後に核兵器不拡散条約に加盟している。しかし日本の原子力産業は、核弾頭1,000発分のプルトニウムなど、核兵器の製造に必要なものを全て保有している。さらに専門家の一部は、核兵器開発の決定が下されれば、日本は1年以内に核兵器を完成させることができる、つまり事実上の核兵器保有国であり、「地下室に核爆弾を隠し持つ」国家だとしている。

原子物理学が核兵器開発に応用される可能性のあることから、原子力発電所の建設を進めている国家は必然的に、他の発電施設（石炭、ガス、および再生可能エネルギーなど）の建設には必要とされない一定水準の保安を確保する必要がある。だが保安体制の確保は透明性の欠如という深刻な問題をもたらすとともに、原子力業界で説明責任を確立させ、かつ維持することの難しさを部分的に説明するものである。鈴木達治郎は本書の中で、福島原発事故によって浮き彫りとなった国民的な不信感の広がりについて論じている。

より一般的な国家安全保障という観点から見れば、原子力発電所の設置は敵対

勢力に対し、国内で原子力危機を引き起こす戦略的な機会を与えることになる。つまりテロリストないし敵国による爆破工作、あるいは原子炉の制御システムを破壊しメルトダウンを引き起こすためのサイバー攻撃などにとって、原子力発電所は格好の標的となるのである。こうしたサイバー攻撃において犯人を特定することは難しく、そしてとりわけ人口密集地帯では甚大な被害と混乱が発生し得る。本書で韓国の原子力事情を論じたローレン・リチャードソン、および放射線被曝の健康に対する影響を分析したティルマン・ラフも、このような攻撃の可能性に警鐘を鳴らしている。

　原子力発電と核兵器の関係性が浮き彫りになったもう一つの事例として、世界最大の建設プロジェクトとなる可能性が高いヒンクリー・ポイントC原子力発電所の是非を巡るイギリス国内の論争が挙げられる。数年に及んだ論争の後、テレーザ・メイ首相は2016年9月に声明を発表し、およそ20年ぶりとなる新規原子力発電所をヒンクリー・ポイントに建設する意向を明らかにした。ヒンクリー・ポイントC原発はフランス電力（EDF）が建設を行ない、推定300億ドルとされるプロジェクトの33パーセントを中国が出資する。また原子炉には欧州加圧水型炉（EPR）が用いられる。さらにイギリス政府は、同原発が生み出す電力につき、今後35年間にわたり市場価格の2倍の額を支払うと約束した。さらに中国に対する配慮として、同国エセックス州に中国製の原子炉を用いた原子力発電所を将来建設すると約束している。

　メイ首相による原発建設の決定は経済的、技術的、環境的に無意味であるどころか、国家安全保障の観点から見てもなんら価値を持たないため、反対派を当惑させる結果になった。建設主体であるEDFは深刻な財政危機に陥っており、EPR型原子炉も技術的に確立されていない。その上、約束された電力買取価格はあまりにも高く、環境面で言えば再生可能代替エネルギーのほうがはるかに優れている。そして中国の投資が深く関与するという安全保障上の懸念、すなわちイギリスの配電網に中国が大きな影響を及ぼし得るという懸念が存在する。

　メイ首相はなぜ原発建設の決定を下したのか。サセックス大学の研究チームは様々な説を検証した上で、重大な留保条件があるにもかかわらずイギリス首相がプロジェクト推進を決めたのは主としてイギリスの核抑止力を維持するため、つ

まり既存のバンガード級潜水艦に置き換わる新型原子力弾道ミサイル潜水艦を配備するにあたり、その建造を支えることができるよう原子力産業の水準を維持するためだと結論づけている（Cox, Johnstone, and Stirling 2016）。

中国がヒンクリー・ポイントC原発に出資することに対し、同国が国内電力網に影響を及ぼし得るという理由で反対派は懸念の声を挙げているが、より深刻な安全保障上の問題は、今後原子力弾道ミサイル潜水艦の開発に力を注ぐであろうイギリス原子力産業に中国が加わることで、トライデント潜水艦による核抑止力が損なわれる可能性を無視できない、ということである。

7. 核廃棄物の処分問題

原子力発電が直面する最も深刻な問題の一つとして、高レベル放射性廃棄物（HLW）をいかにして安全に処分するかというものがある。この点について、ラマナは以下のように論じている（Ramana 2017: 415）。

> 原子炉の稼働中に生み出される放射性物質の中には、半減期が極めて長く、数十万年にわたって人間から隔離されなければならないものもある……このような管理が必要とされることは、人類史上前例がない。

現在のところ、高レベル放射性廃棄物を永久貯蔵する現役の施設は世界中に1ヵ所も存在しない。この問題の解決策として深地層処分が提案されており、オーストラリアなど異なる国々で用地の候補が挙げられている。その一方、原子力発電所を稼働させている全ての国々はなんらかの方法で放射性廃棄物を一時貯蔵しているが、本書でスーが概説した台湾の蘭嶼を巡る状況のように、悲劇的な結末となる場合もある。

アメリカ政府はネバダ州の人里離れた砂漠地帯にあるユッカマウンテンに150億ドルを投資し、2002年に放射性廃棄物処分場として正式に指定したが、現状は確定的なものでなく、また2014年にはニューメキシコ州の核廃棄物隔離試験施設（WIPP）で重大事故が発生している（Alvarez 2014）。なお世界的に見て最も

有望なプロジェクトは、32億ドルを投じてフィンランドのオルキルオト島に建設された処分施設だが（Gibney 2015）、これもまだ稼働を開始していない。

8. 放射線被曝による健康への影響

　本書で放射線被曝による生物学的影響と人間の健康との関連を論じたティム・ムソーとアンダース・モラー、そしてラフの3人は、この分野における最も経験豊富な研究者である。ムソーはチェルノブイリで10年間調査を行なった後、福島原発事故を受けてその研究を始め、また公衆衛生医であるラフは原子力技術の公衆衛生的側面を検証すべく、研究、教育、および活動に力を注いだ。私見を述べれば、原発建設の決定によって生じる、人間の健康と生態学的な生存能力への重大なリスクについて、この3人以上に優れた論説を残した人物はいない。そして彼らの研究結果は、原子力発電への投資を検討している国々に警鐘を鳴らすものとなるはずだ。

9. 原子力と気候変動

　国内電力の70パーセント以上が原子力によって賄われているというフランスの特異な状況を本書で論じたクリスティーナ・スチュワートは、2015年12月に気候変動に関する国連枠組条約会議（COP）がパリで開催され（COP21）、気候変動についての決定が参加195ヵ国の全会一致で採択された際、原子力の果たす役割が直接言及されることはなかったと指摘している。また会議を観察した結果、驚くべきことに、原子力は間接的に論じられたに過ぎないと記している。
　それでもなお、ジェイムズ・ハンセンら一部の有力な気象学者は原子力を強力に後押ししており（Hansen et al. 2015）、また原子力エネルギー協会も次のように主張している。

　　原子力が気候変動に対する解決策の一部であるという意見は広く認められている。独立機関が実施した、現在主流となっている分析結果でも、炭素排出

量を削減するには多様な電源構成が必要であり、今後見込まれる世界的な電力需要を満たすにあたっても、原子力こそ唯一の低炭素オプションであることが示されている。(Nuclear Energy Institute n.d.)

　気候変動を巡る懸念について言えば、二酸化炭素を放出する化石燃料と比べ、原子力がはるかに優位であることは間違いない。原発推進派も、原子力以外に「ベースロード」電源を供給できる低炭素オプションは存在しないという点を特に強調している。しかしブレイカーズは本書の中で、再生可能エネルギーによる現在の発電能力でこの電力需要を賄えることを示しており、またマーク・ディーゼンドルフはベースロード発電所が不要なだけでなく、新型バッテリーや揚水式発電などの再生可能な蓄電手段、およびその他の技術革新により、信頼性の高い発電を行なうのに必要な柔軟性を確保できると論じている（Diesendorf 2016)。

　気候問題を解決し、かつ信頼性の高い発電を行なうにあたってその他のエネルギー源が利用可能であれば、チェルノブイリと福島で発生した原発事故による被害は、原発活用の正当化を許さないほど原子力に伴うリスクが重大であることを示すものと言えよう。

結　論

　2011年3月に発生した東日本大震災以降、数年間にわたる調査研究を通じて我々が得たフクシマの教訓は、原子力発電の本源的コストは計算不可能であるという、最初にして最大の結論を土台としている。そのコストは現在のところ、経済的な物差しでも、あるいは健康への被害や人命の損失といった物差しでも測ることはできない。その理由の一つとして、廃炉の全工程が完全に成功した場合の想定費用すら全く定まっていない一方、チェルノブイリ原発や福島第1原発など危機的状況の中で閉鎖された原子力発電所の廃炉費用が今後も上昇し続けていることが挙げられる。

　高レベル放射性廃棄物処分の費用推定は、現在利用可能な永久貯蔵施設が世界に1ヵ所も存在しないがゆえに、より一層難しい。さらに公衆衛生の観点から、

ラフは放射線被曝による影響を精密かつ詳細に論じており、ムソーとモラーはより幅広い生態学的な悪影響を立証している。

先に記した9つの論点を考察する中で、原発推進派には答えられないいくつかの疑問が発せられた。しかし中国やイギリスといった核兵器保有国、あるいは保有を目指している国の場合、条件は根底から異なってくる。つまり、信頼性の高い電力を最も安価に提供する方法を見つけるという問題ではなく、国家安全保障の問題となってしまうのだ。核兵器の保有を決めた国は、どれほどコストがかかろうとも、原子力産業を維持しなければならない。そうした国々にとって、我々が提起した問題は二義的なものとなる。むしろ決断しなければならないのは、「国家安全保障」なるものにどれだけの代償を支払う覚悟を決めなければならないか、ということである。

〔参考文献〕

Alvarez, Robert, 2014. The WIPP problem, and what it means for defense nuclear waste disposal. *Bulletin of the Atomic Scientists,* 23 March. thebulletin.org/wipp-problem-and-what-it-means-defense-nuclear- waste-disposal7002 (accessed 14 March 2017).

Amir, Sulfikar, 2014. The transnational dimensions of nuclear risk. *Bulletin of the Atomic Scientists*, 25 April. thebulletin.org/needed- ability-manage-nuclear-power/transnational-dimensions-nuclear-risk (accessed 14 March 2017).

Bulletin of the Atomic Scientists, 2017. Global nuclear power database: World nuclear power reactor construction, 1951–2017. thebulletin. org/global-nuclear-power-database (accessed 14 March 2017).

Cox, Emily, Phil Johnstone, and Andy Stirling, 2016. Understanding the intensity of UK policy commitments to nuclear power. Science Policy Research Unit Working Paper Series SWP 2016-l6. Brighton: University of Sussex, September.

Diesendorf, Mark, 2016. Dispelling the nuclear 'baseload' myth: Nothing renewables can't do better! *Ecologist,* 18 March. reneweconomy.com. au/dispelling-the-nuclear-baseload-myth-nothing-renewables-cant- do-better-94486/ (accessed 14 March 2017).

Gibney, Elizabeth, 2015. Why Finland now leads the world in nuclear waste storage. *Nature*, 2 December. doi.org/10.1038/nature.2015.18903

Hansen, James, Kerry Emanuel, Ken Caldeira, and Tom Wigley, 2015. Nuclear power paves the only viable path forward on climate change. *Guardian*, 4 December.

Kingston, Jeff, 2012. Japan's nuclear village. *Asia-Pacific Journal: Japan Focus* 10(37)(1) 9 September: 1–22.

NAIC (National Association of Insurance Commissioners) and Center for Insurance Policy and Research, 2016. Nuclear Liability Insurance (Price–Anderson Act). 8 December. www.naic.org/cipr_topics/topic_ nuclear_liability_insurance.htm (accessed 14 March 2017).

Nuclear Energy Institute, n.d. Climate change. www.nei.org/Why- Nuclear-Energy/Clean-Air-Energy/Climate-Change (accessed 14 March 2017).

Ramana, M. V., 2017. An enduring problem: Radioactive waste from nuclear energy. *Proceedings of the IEEE* 105(3): 415–18. doi. org/10.1109/JPROC.2017.2661518

Schneider, Mycle, and Antony Froggatt, with Julie Hazemann, Tadahiro Katsuta, M. V. Ramana, Juan C. Rodriguez, and Andreas Rüdinger, 2017. *The World Nuclear Industry Status Report 2017*. Paris: Mycle Schneider Consulting Project.

執筆者一覧

アンドリュー・ブレイカーズ（Andrew Blakers）

オーストラリア国立大学（ANU）工学部教授。フンボルト財団のフェローであり、エリザベス2世オーストラリア研究会議および上級リサーチフェローシップを主催した経験を持つ。また技術科学工学学会、エネルギー研究所、物理学研究所のフェローでもある。これまでに発表した論文および出願した特許はおよそ300に上る。研究分野は太陽電池および太陽光発電システムであり、特に最新の薄型フィルムシリコン型太陽電池技術、および集光器の太陽電池、部品、そしてシステムを専門とする。また持続可能エネルギー政策にも関心を持ち、風力と太陽電池が広く普及（50～100パーセント）した場合のエネルギーシステムを詳細に分析している。

Eメール：andrew.blakers@anu.edu.au

メリー・カバレロ＝アンソニー（Mely Caballero-Anthony）

南洋理工大学（シンガポール）准教授。同大学のS・ラジャラトナム国際研究スクール（RSIS）に附属する非伝統的安全保障（NTS）研究センター長を務める。最近では東南アジア諸国連合（ASEAN）事務局の対外関係部門責任者を務め、現在は軍縮問題および安全保障に関する国連事務総長諮問委員会で勤務する。さらに「アジアにおける非伝統的安全保障に関する研究会議」の事務局長を務める傍ら、世界経済フォーラムの紛争防止国際政策委員会のメンバーでもある。研究分野はアジア太平洋における地域主義および地域的安全保障、多国間安全保障協力、ASEAN内の政治および国際関係、紛争防止および管理、そして人間の安全保障である。またアジア太平洋地域の幅広い安全保障問題に関する論文を、査読付きの学術誌で数多く発表している。

Eメール：ISMCAnthony@ntu.edu.sg

メル・ガートフ（Mel Gurtov）

ポートランド州立大学（オレゴン州）名誉教授（政治学）、およびAsian Perspective誌上級編集員。過去にRANDコーポレーション（1966～71）やカリフォルニア大学リバーサイド校（1971～86）で勤務した経験を持つ。東アジア問題、アメリカの対外政策、そして国際政治を人的側面から論じた著書が20冊以上あり、また多数の記事を執筆している。最近の代表作として Will This Be China's Century? A Skeptic's View（Lynne Rienner Publishers, 2013）、Global Politics in the Human Interest（Lynne Rienner Publishers, 2007）、Super Power on Crusade: The Bush Doctrine in the US Foreign Policy（Lynne Rienner Publishers, 2006）がある。また国際問題に関するブログ 'In the Human Interest'（melgurtov.com）を開設している。
Eメール：mgurtov@aol.com

グロリア・クアン＝ジュン・スー（Gloria Kuang-Jung Hsu）

国立台湾大学大気科学学科教授。同大学で理学学士号を、ピッツバーグ大学（アメリカ）で化学博士号を取得。またハーバード大学ケネディスクールで公共政策学の修士号を取得している。専門分野はオゾン化学、大気汚染、環境およびエネルギー政策であり、Science of the Total Environment、Journal of Atmospheric Chemistry、Tellus、Atmospheric Environment、Carbon Economy Monthly（中国語）の各誌に記事を寄稿している。長年にわたり台湾環境保護連盟の副会長および会長を務め、現在では新たに設立された「台湾を愛する母協会」の会長を務めている。国家および地方自治体の環境影響評価委員会で委員長を務めるとともに、持続可能な発展に関する国家委員会の委員長という要職にある。また、現在アドバイザーとして行政院にて勤務中。
Eメール：kjhsu@ntu.edu.tw

エイミー・キング（Amy King）

オーストラリア国立大学の戦略・防衛研究センターで上級講師を務め、中国の対外政策および安全保障政策、日中関係、そしてアジア太平洋地域の国際関係と安全保障問題を専門にしている。オーストラリア研究会議の新鋭研究者賞（DECRA）フェロー、およびウエストパック・リサーチフェローでもあり、国際経済秩序の形成における中国の役割を検証する3年間の研究プロジェクトに携わっている。著書に China-Japan Relations after World War Two: Empire, Industry and War, 1949-1971（Cambridge University Press, 2016）がある。またローズ奨学生として学んだオックスフォード大学で国際関係学の博士号と

現代中国研究の修士号を取得している。
Eメール：amy.king@anu.edu.au

ダグ・コプロウ（Doug Koplow）

　環境的に有害な公的助成の範囲と費用をより明確にし、その改革戦略を提言すべく、マサチューセッツ州ケンブリッジで活動するアース・トラック（www.earthtrack.net）創設者。天然資源への公的助成に関する研究歴は25年を超え、一般的に用いられている公的助成の評価アプローチを詳細に検証している。最近の研究分野は、化石燃料および原子力を歪める公的助成の影響である。その一方で様々な政府機関、環境保護団体、財団、そして業界団体に対し、公的助成の測定および改革に関する助言を行なっており、その活動内容は政治的立場を問わず引用されている。ハーバード大学ビジネススクールでMBAを、ウェズリアン大学で経済学学士号を取得。
Eメール：dkoplow@earthtrack.net

アンダース・P・モラー（Anders P. Møller）

　進化生物学を専門としており、1991年からフランスの国立科学研究センター（CNRS）で勤務、低線量放射線による生態学的・進化学的影響を研究している。非常に高名な生物学者であり、チェルノブイリ原発事故による影響を1991年から、福島原発事故による影響を2011年7月から研究している。査読付きの学術誌への寄稿は800本以上（うち100本以上が放射線の影響に関する論文）、引用回数は6万回を超える。また研究パートナーのティモシー・A・ムソーと「チェルノブイリ＋福島リサーチ・イニシアティブ」を共同主催している。ニューヨーク・タイムズ紙、エコノミスト誌、CBS『*60 Minutes*』、*Scientific American*、BBC、CNN、PBS、およびその他のメディアで研究内容が紹介されている。デンマークのオーフス大学で博士号を取得。
Eメール：anders.moller@u-psud.fr

ティモシー・A・ムソー（Timothy A. Mousseau）

　サウスカロライナ大学で生物学の教授を務め、「チェルノブイリ＋福島リサーチ・イニシアティブ」を共同主催する。過去にサウスカロライナ大学の大学院院長および研究担当副理事長、アメリカ国立科学財団の集団生物学担当役員を歴任。チェルノブイリと福島からの放射性降下物が動物、植物、微生物の自然集団に与えた影響に関する研究の

第一人者である。執筆ないし編集に携わった書籍は 11 点、科学論文は 200 本以上に上る。ニューヨーク・タイムズ紙、エコノミスト誌、CBS『60 Minutes』、Scientific American、BBC、CNN、PBS、およびその他のメディアで研究内容が紹介されている。現在は国際放射線生態学連合、アメリカ原子力学会、ニューヨーク科学アカデミーに所属し、アメリカ科学振興協会、アメリカ学術団体評議会、そしてエクスプローラーズ・クラブのフェローを務める。また原子力発電所から放出される放射性物質のリスクおよび脅威に関するアメリカ科学アカデミーの調査委員会で活動している。マギル大学で博士号を取得。
E メール：MOUSSEAU@mailbox.sc.edu

M・V・ラマナ（M. V. Ramana）

　ブリティッシュコロンビア大学のリウ国際問題研究所に所属し、軍縮・世界および人間の安全保障に関する教職（Simons Chair）に就いている。2016 年までプリンストン大学の科学および世界規模の安全保障プログラムに携わっており、本書の執筆内容の基となる研究はその際に行なわれた。著書に The Power of Promise: Examining Nuclear Energy in India（Penguin Books, 2012）があり、Prisoners of the Nuclear Dream（Orient Longman, 2003）の共編者である。また核分裂性物質に関する国際パネル、核廃絶国際会議 2000、核軍縮および平和に向けたインド共同委員会に所属している。グッゲンハイム・フェローシップの特別研究員であり、アメリカ物理学会のレオ・シラード賞を受賞するとともに、2016 年から 17 年までシグマ・サイの「著名な講師」に選ばれている。
E メール：m.v.ramana@ubc.ca

ローレン・リチャードソン（Lauren Richardson）

　現在エジンバラ大学で日韓関係および両国の政治に関するティーチング・フェローを務め、今後はオーストラリア国立大学（ANU）のアジア太平洋外交大学院の講師兼責任者に就任する予定。専門分野は、北東アジアにおける政策および外交関係の変化における非国家主体の役割である。また『Reshaping Japan-Korea Relations: Transnational Advocacy Networks and the Politics of Redress』という題の書籍が近日刊行される。ANU で博士号を、慶應大学およびモナシュ大学で修士号を取得。
E メール：lauren.richardson@ed.ac.uk

カルマン・A・ロバートソン（Kalman A. Robertson）

　ハーバード大学ベルファー科学・国際問題センターの国際安全保障プログラムおよび核管理プロジェクトでスタントン原子力保安特別研究員を務める。研究分野は核の防護措置と原子力の協力合意である。オーストラリア国立大学（ANU）戦略・防衛研究所センターで国際関係学、政治学、および戦略研究の博士号を取得するとともに、同大学の物理学賞を授与され、また法学部を首席で卒業している。ケンブリッジへの赴任以前はANUの政治学・国際関係学スクールで講師を務め、「核兵器の政治学」という講義を担当した。また2012年から16年まで、アジア太平洋地域における安全保障協力会議の原子力専門家グループにオーストラリア代表として参加している。

Eメール：kalman.robertson@anu.edu.au

ティルマン・A・ラフ（Tilman A. Ruff）

　公衆衛生および感染症を専門家とする内科医であり、メルボルン大学ノッサル世界保健研究所に准教授として所属、またオーストラリア赤十字社の国際プログラムに医療アドバイザーとして参加している。2012年には核戦争防止国際医師会議（1985年度ノーベル平和賞受賞）の共同理事長にオーストラリア人として初めて就任した。核兵器廃絶国際キャンペーン（訳注：ICAN: 2017年度ノーベル平和賞受賞）のオーストラリアおよび国際代表の創設者。メルボルン大学大学院の医学プログラムにおいて、公衆衛生の観点から見た原子力技術を教えており、修士課程の講座を5つ、学士課程の講座を2つ担当している。過去には戦争防止医師連盟（オーストラリア）の国内代表を務めたこともある。2008年には核不拡散条約会議のオーストラリア代表団に民間人として初めて加わり、また核不拡散・核軍縮に関する国際委員会でアドバイザーを務める民間人2名のうちのひとりである。2012年には「核兵器廃絶の推進者として平和促進に貢献した功績、および東南アジア・太平洋地域への予防接種プログラムの導入を通じて公衆衛生に貢献した功績」により、オーストラリア勲章を授与されている。

Eメール：tar@unimelb.edu.au

クリスティーナ・スチュアート（Christina Stuart）

　低炭素戦略を専門とするパリのエネルギー関連コンサルタント企業、カーボン4にエネルギー・気象の専門家として勤務する。ソルボンヌ大学（ピエール・マリ・キュリー大学）で物理学を専攻、パリ政治学院国際問題スクールで政治学の学士号を取得する。

持続可能エネルギーを専攻し、両機関において環境科学および政策の修士号を取得している。学問上および研究上の専門は、エネルギーと気候の関連性であり、最新の著作は『Energy and Climate Adaptation in Developing Countries』(German Corporation for International Cooperation, 2017) である。2014年から欧州連合の気象知識イノベーションコミュニティに所属している。過去にはエルンスト・アンド・ヤング社で環境コンサルタント業務に、オーストラリア再生可能エネルギー庁で再生可能エネルギーの開発業務に携わった経験を持つ。

Eメール：christina.stuart@sciencespo.fr

鈴木達治郎 (Tatsujiro Suzuki)

長崎大学核兵器廃絶研究センター (RECNA) センター長。2010年1月から2014年4月まで内閣府原子力委員会の委員長代理を務めた。それ以前には電力中央研究所社会経済研究所研究参事 (1996〜2009)、東京大学公共政策大学院客員教授 (2005〜2009)、マサチューセッツ工科大学 (MIT) エネルギー環境政策研究センター研究員 (1988〜1993)、MIT国際問題研究センター研究員 (1993〜1995) を歴任している。MIT時代には日本のプルトニウム計画に関する報告書を共同で執筆した。また科学と世界の諸問題に関するパグウォッシュ会議の評議員でもある (2007〜2009、2014〜)。東京大学で原子力工学の博士号を取得 (1988)。

Eメール：suzukitatsu@nagasaki-u.ac.jp

ジュリウス・セザール・I・トラヤーノ (Julius Cesar I. Trajano)

南洋理工大学 (シンガポール)・S・ラジャラトナム国際研究スクール (RSIS) の非伝統的安全保障 (NTS) 研究センターに准特別研究員として所属。アジア太平洋安全保障協力会議 (CSCAP) の原子力専門家グループとエネルギー安全保障研究グループにメンバーとして参加する。アジア太平洋地域における原子力管理、地域エネルギー安全保障、南シナ海問題、そして災害救援および人道支援について、学術記事や報告書、論説を執筆している。現在の研究分野はアジアにおける原子力の安全および保安に関する地域協力。

Eメール：isjtrajano@ntu.edu.sg

ピーター・ヴァン・ネス（Peter Van Ness）

　オーストラリア国立大学（ANU）国際関係学部に客員研究員として所属するとともに、東アジアにおける原子力を論じた本プロジェクトでとりまとめ役を果たした。中国の外交政策およびアジア太平洋地域の国際関係の専門家であり、毛沢東時代における中国の革命支援、社会主義体制下での市場改革、アジアにおける人権論争、そしてブッシュ・ドクトリンに対するアジアの反応についての著書がある。また学術誌のみならずニューヨーク・タイムズ、ワシントン・ポスト、ザ・ネーションの各紙に記事を寄稿している。長年にわたりデンバー大学国際学大学院に所属する傍ら、社会科学研究評議会ならびにアメリカ学術団体評議会から助成を受けるとともに、フルブライト特別研究員として日本を2度訪れている。また慶應大学と東京大学を含む日本の4大学で教鞭をとる一方、ANU、ミシガン大学中国研究センター、ウッドロー・ウィルソン国際研究者センター（ワシントンD.C.）、そして台北で実施された中国語研究大学間プログラムに特別研究員として携わっている。カリフォルニア大学バークレー校で博士号を取得。
Eメール：peter.van-ness@anu.edu.au

訳者あとがき

　2011年3月11日、私は4月から8ヵ月間オーストラリア国立大学（ANU）に客員研究員として赴任する準備のため、仙台市南部の家電量販店で家内と買い物をしていました。その帰り道、国道4号線を仙台市から名取市へと南下していた時のことでした。
　午後2時46分、名取市田高(たこう)交差点を西へと右折した直後でした。突然衝撃が走り、私たちの軽自動車は大きく左右に揺さぶられました。その瞬間「ついに来たか！」と思いました。数年以内に起こる確率が99パーセントと言われていた宮城県沖地震です。（1978年6月12日に起きたあの大地震の時の光景が鮮やかに蘇ります。私は当時中学3年生、名取市の箱塚グラウンドで野球部の練習中でした。隣の森の樹々は激しく揺さぶられ、周囲の家の屋根瓦は崩れ落ち、激しい揺れに立っていられず這いつくばる私の目の前を地割れが走りました。）
　私はハザードランプを点灯し、車を左に寄せて停止しました。私も家内も落ち着いていました。揺れは少しすると弱まり、収まったかと思われましたが、さらに大きな横揺れが襲って来ました。それはとても長く感じられました。近くの電柱が大きく振れ、電線も道路も波打っています。これは大変なことになった……。
　揺れが収まってから、飛び散るガラス片などを避けながらゆっくりと車を走らせ、普段なら15分で着くことができる自宅に40分かかり、ようやく到着しました。途中、大きな混乱は見られませんでしたが、男性が足を負傷したらしく応急手当を受けている光景がありました。
　自宅に戻ると、家にはほとんど損傷がありませんでしたが、家の中はあらゆるものがひっくり返って散々な状態でした。家族全員が無事だったことは幸いでした。ライフラインはすべて止まり、やがて携帯電話も使えなくなって情報源はラジオだけになりました。しばらくすると大津波のニュースが届き始め、その甚大な被害が伝わってきました。
　夜はろうそくの灯りで残り物の夕食を取り、早めに就寝、翌日からは日の出と

ともに起床して、家や実家の片付け、職場との連絡、友人らの安否確認のため市役所に出向いて情報を求めるなど、毎日を慌ただしく過ごしていました。
　そうしているうちに飛び込んできたのが福島第一原子力発電所事故のニュースでした。

　原発は地震により外部電源を失いました。一時は非常用ディーゼル発電機が起動しましたが、地震から41分後の第一波以後、14-15メートルに及ぶ数次にわたる大きな津波が襲い、低い防波堤を越え、施設を破壊しながら、地下室や立坑にも流れ込みました。地下の非常用電源が水没し燃料のオイルタンクも流失したため、原子炉は全電源喪失（ブラックアウト）に陥り、非常用炉心冷却装置（ECCS）や冷却水循環系を作動できなくなりました。さらに冷却用海水系ポンプがむきだしで設置されていたため津波で壊れ、燃料の熱を冷却する設備の機能がすべて失われる最終ヒートシンク喪失（LUHS）という状態に陥ったのです。
　1号機では14時52分に非常用復水器が起動しましたが、15時30分に大津波に襲われ、15時50分に非常用電池が水没して非常用復水器が使用不能になり、同時に計器、動弁電源も失われました。19時30分に1号機の燃料は蒸発による水位低下で露出して炉心溶融（メルトダウン）が始まり、所内での直流小電源融通で動かしていた非常用復水器も翌12日1時48分に機能停止、圧力容器で圧力が異常上昇し、6時頃には全燃料がメルトダウンに至ったと見られています。のちに確認されたところでは、炉内の燃料はほぼ全量が溶融していたようです。高温の燃料棒が露出した状態が続いたことで水素が発生し、15時36分に水素爆発が起きました。
　2号機では、全電源喪失2分前の11日15時39分に隔離時冷却系（RCIC）を手動で起動しており、その後3日間持ちこたえました。RCICの起動には直流電源が必要で、もし電源喪失前に起動していなければ、すぐに冷却機能を失い炉心が損傷していた可能性が高いと言われています。RCICによる注水は14日13時25分に停止、19時過ぎから格納容器ドライウェルの圧力が上昇し、21時頃には圧力容器の圧力とドライウェルの圧力がほぼ同じになったことから、圧力容器が破損したものと推定されています。2号機もメルトダウンを起こし水素も発生したようですが、ブローアウトパネルの脱落により建屋に開いた穴から放出されたため水素爆発には至りませんでした。

3号機は、13日午前5時半頃からメルトダウンが始まり、14日7時頃には燃料の大部分が圧力容器の底を突き破って格納容器へ溶け落ちた炉心溶融貫通（メルトスルー）が起きたと見られています。11時1分、1号機と同じように水素爆発を起こし原子炉建屋が大破しました。

　4号機から6号機は定期点検のため停止中でしたが、稼働していなかった4号機も15日6時14分頃、大きな衝撃音と振動が発生、のちに原子炉建屋の損傷が確認されました。3号機建屋の水素が4号機建屋へ漏れたことで水素爆発を起こしたと考えられています。9時38分には燃料貯蔵プールで爆発・火災が発生しました。

　メルトダウンに至った原子炉の核燃料は大量の熱と放射能を出し続けます。冷却装置の停電時間は電力会社が設計上想定してきた最大8時間に収まらず、非常用バッテリーを使い切りました。渋滞による電源車の遅れ、原子炉の電圧と合う電源車が62台のうち1台しかなかったこと、電源車の出力不足、唯一の受電施設が水没したこと、震災翌日に開通した仮設電源ケーブルが開通6分後に1号機の水素爆発で吹き飛ばされたこと、重量超過のため自衛隊や米軍による電源車のヘリコプター空輸ができなかったことなどの複合要因により、全電源の喪失が長期化しました。これにより、環境中に大量の放射能、特に揮発性の高いヨウ素131（半減期8日）とセシウム137（同30年）が放出されました。

　東日本大震災の影響で、私はおよそ2ヵ月遅れでANUに赴任することになりました。すると被災地からやって来たということでたくさんの方から声をかけていただきました。そして大学院時代の恩師であるピーター・ヴァン・ネス教授が、研究者として日本のために貢献したいと、オーストラリア内外の著名な研究者を集めた「フクシマ・プロジェクト」を立ち上げたのです。私は2012年1月に帰国後、国内での準備に取りかかり、序文で述べられていますように5月に東北福祉大学においてANUと共催で国際ワークショップを開催しました。以来プロジェクトは着実な成果を上げ、本書に結実しました。

　実は、昨年11月に出版された本書の原著である *Learning from Fukushima - Nuclear Power in East Asia* は営利を目的としないオーストラリア国立大学出版局（ANU Press）のウェブサイト（URL: https://press.anu.edu.au/publications/learning-fukushima）からPDF版が無料でダウンロードできます。ぜひこちらを読んでいただきたいと

ころでしたが、福島県民の方々をはじめ多くの人々に読んでいただくには限界があると感じました。そこで原著出版直後に編著者に働きかけ、同意を得て日本語版の出版に至りました。

　翻訳するにあたり、まず考えさせられたのがタイトルです。福島の方たちには「フクシマ」とカタカナで表記されることに抵抗を感じる人も多いと聞きます。「フクシマ」イコール原発事故、と連想させるので、復興の妨げになるというものです。しかしあえて「フクシマ」としたのは、Fukushimaがチェルノブイリと並ぶ国際的な象徴となっており、核の惨事というあの生々しい記憶を忘れることなく文字通り「教訓」とすべきであると考えたからです。

　今回の翻訳では、翻訳家の熊木信太郎氏のご協力をいただきました。原著出版からおよそ1年で日本語版を出すことができたのは、熊木さんのお力添えのおかげです。心より感謝申し上げます。

　本書の出版に際し、論創社の森下紀夫社長には翻訳企画の段階から出版費用の工面にANU Pressとの版権交渉まで、あらゆる面でたいへんお世話になりました。ありがとうございました。そして担当の松永裕衣子さんは、ここまで紆余曲折が続く中、いつも寄り添い励ましてくださいました。ほんとうにありがとうございました。

　また、ANU Pressからは日本語版出版への助成をいただきました。ご尽力いただいたコーディネーターのエミリー・ヘイゼルウッドさんとピーター・ヴァン・ネス教授に深く感謝いたします。

　最後に、東北福祉大学「けやきホール」での国際ワークショップでは多くの教員・職員のみなさま、そして学生たちにお手伝いいただきました。心から感謝の意を表します。

　「フクシマ・プロジェクト」の目的は、第一に福島をはじめとする日本の人々に正確な科学的情報を提供すること、第二にこれを世界に発信することでした。その集大成である本書がこれらの目的達成に貢献できることを切に願っています。

　福島第一原子力発電所事故によって被害を受けたすべての方々に本書を捧げます。

2018年11月

生田目　学文

【編著者】
ピーター・ヴァン・ネス（Peter Van Ness）
メル・ガートフ（Mel Gurtov）
執筆者一覧参照。

【訳者】
生田目 学文（なまため のりふみ）

東北福祉大学（TFU）総合マネジメント学部教授。専門分野は国際安全保障・人間の安全保障。主要著作は『危機の時代と「知」の挑戦（下）』（共著、論創社、2018年）、『アジア主義思想と現代』（共著、慶應義塾大学出版会、2014年）、『高齢社会をめぐる諸課題とアジア共同体』（共著、芦書房、2014年）など。訳書にウォルター・ラフィーバー著『日米の衝突──ペリーから真珠湾、そして戦後』（彩流社、2017年）がある。早稲田大学第一文学部（社会学専修）卒、米国デンバー大学ジョセフ・コーベル国際学大学院で博士課程修了、博士号（国際政治学）を取得。

Eメール: namatame@tfu-mail.tfu.ac.jp

フクシマの教訓
東アジアにおける原子力の行方

2019年 2月15日　　初版第 1 刷印刷
2019年 2月25日　　初版第 1 刷発行

編著者　ピーター・ヴァン・ネス、メル・ガートフ
訳　者　生田目学文
発行者　森下紀夫
発行所　論　創　社
　　　　〒101-0051 東京都千代田区神田神保町 2-23　北井ビル
　　　　tel. 03 (3264) 5254　fax. 03 (3264) 5232
　　　　振替口座 00160-1-155266　web. http://www.ronso.co.jp

装　幀　中野浩輝
印刷・製本／中央精版印刷
ISBN978-4-8460-1786-6　©2019 Printed in Japan
落丁・乱丁本はお取り替えいたします。